21世纪全国高职高专机电系列技能型规划教材·机械制造类

机械CAD绘图基础及实训

主　编　杜　洁　张亚琴

副主编　郭南初

参　编　赵海燕　张　骥

北京大学出版社
PEKING UNIVERSITY PRESS

内容简介

本书以任务和项目教学为主线，结合典型机械零件实例，介绍中文版 AutoCAD 2012 软件绘制机械图样的操作方法和技巧。本书主要内容有：建立绘图环境、绘制平面图形、机件的三视图、机件的表达方法、标准件与常用件、零件图的绘制、装配图的绘制、三维实体的绘制。本书将 AutoCAD 命令和操作技巧贯穿于实例中，通过实例的练习，读者可以掌握投影理论并具备 CAD 机械绘图的能力。

本书条理清晰、实例丰富、讲解详细、图文并茂，可作为大中专院校学生和各类培训学校学员的上机练习教材，也可作为广大工程技术爱好者的 AutoCAD 自学教程。

图书在版编目(CIP)数据

机械 CAD 绘图基础及实训/杜洁，张亚琴主编．—北京：北京大学出版社，2014.9

(21 世纪全国高职高专机电系列技能型规划教材)

ISBN 978-7-301-24788-4

Ⅰ. ①机…　Ⅱ. ①杜…②张…　Ⅲ. ①机械制图—AutoCAD 软件—高等职业教育—教材　Ⅳ. ①TH126

中国版本图书馆 CIP 数据核字(2014)第 209306 号

书　　名：机械 CAD 绘图基础及实训

著作责任者：杜　洁　张亚琴　主编

策 划 编 辑：邢　琛

责 任 编 辑：李娉婷

标 准 书 号：ISBN 978-7-301-24788-4/TH・0406

出 版 发 行：北京大学出版社

地　　址：北京市海淀区成府路 205 号　100871

网　　址：http://www.pup.cn　　新浪官方微博:@北京大学出版社

电 子 信 箱：pup_6@163.com

电　　话：邮购部 62752015　发行部 62750672　编辑部 62750667　出版部 62754962

印 刷 者：河北滦县鑫华书刊印刷厂

经 销 者：新华书店

787 毫米×1092 毫米　16 开本　14.5 印张　345 千字

2014 年 9 月第 1 版　2019 年 2 月第 3 次印刷

定　　价：30.00 元

前　言

AutoCAD 是世界上最主要的计算机辅助设计软件之一，广泛应用于机械、电子、建筑、服装及船舶等工程设计领域，极大地提高了设计人员工作效率。AutoCAD 2012 是 Autodesk 公司经过 20 多个版本不断革新后推出的最新版本。随着 AutoCAD 的普及，它在国内许多大专院校里已成为学习工程类专业必修的课程，也成为工程技术人员必备的技术。

根据社会经济发展的需求，企业急需大批能熟练操作计算机完成机械工程设计的技术人员。结合当前高等职业技术教育的特点及学生的基本情况，本书以实用为目的，符合职业教育“理论够用，重在实践”的教学特点，重点突出实用性和操作性，并按照由浅入深的教学原则，把内容分成若干个模块，以实例的形式，系统地讲述如何运用 AutoCAD 2012 软件绘制机械图形。通过示例的练习，读者可以同时具备投影理论和 CAD 机械绘图的能力。本书与同类教材相比较，具有以下特点。

（1）实例丰富，采用任务教学法，在企业中选择典型零件，结合“机械制图”的规范和企业行业标准编写而成，让初学者掌握知识的连贯性，对读者今后的产品设计有较好的指导作用。

（2）为了使学习者在短时间内掌握基本知识和操作技能，本书以绘制机械图样的需要及学习机械图样的常规为基础，结合制图内容，主要讲解 CAD 应用的相关知识。全书理论与实例相结合，结构紧凑，内容翔实，以实例操作为引导，将命令贯穿其中，突出实用性和可操作性。

（3）在内容安排上，本书条理清晰、图文并茂、通俗易懂、可操作性强，不仅可供教学和从事相关专业的工作人员学习和参考，还可作为初学者或培训班的教材。

本书由杜洁、张亚琴担任主编，由郭南初担任副主编，赵海燕、张骥也参与了本书的编写工作，在编写过程中，得到苏州苏万万向节有限公司的大力支持，在此表示衷心的感谢！

由于作者水平有限，书中难免存在疏漏和不足之处，敬请专家和读者批评指正。

所有的意见和建议请发往：duj@jssvc. edu. cn。

编　者

2014 年 3 月

目录

CONTENTS

学习情境 1

建立绘图环境

本学习情境要求学生在掌握机械制图相关国家规定的前提下，能使用 AutoCAD 绘图软件创建符合国家标准的零件图绘图环境，并保存为样板文件，以便于随时调用。本情境知识要点包括：

1. 保存和使用样板文件
2. 建立图层
3. 矩形绘图命令的使用
4. 设置文本样式、编辑文本
5. 设置表格样式、绘制表格
6. 创建和插入块
7. 设置标注样式

任务1.1　建立A3幅面的绘图环境

1.1.1　任务描述

建立符合国家标准的 A3 幅面的图纸模板，图纸横放，图框留有装订边。

1.1.2　思路分析

绘制技术图样时，要遵守国家标准的基本规定。在国家标准中对图纸幅面和图框格式作了详细说明，如表 1-1。可根据需要选用采用适合尺寸。

表 1-1　图纸幅面及图框尺寸　　单位：mm

<table>
<tr><td colspan="2">幅面代号</td><td>A0</td><td>A1</td><td>A2</td><td>A3</td><td>A4</td></tr>
<tr><td colspan="2">幅面尺寸 $B \times L$</td><td>841×1189</td><td>594×841</td><td>420×594</td><td>297×420</td><td>210×297</td></tr>
<tr><td rowspan="3">周边尺寸</td><td>a</td><td colspan="5">25</td></tr>
<tr><td>c</td><td colspan="3">10</td><td colspan="2">5</td></tr>
<tr><td>e</td><td colspan="2">20</td><td colspan="3">10</td></tr>
</table>

相关图层颜色、线型、字体、字号等相关设置按 2000 年 10 月发布的 GB/T 18229—2000《CAD 工程制图规则》设置。下面我们边做边学如何用 AutoCAD 绘图软件来建立所需的绘图环境。

1.1.3　设计步骤

1. 建立图层

Step1. 单击图层工具栏上的【图层特性管理器】按钮，打开【图层特性管理器】对话框。

Step2. 单击【新建图层】按钮，【名称】输入“粗实线”，【线宽】设为 0.5。

Step3. 同样的方法新建细实线图层，【名称】输入“细实线”，【线宽】改回默认，【颜色】设成绿色，如图 1-1 所示。

Step4. 再新建点划线图层，【颜色】设成红色，如图 1-2 所示。

Step5. 单击点划线图层中的【Continuous】，打开【选择线型】对话框如图 1-3 所示。

Step6. 单击【加载】按钮，打开【加载或重载线型】对话框，选择“ACAD_ISO04W100”点划线线型，如图 1-4 所示。

Step7. 单击【确定】按钮，回到【选择线型】对话框，如图 1-5 所示。选择“ACAD_ISO04W100”线型，单击【确定】按钮，点划线图层设置完成。

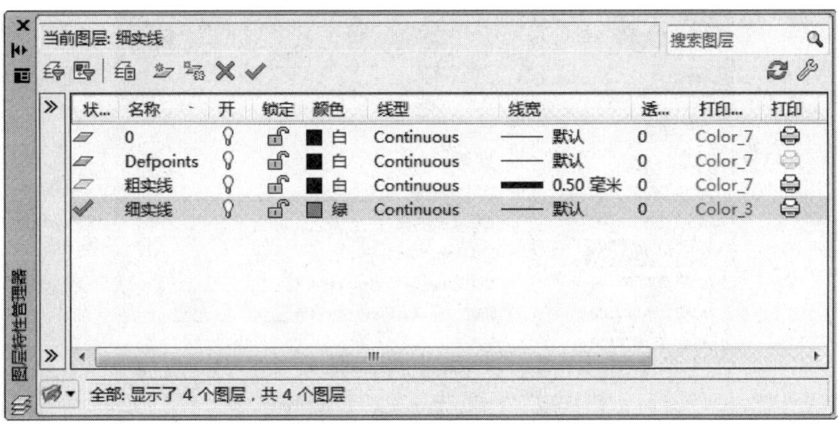

图 1-1　【图层特性管理器】对话框

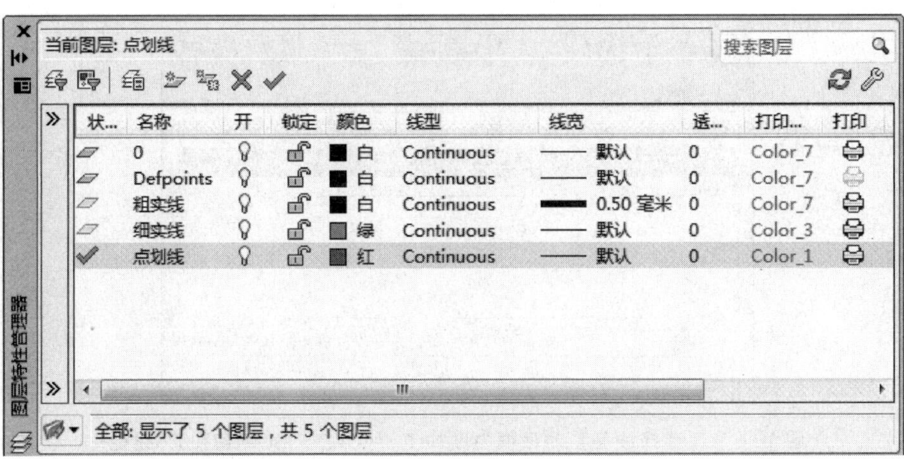

图 1-2　【图层特性管理器】对话框

选择线型

已加载的线型

线型	外观	说明
Continuous	————	Solid line

确定　取消　加载(L)...　帮助(H)

图 1-3　【选择线型】对话框

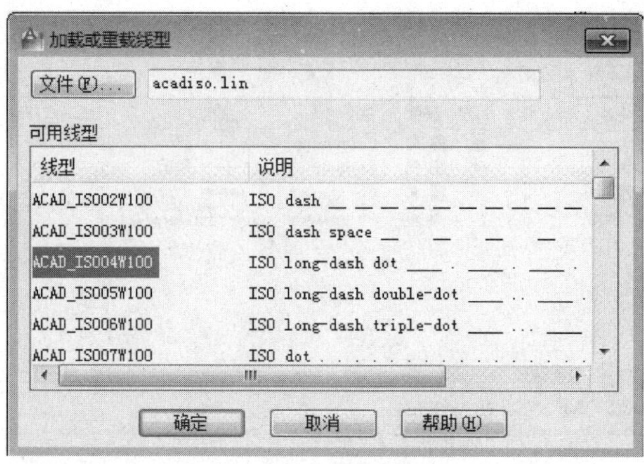

图 1-4　【加载或重载线型】对话框

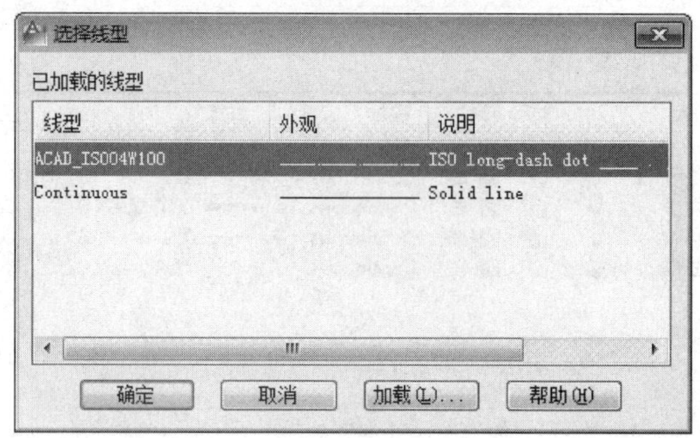

图 1-5　【选择线型】对话框中增加了“ACAD _ ISO04W100”线型

Step8. 同样的方法可新建虚线图层，【颜色】设成黄色，线型可加载“ACAD _ ISO02W100”线型，如图 1-6 所示。

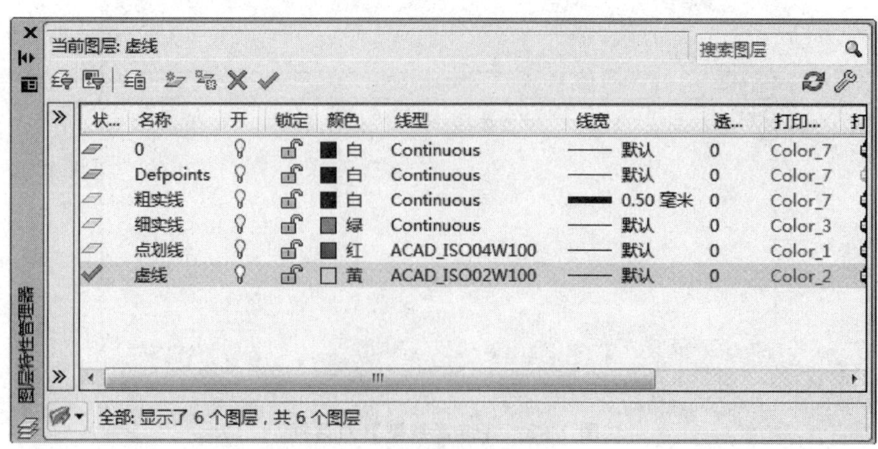

图 1-6　建立的图层

今后绘图时可根据需要再增加新的图层。

2. 绘制 A3 图纸图幅

Step1. 在【图层控制】下拉列表框中选择细实线图层。

Step2. 单击绘图工具栏中的【矩形】按钮▭，命令行提示如下。

```
命令：_ rectang
指定第一个角点或 [倒角(C)/标高(E)/圆角(F)/厚度(T)/宽度(W)]: 0, 0
指定另一个角点或 [面积(A)/尺寸(D)/旋转(R)]: 420, 297              //画出 A3 的图幅
```

3. 绘制图框

Step1. 在【图层控制】下拉列表框中选择粗实线图层。

Step2. 单击绘图工具栏中的【矩形】命令，命令行提示如下。

```
命令：_ rectang
指定第一个角点或 [倒角(C)/标高(E)/圆角(F)/厚度(T)/宽度(W)]: 25, 5
指定另一个角点或 [面积(A)/尺寸(D)/旋转(R)]: 415, 292          //画出留装订边的图框
```

Step3. 绘制完成后单击状态栏上的【显示/隐藏线宽】按钮+，可看到 A3 幅面和边框效果，如图 1－7 所示。

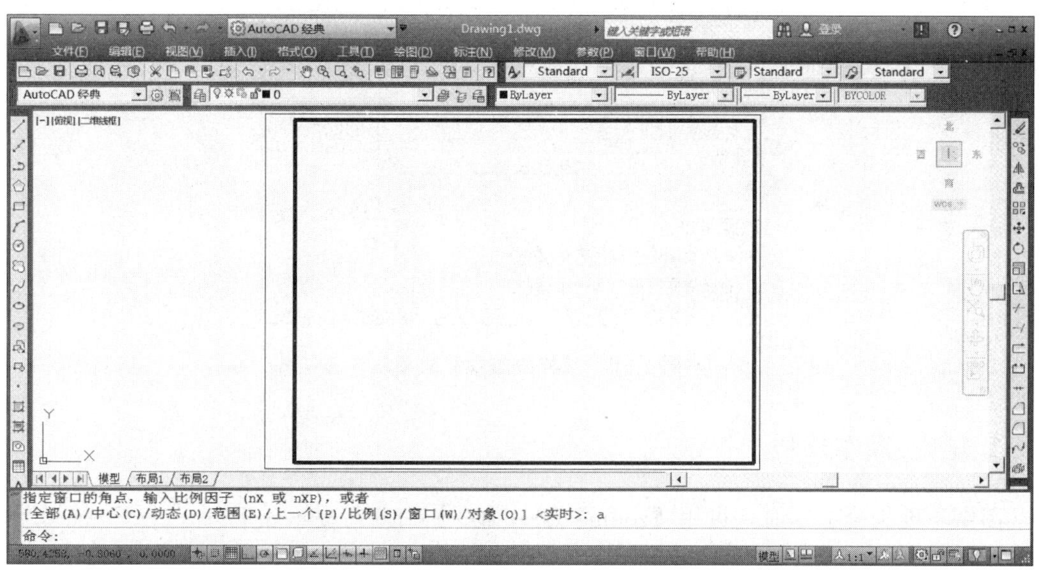

图 1－7　A3 幅面和边框格式

4. 保存文件

Step1. 单击标准工具栏上的【保存】按钮，弹出【图形另存为】对话框，如图 1－8 所示。【文件名】输入 A3，【文件类型】下拉列表框中选择“图形样板(.dwt)”。

Step2. 单击【保存】按钮，弹出【样板选项】对话框，可在“说明”文本区输入对样板文件的说明和描述，如图 1－9 所示。

Step3. 单击【确定】按钮，样板文件保存到“安装目录\Template”目录下。

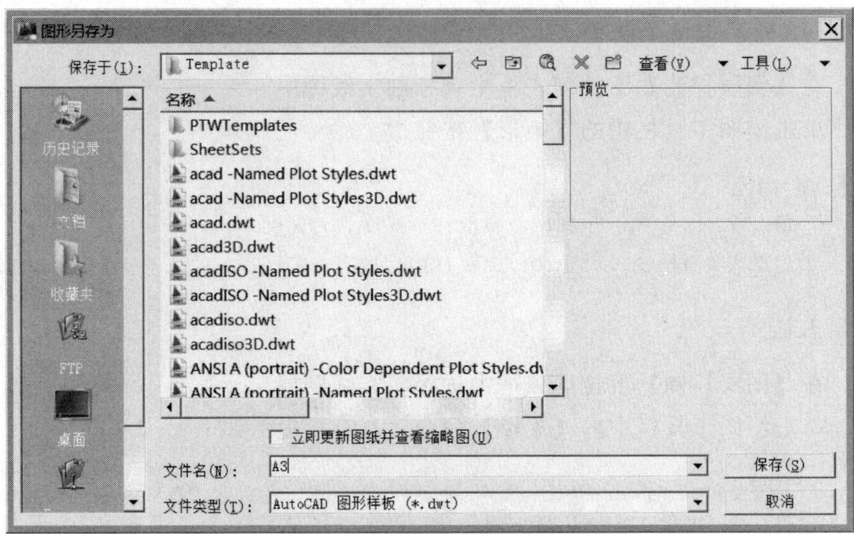

图 1-8 【图形另存为】对话框

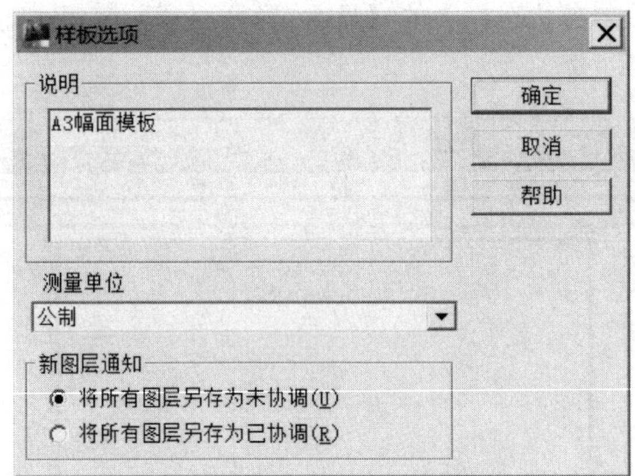

图 1-9 【样板选项】对话框

1.1.4 操作技巧

图纸不能完全显示时，可用【zoom】缩放命令。命令行提示如下。

命令：ZOOM

指定窗口的角点，输入比例因子 (nX 或 nXP)，或者

[全部(A)/中心(C)/动态(D)/范围(E)/上一个(P)/比例(S)/窗口(W)/对象(O)]<实时>：a

//选 A，缩放整个图形

1.1.5 功能详解

样板文件：AutoCAD 样板文件是扩展名为 .dwt 的文件，文件上通常包括一些通用图形对象，如图幅框和标题栏等，通常还有一些与绘图相关的标准（或通用）设置，如图层、文字标注样式及尺寸标注样式的设置等。通过样板创建新图形，可以避免一些重

复性操作，如绘图环境的设置等。这样，不仅能够提高绘图效率，而且还保证了图形的一致性。当用户基于某一样板文件绘制新图形并以 .dwg 格式（AutoCAD 图形文件格式）保存后，所绘图形对原样板文件没有影响。

1.1.6　试试看

利用上述方法建立 A0、A1、A2 和 A4 幅面的样板文件。

任务1.2　创建标题栏

1.2.1　任务描述

绘制图 1－10 所示的简化标题栏。

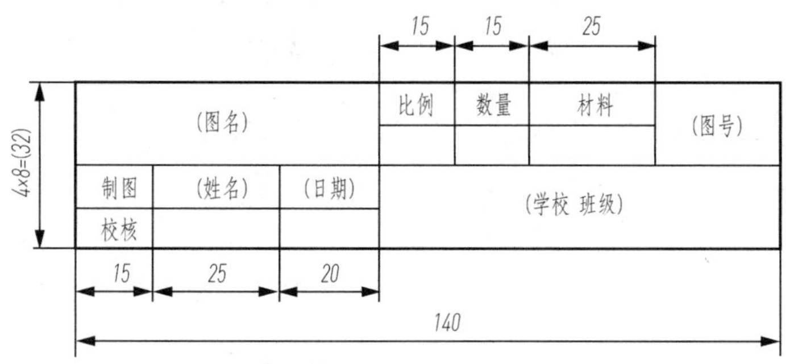

图 1－10　简化标题栏

1.2.2　思路分析

每张技术图样均应画出标题栏，标题栏的基本要求、内容、尺寸和格式在国家标准中有详细规定，如图 1－11 所示。

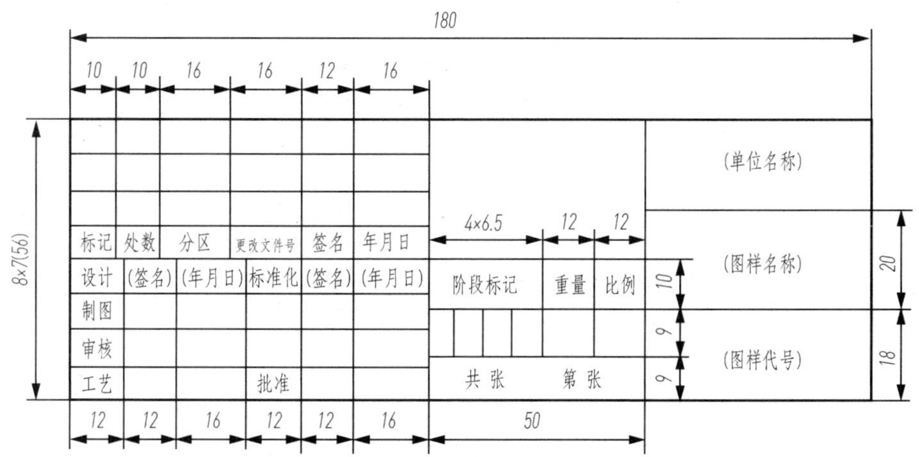

图 1－11　标题栏

为简便起见，学生制图作业可采用图 1－10 所示的简化标题栏格式。

1.2.3 设计步骤

1. 设置文字样式

Step1. 执行菜单栏中的【格式】/【文字样式】命令。打开【文字样式】对话框，单击【新建】按钮，在【新建文字样式】对话框中，【样式名】设为“国标文字”，如图 1－12 所示。

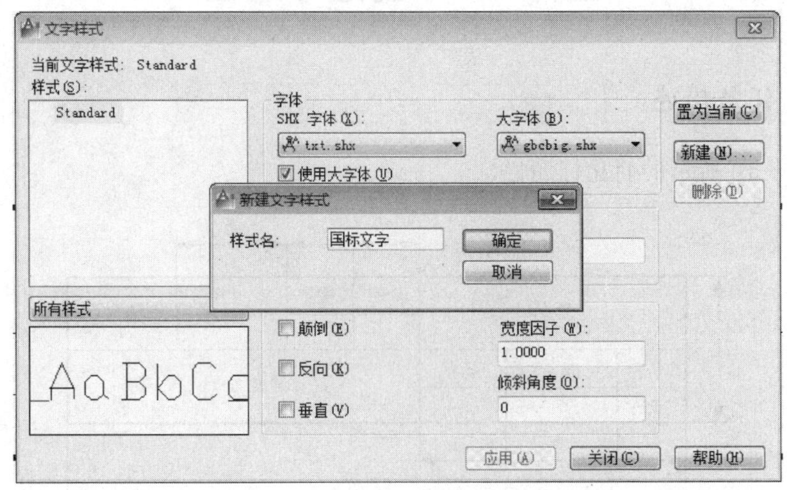

图 1－12 【新建文字样式】对话框

Step2. 单击【确定】按钮回到【文字样式】对话框，【字体】选择“gbenor. shx”，勾选【使用大字体】，并设置为“gbcbig. shx”。这样就将字母和数字设成符合国标的“gbenor. shx”字体，将汉字设成符合国标的“gbcbig. shx”字体，单击【应用】按钮，如图 1－13 所示。

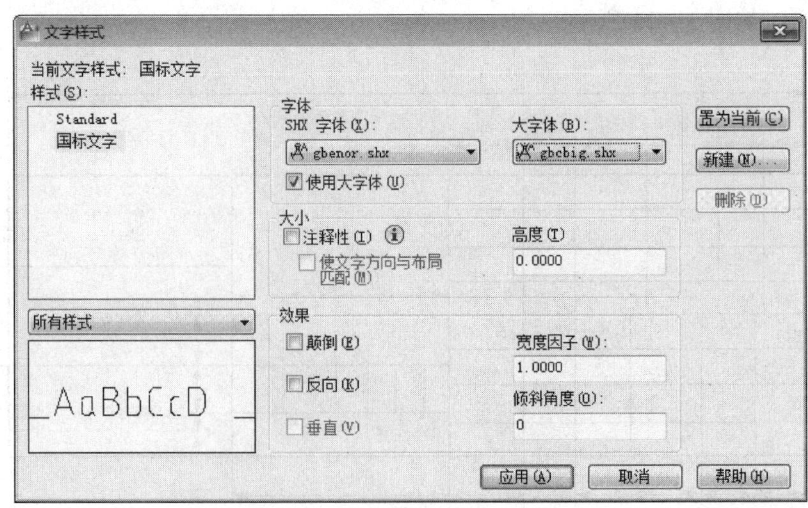

图 1－13 【文字样式】对话框

2. 设置表格样式

Step1. 执行菜单栏中的【格式】/【表格样式】命令，在【创建新的表格样式】对话框中，【新样式名】设为“标题栏”，如图 1－14 所示。

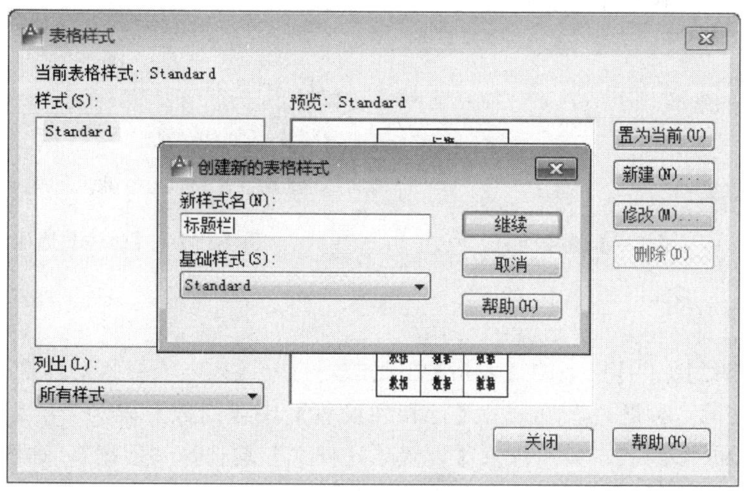

图 1－14　【创建新的表格样式】对话框

Step2. 单击【继续】按钮，弹出的【新建表格样式】对话框。在【常规】选项卡中，【对齐】下拉列表框选“正中”，【页边距】设为 0，如图 1－15 所示。

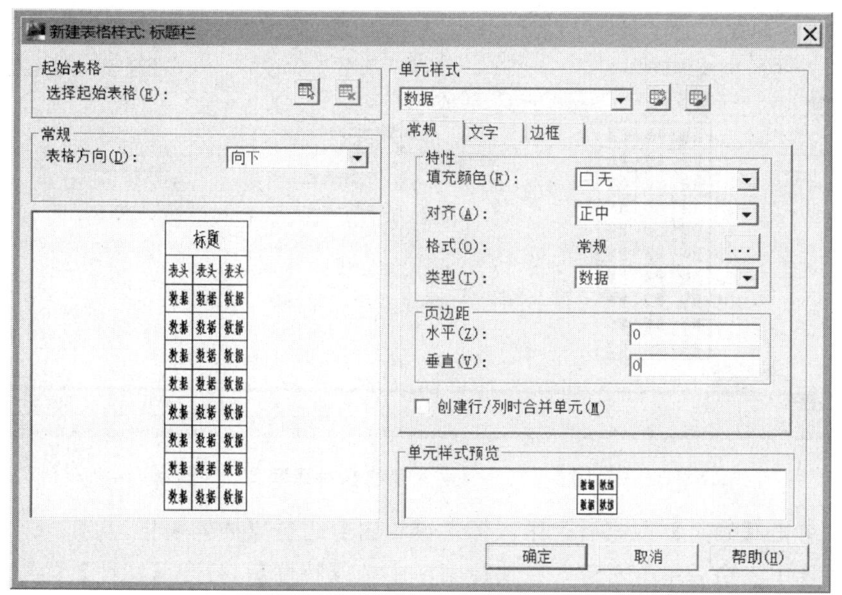

图 1－15　【新建表格样式】对话框及【常规】选项卡的设置

Step3. 在【文字】选项卡中，【文字样式】选择第一步中前面设置的“国标文字”，【文字高度】设为 5，如图 1－16 所示。

Step4.【边框】选项卡中【线宽】设为 0.5mm，然后单击外边框按钮，将线宽应用到外边框上，然后单击【确定】按钮，完成表格样式的设置，如图 1－17 所示。

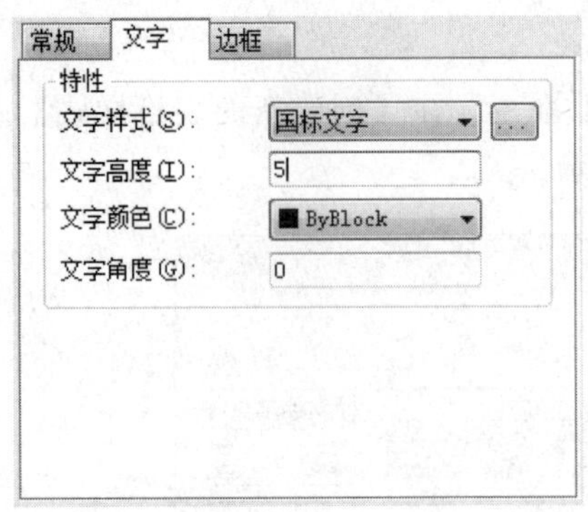

图 1-16 【文字】选项卡

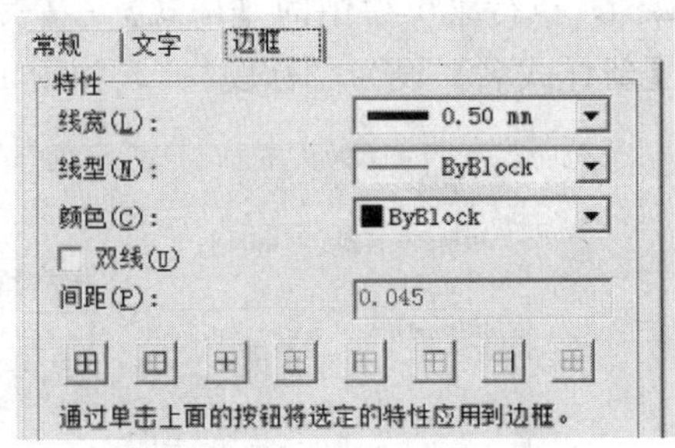

图 1-17 【边框】选项卡

3. 绘制标题栏

Step1. 单击绘图工具栏上的【表格】按钮，打开【插入表格】对话框。【表格样式】选择上一步建立的"标题栏"样式；【行和列设置】中【列数】设为 7，【行数】设为 2（加上"标题"和"表头"，共 4 行）；【设置单元样式】均选择"数据"，如图 1-18 所示。

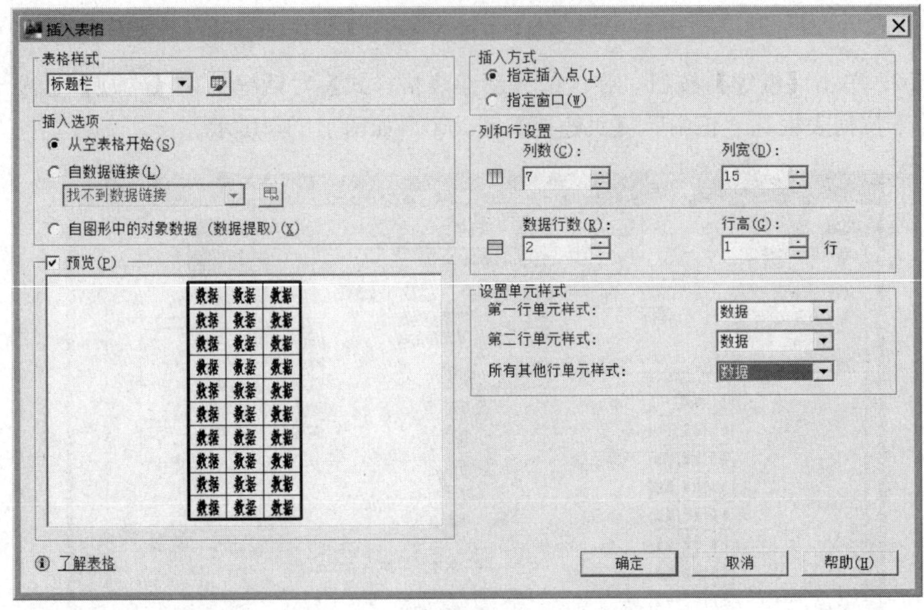

图 1-18 【插入表格】对话框

Step2. 单击【确定】按钮后，用鼠标左键单击合适位置插入表格。

Step3. 选中表格后单击右键，在快捷菜单中选【特性】，打开【特性】面板。

Step4. 单击【特性】对话框的【单元】选项卡，单击表格左上单元格，选中整张表格，修改【单元高度】为 8；选中相应列，修改【单元宽度】，具体数值根据图 1-4 中简化标题栏格式要求设定，如图 1-19 所示。

Step5. 使用【表格】工具栏中的【合并单元】按钮，按简化标题栏格式合并单元格，如图 1-20 所示。

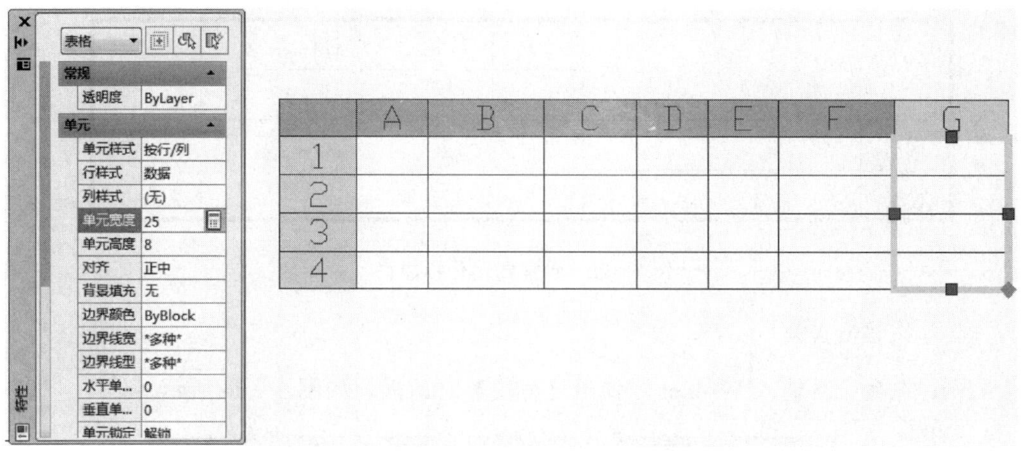

图 1－19　【特性】对话框设置单元格高度与宽度

图 1－20　【表格】工具栏中的【合并单元】命令

4. 填入文字

Step1. 双击要输入文字的单元格，出现【文字格式】工具栏。

Step2. 文字格式已设为“国标文字”样式，5 号字，输入“制图”，如图 1－21 所示。

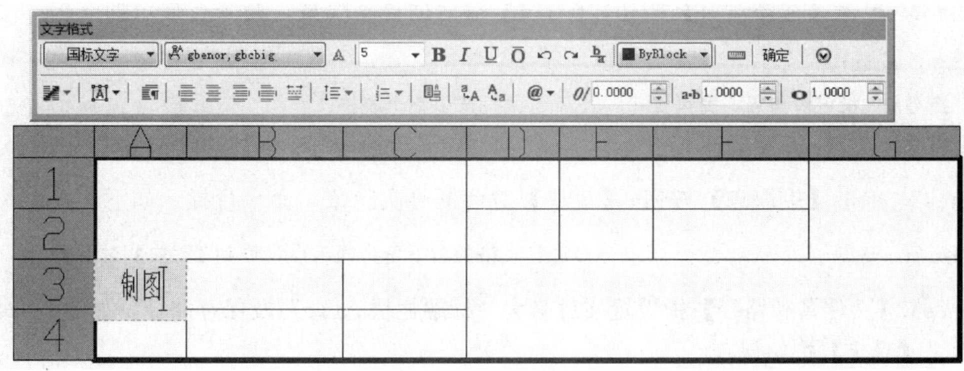

图 1－21　输入文字

Step3. 输入其他文字，最终效果如图 1－22 所示。

<table>
<tr><td colspan="3" rowspan="2"></td><td>比例</td><td>数量</td><td>材料</td><td rowspan="2"></td></tr>
<tr><td></td><td></td><td></td></tr>
<tr><td>制图</td><td></td><td></td><td colspan="4" rowspan="2"></td></tr>
<tr><td>校核</td><td></td><td></td></tr>
</table>

图 1-22 创建的简化标题栏

5. 将标题栏做成块

Step1. 在命令行输入 Wblock，弹出【写块】对话框，如图 1-23 所示。

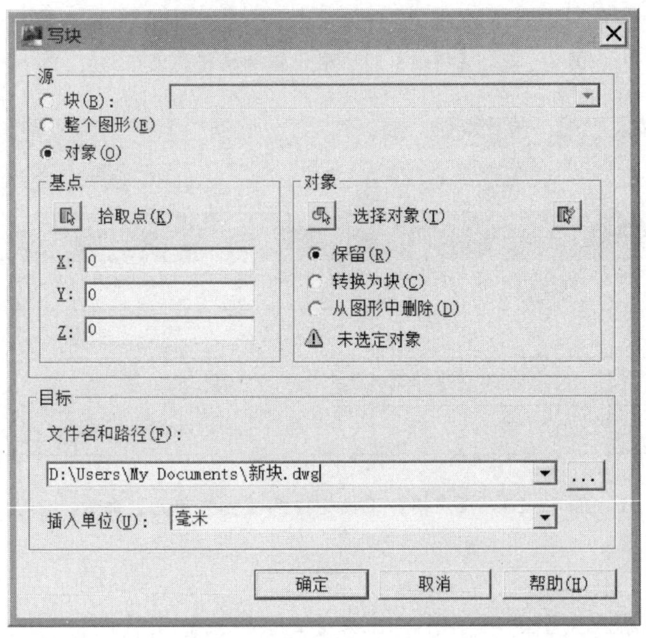

图 1-23 【写块】对话框

Step2. 单击【选择对象】按钮，【写块】对话框自动隐藏，命令行提示如下。

```
命令：WBLOCK
选择对象：指定对角点：找到 1 个              //选中整个表格
选择对象：                                  //单击右键确认，返回【写块】对话框
```

Step3. 单击【拾取点】按钮，【写块】对话框再次隐藏，命令行提示如下。

```
指定插入基点：                    //选择表格的右下角为插入点，回到【写块】对话框
```

Step4.【文件名和路径】中设置文件名为“标题栏块.dwg”及保存路径，如图 1-24 所示，单击【确定】按钮保存。

标题栏块文件已保存在指定目录下，可随时调用。

图 1-24　设置【写块】对话框

1.2.4　功能详解

内部块与外部块命令：绘图工具栏上的【创建块】按钮即 Block（B）命令是创建内部块。用 Block 命令定义的图块只能在定义图块的图形文件中调用，而不能在其他图形文件中调用(当然你可以采用复制的方法复制过去)。

Wblock（W）是创建外部块，Wblock 命令可以看成是 Write 加 Block，也就是写块。Wblock 命令可将图形文件中设置的块写入一个新的图形文件，其他图形文件均可以将它作为块调用。

1.2.5　试试看

利用上述方法建立图 1-11 所示的国家标准标题栏。

任务 1.3　创建 A3 幅面的零件图标准模板

1.3.1　任务描述

建立符合国家标准的 A3 幅面的零件图模板，包括图框、标题栏、所需图线、字体以及标注的设置。

1.3.2　思路分析

在任务 1.1 和任务 1.2 中，已经建立了 A3 幅面的图纸样板文件、简易标题栏块文件以及进行了相应的图层、字体的设置，现可将两个文件合成为一个样板文件，再进行所需的设置。

1.3.3 设计步骤

1. 将标题栏块插入“A3. dwt”样板文件

Step1. 打开任务 1.1 中建立的 A3 图形样板文件。执行菜单栏中的【文件】/【打开】命令，在【选择文件】对话框中选中“A3. dwt”文件，单击【打开】按钮，如图 1 - 25 所示。

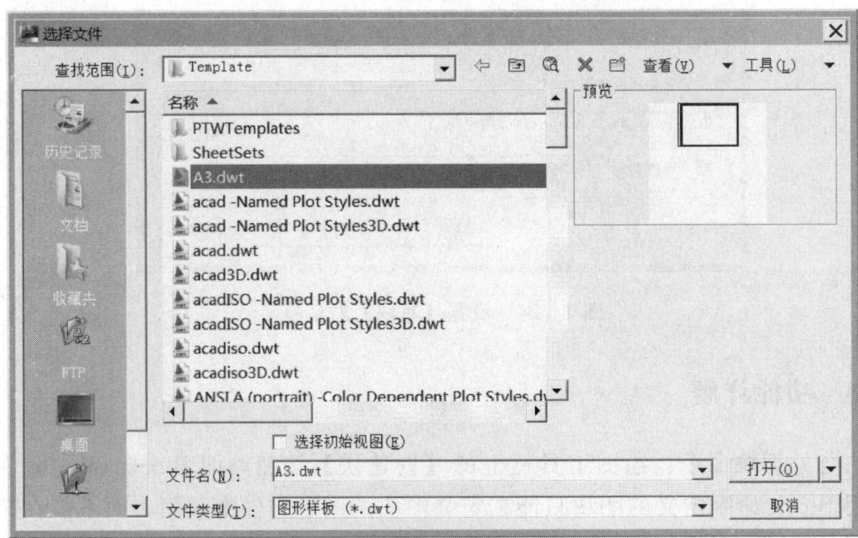

图 1 - 25 打开“A3. dwt”文件

Step2. 打开“A3. dwt”文件后，单击绘图工具栏上的【插入块】按钮，打开【插入】对话框，单击【浏览】按钮，选择“标题栏块 . dwg”文件，单击【确定】按钮，如图 1 - 26 所示。

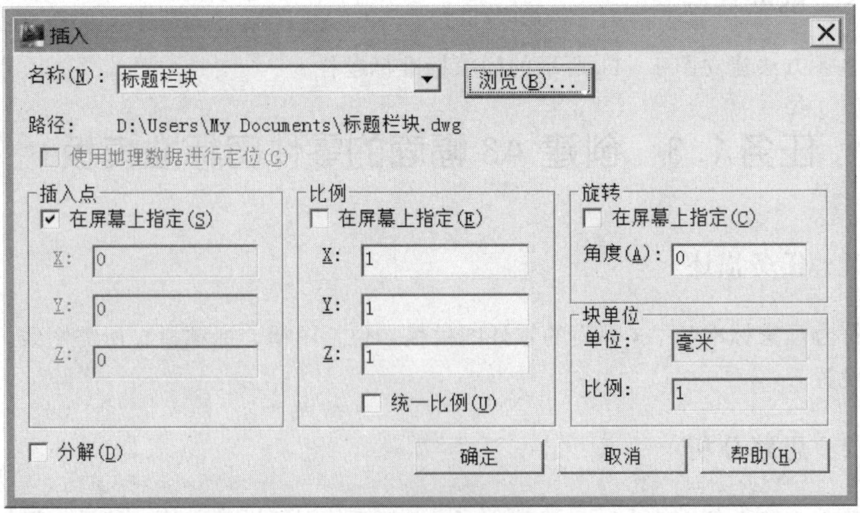

图 1 - 26 【插入】对话框

Step3. 插入标题栏表格时，将表格右下角与图框右下角对齐，如图 1－27 所示。

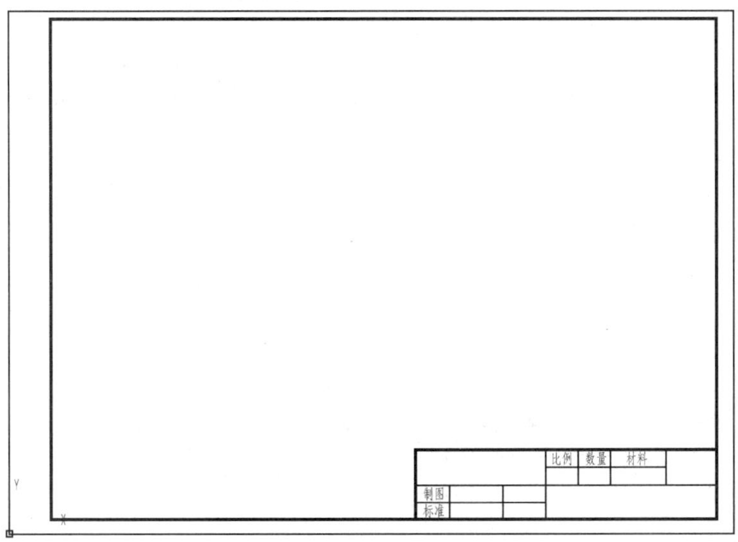

图 1－27　插入标题栏表格

2. 设置标注样式

Step1. 执行菜单栏中的【格式】/【标注样式】命令。在【标注样式管理器】对话框中单击【新建】按钮。【新样式名】设为“基本标注样式”，如图 1－28 所示。

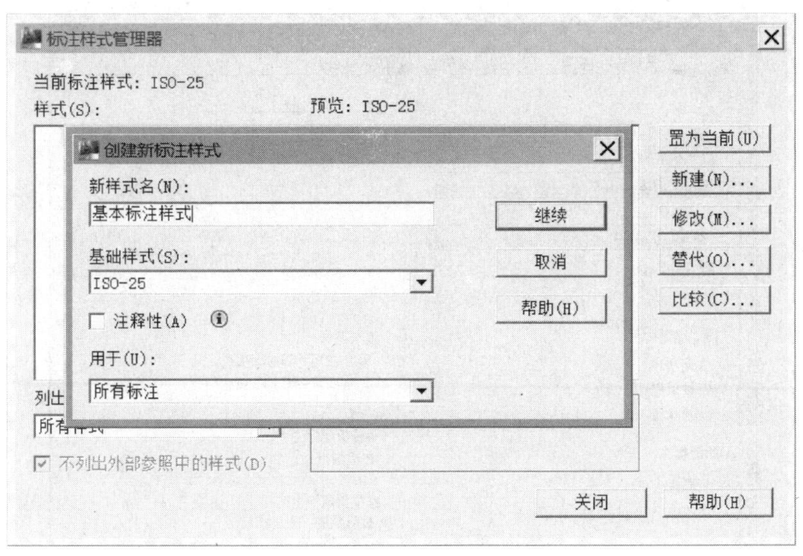

图 1－28　【创建新标注样式】对话框

Step2. 单击【继续】按钮，跳出【新建标注样式】对话框。在【线】选项卡中，将【尺寸线】区域中的【基线间距】设为 7，【尺寸界线】区域中的【超出尺寸线】数值设为 2，如图 1－29 所示。

Step3. 选择【符号和箭头】选项卡，将【箭头大小】设为 3，如图 1－30 所示。

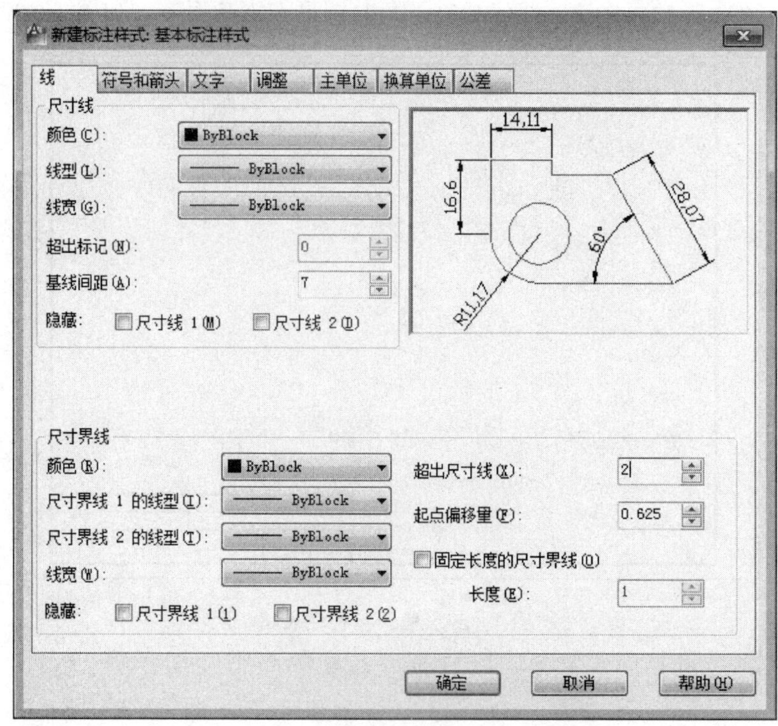

图 1-29 【创建新标注样式】对话框

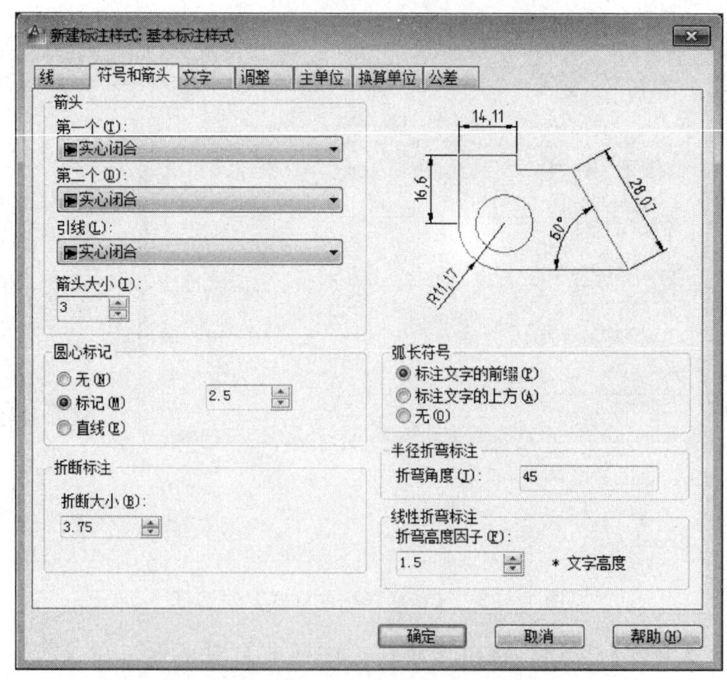

图 1-30 【符号和箭头】选项卡

Step4. 选择【文字】选项卡，【文字样式】选择上面设置的“国标文字”，【文字高度】设为 3.5，【文字对齐】选择“与尺寸线对齐”，如图 1-31 所示。

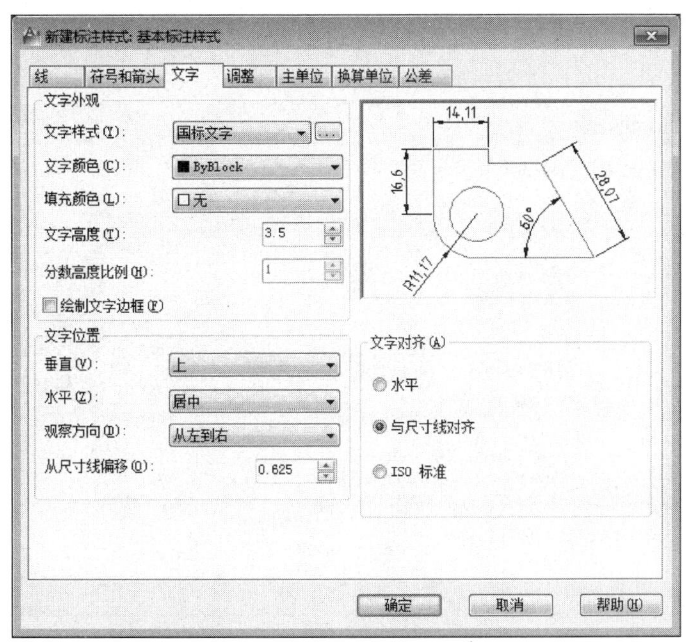

图 1-31　【文字】选项卡

Step5. 选择【主单位】选项卡，将【线型标注】中的【精度】设为 0，其他内容使用默认设置，如图 1-32 所示。

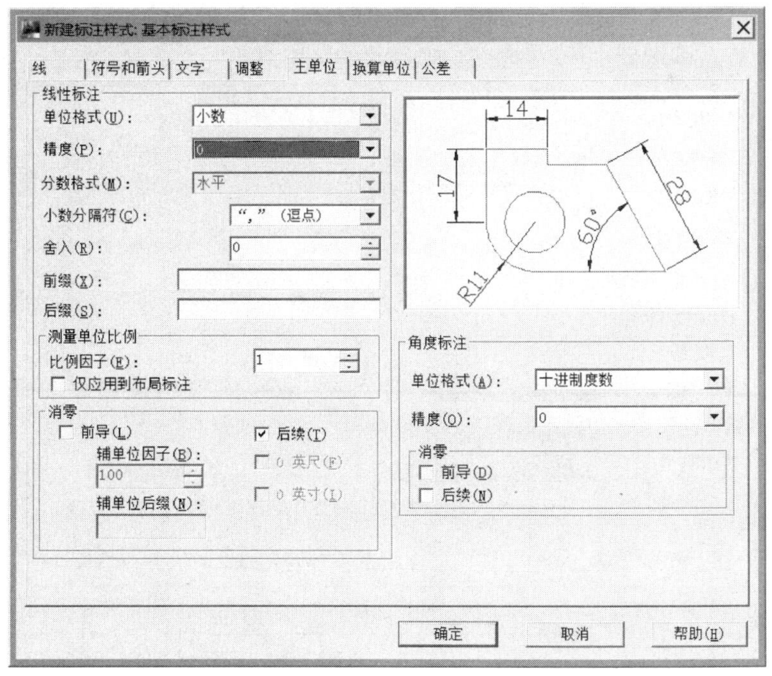

图 1-32　【主单位】选项卡

单击【确定】按钮，回到【标注样式管理器】对话框。

Step6. 设置半径标注子样式。

选择【新建】按钮,【基础样式】为刚才设置的“基本标注样式”,【用于】选择“半径标注”，如图 1-33 所示。

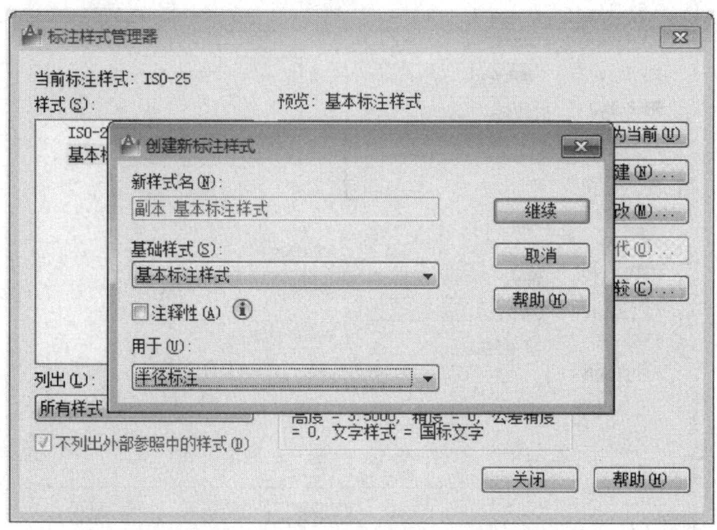

图 1-33　新建半径标注子样式

单击【继续】按钮，为半径标注设置参数。对【文字】选项卡中的【文字对齐】选项选择“ISO 标准”，可使半径尺寸为水平标注，如图 1-34 所示。

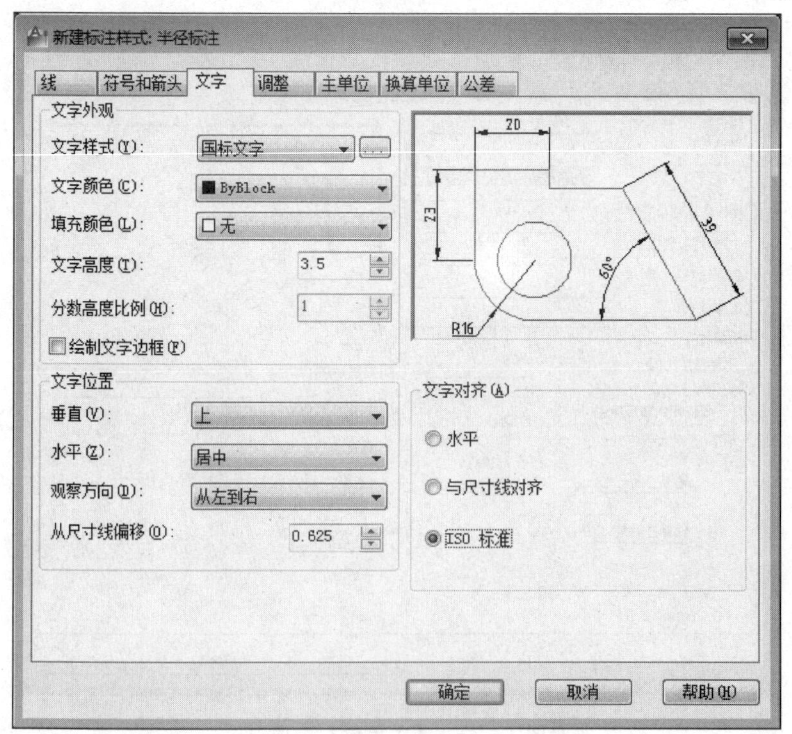

图 1-34　【文字】选项卡的设置

选择【调整】选项卡，在【调整选项】中选择“文字”，在【优化】中选择“手动放置文字”，单击【确定】按钮，完成“半径标注”子样式的设置，如图 1－35 所示。

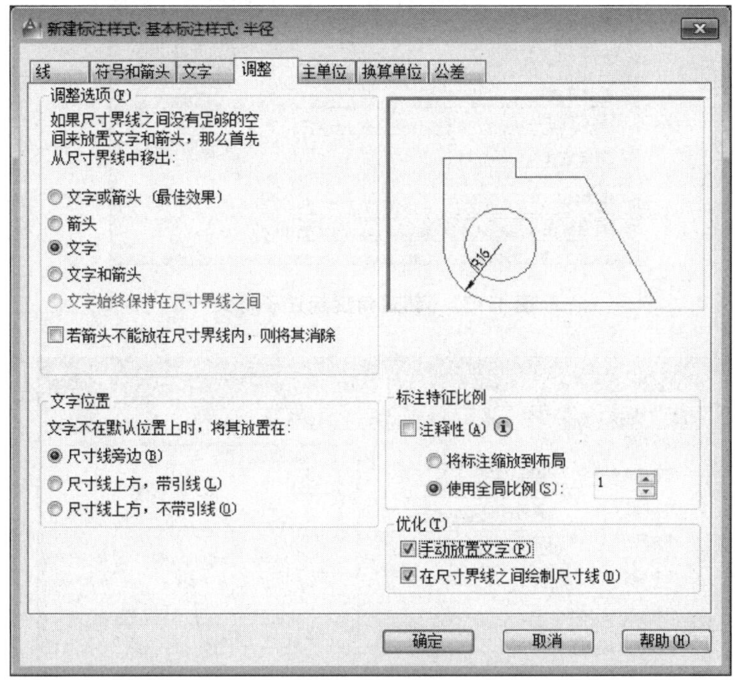

图 1－35　【调整】选项卡的设置

单击【确定】按钮，回到【标注样式管理器】对话框。

Step7. 设置直径标注子样式。

选择【新建】按钮，【基础样式】为刚才设置的“基本标注样式”，【用于】选择“直径标注”，如图 1－36 所示。

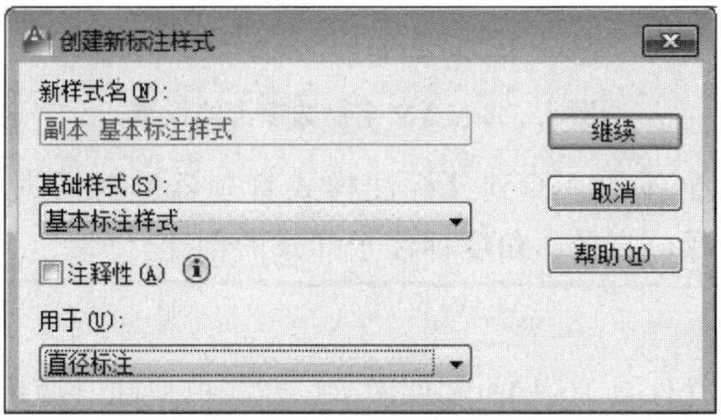

创建新标注样式
新样式名(N):
副本 基本标注样式
继续
基础样式(S):
基本标注样式
取消
帮助(H)
注释性(A)
用于(U):
直径标注

图 1－36　新建直径标注子样式

直径标注子样式的设置与半径标注子样式的设置完全相同。

Step8. 设置角度标注子样式。

选择【新建】按钮，【基础样式】为刚才设置的“基本标注样式”，【用于】选择“角度标注”，如图 1－37 所示。

单击【继续】按钮，对【文字】选项卡中的【文字对齐】选项选择“水平”，如图 1－38 所示。

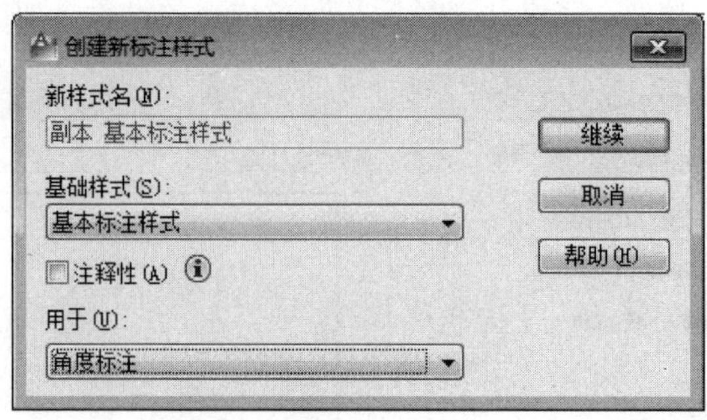

图 1-37　新建角度标注子样式

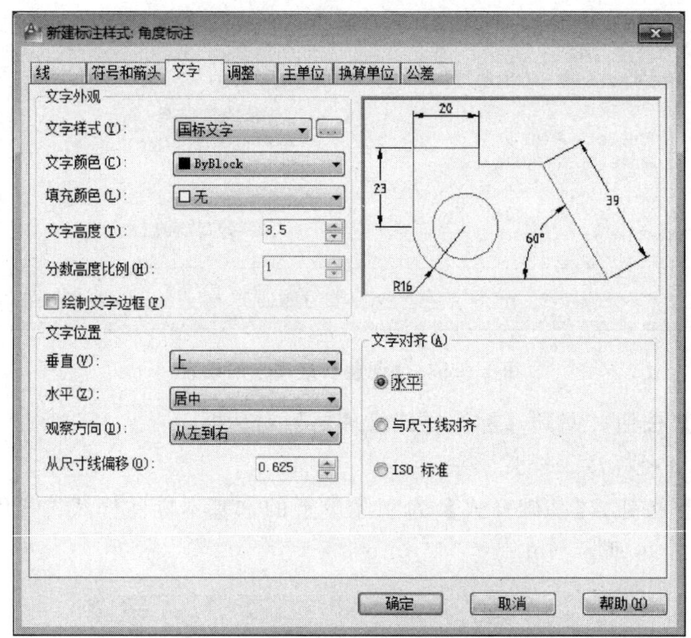

图 1-38　【文字】选项卡的设置

Step9. 单击【确定】按钮，回到【标注样式管理器】对话框，单击【关闭】按钮，完成基本标注样式及半径、直径、角度标注子样式的创建。

3. 保存样板文件

保存该样板文件，文件名为“A3 零件图 . dwt”，以便随时调用。

1.3.4　操作技巧

插入的标题栏块无法进行文字编辑，可利用修改工具栏上的【分解】按钮。选中标题栏块后单击【分解】按钮，将标题栏块分解，即可还原为表格，输入内容。

1.3.5　功能详解

图层的作用：图层在 AutoCAD 中是一个很重要的概念，图层类似于透明的纸张，将

具有相同属性的对象绘制在同一张透明纸上，然后将所有图层叠加就形成了最后的图纸。通过设置图层的特性可以控制图形的颜色、线型、线宽，以及是否显示、是否可修改和是否被打印等，将类型相似的对象分配在同一个图层上，例如把文字、标注放在独立的图层上，可以方便对文字和标注进行整体的设置和修改。

1.3.6　试试看

利用上述方法建立 A0、A1、A2 和 A4 幅面的标准零件图样板文件，以备后用。

学习情境 2

绘制平面图形

通过本情境的学习和实际训练，要求学生能够应用各种绘图和编辑命令快速、准确地绘制出常见的平面图形，为绘制机械图样打下良好的基础。

本情境知识要点包括：

1. 基本绘图命令：直线、矩形、圆
2. 基本编辑命令：偏移、阵列、倒角、圆角、镜像、修剪
3. 选择图形对象的方法
4. 坐标输入方法
5. 夹点编辑

任务 2.1　绘制机械零件中常见结构视图

2.1.1　任务描述

绘制图 2－1 所示机械结构的平面图形。

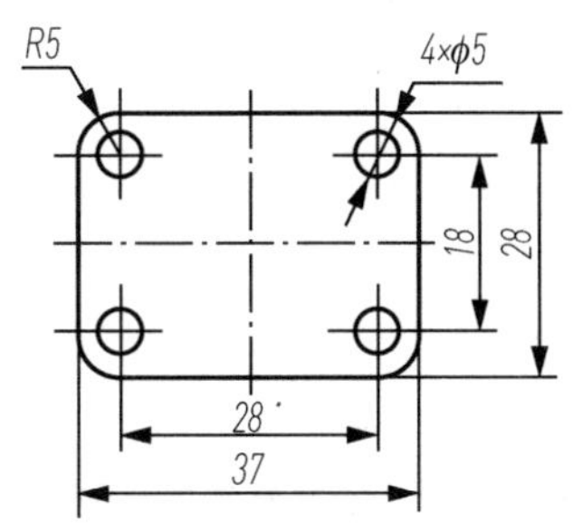

图 2－1　常见机械结构平面图

2.1.2　思路分析

机械图样中的每个视图均属于平面图形，所以绘制平面图形是绘制机械图样的基础。从图 2－1 中可以清楚地看到机械图样中包括许多不同的图形（直线、圆、圆弧等）且图形间有不同的组合方式，所以在绘制机械图样时需要熟练地使用多种绘图命令和编辑命令。

2.1.3　设计步骤

1. 绘制图形的对称中心线

Step1. 打开“A3 零件图 .dwt”样板文件。

Step2. 在【图层控制】下拉列表框中选择点划线图层，使其成为当前图层。

Step3. 单击绘图工具栏上的【直线】按钮，命令行提示如下。

```
命令：_ line 指定第一点：              //在屏幕合适位置单击左键指定第一点位置
指定下一点或 [放弃(U)]：               //鼠标水平向右移动，输入 45 画出 45mm 长的一段直线
指定下一点或 [放弃(U)]：               //按 Enter 键或空格键结束命令
```

Step4. 再次执行【直线】命令，用同样方法画出竖直中心线，如图 2－2 所示。

Step5. 图 2－2 中由于尺寸较小没有显示点划线效果，选中直线后，按快捷键 Ctrl＋1，打开【特性】面板，将【线型比例】调整为 0.5，就可看到点划线的效果，如图 2－3 所示。

2. 绘制带圆角的矩形

Step1. 在【图层控制】下拉列表框中选择粗实线图层。

Step2. 单击绘图工具栏中的【矩形】按钮，命令行提示如下。

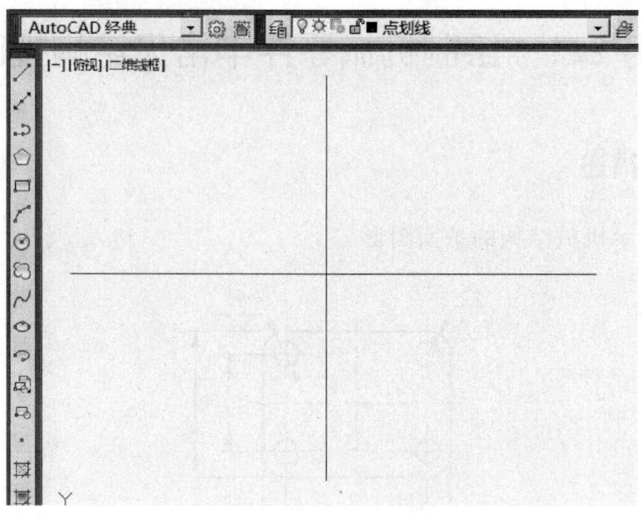

图 2-2　绘制对称中心线

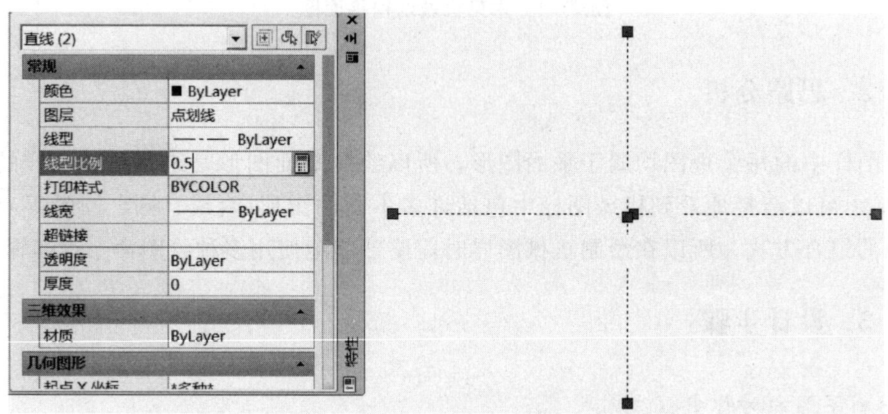

图 2-3　调整点划线线型比例

```
命令: _ rectang
指定第一个角点或 [倒角(C)/标高(E)/圆角(F)/厚度(T)/宽度(W)]: f        //选择圆角参数
指定矩形的圆角半径<0.0000>: 5                                  //设置矩形的圆角半径为 5mm
指定第一个角点或 [倒角(C)/标高(E)/圆角(F)/厚度(T)/宽度(W)]: fro      //指定基点命令
基点: <偏移>: @ 18.5, 14
                        //单击中心线交点作为基点，输入矩形第一个角点相对于基点的坐标
指定另一个角点或 [面积(A)/尺寸(D)/旋转(R)]: @-37, -28
                                    //输入矩形另一个角点相对于上一角点的坐标
```

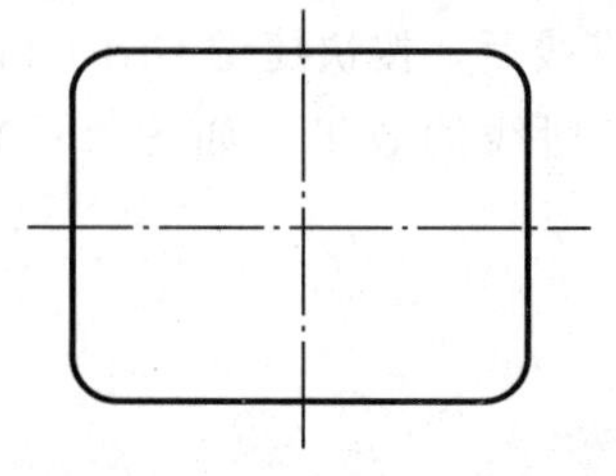

图 2-4　绘制带圆角的矩形

完成 37mm×28mm 带圆角矩形的绘制，如图 2-4 所示。

3. 绘制右上角的圆形

Step1. 单击修改工具栏中的【偏移】按钮，命令行提示如下。

命令：_ offset

当前设置：删除源=否　图层=源　OFFSETGAPTYPE=0

指定偏移距离或 [通过(T)/删除(E)/图层(L)]<通过>：　9

选择要偏移的对象，或 [退出(E)/放弃(U)]<退出>：　　//选中水平中心线

指定要偏移的那一侧上的点，或 [退出(E)/多个(M)/放弃(U)]<退出>：

　　//单击水平中心线上方任意位置

选择要偏移的对象，或 [退出(E)/放弃(U)]<退出>：　　//回车或空格结束命令

小圆的水平中心线通过偏移命令绘出，如图 2－5 所示。

Step2. 用同样的方法绘制出小圆的竖直中心线，如图 2－6 所示。

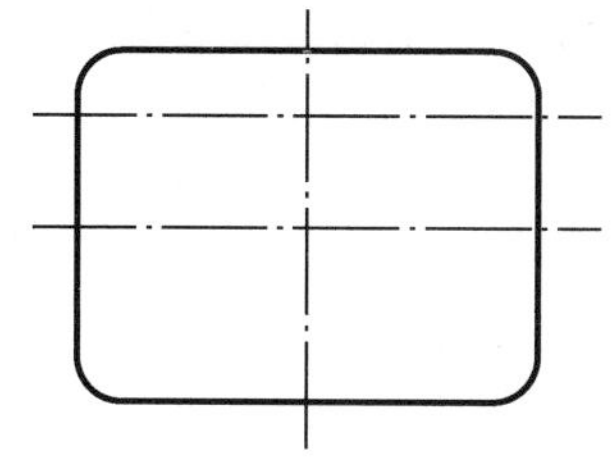

图 2－5　偏移水平中心线

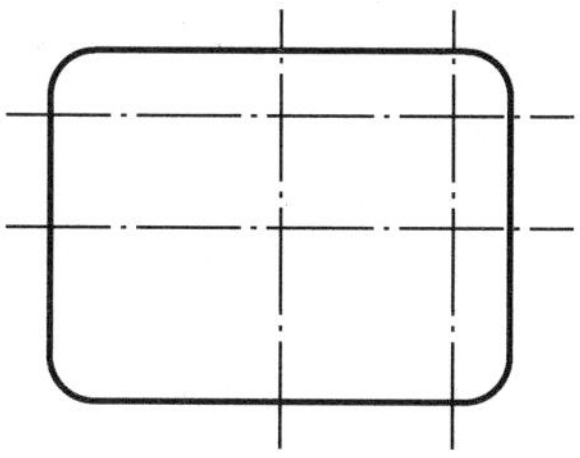

图 2－6　偏移竖直中心线

Step3. 单击绘图工具栏中的【圆】按钮，命令行提示如下。

命令：_ circle 指定圆的圆心或 [三点(3P)/两点(2P)/切点、切点、半径(T)]：

　　//单击小圆圆心位置

指定圆的半径或 [直径(D)]：2.5　　//指定半径为 2.5mm，按 Enter 键确定

第一个小圆绘制完成，如图 2－7 所示。

Step4. 选中小圆水平中心线，显示 3 个蓝色夹点。单击左侧夹点，此夹点变为红色，作为拉伸基点。水平移动到合适位置后再次单击左键，实现对象的拉伸，如图 2－8 所示。

Step5. 用同样的方法，将小圆的对称中心线调整到合适的长度，如图 2－9 所示。

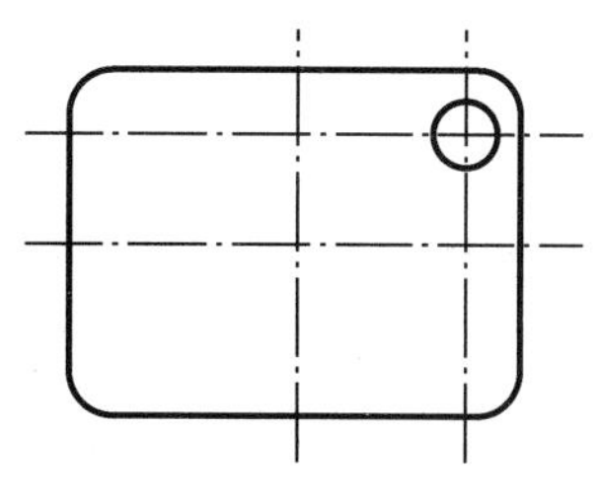

图 2－7　绘制圆

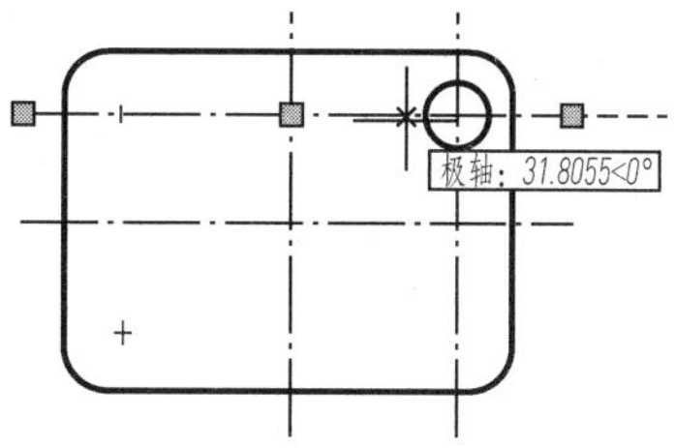

图 2－8　夹点拉伸

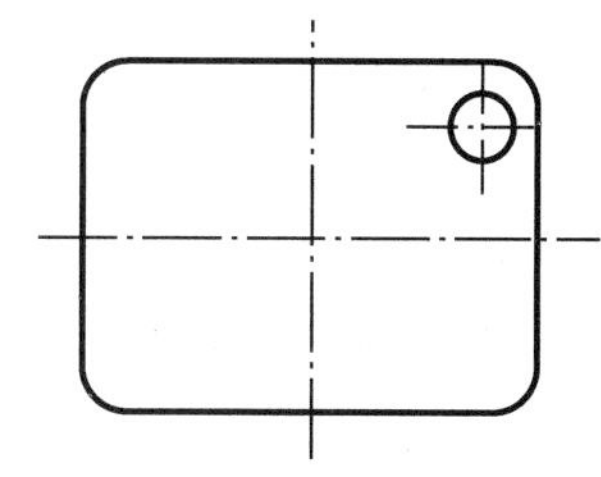

图 2－9　调整小圆中心线

4. 用阵列命令复制其余 3 个圆

Step1. 单击修改工具栏中的【矩形阵列】按钮，命令行提示如下。

命令：_ arrayrect

选择对象：指定对角点：找到 1 个　　//选择小圆及其对称中心线

选择对象：　　//按 Enter 键确认

类型=矩形　关联=是

为项目数指定对角点或 [基点(B)/角度(A)/计数(C)]<计数>：//按 Enter 键确认

输入行数或 [表达式(E)]<4>：2

输入列数或 [表达式(E)]<4>：2　　//创建 2 行 2 列的阵列

指定对角点以间隔项目或 [间距(S)]<间距>：　　//按 Enter 键确认

指定行之间的距离或 [表达式(E)]<11.7832>：-18　　//指定行间距，负数向下阵列

指定列之间的距离或 [表达式(E)]<11.0002>：-28　　//指定列间距，负数向左阵列

按 Enter 键接受或 [关联(AS)/基点(B)/行(R)/列(C)/层(L)/退出(X)]<退出>：//按 Enter 键确定

完成后如图 2－10 所示。

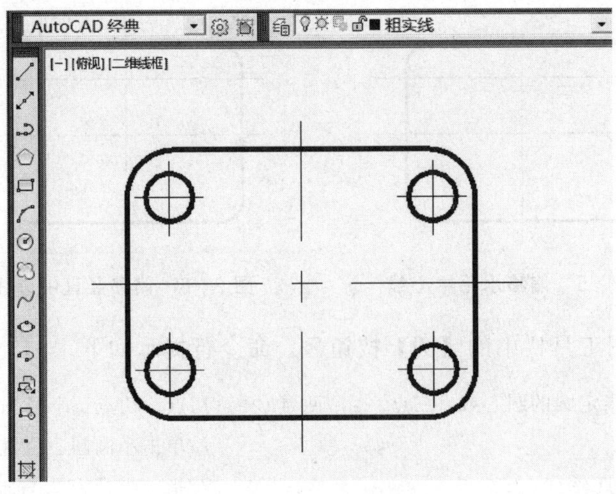

图 2－10　完成后的平面图形

5. 保存文件

2.1.4　操作技巧

AutoCAD 里常用的对象选择方式有以下 3 种。

(1) 直接单击选取。(要在对象的边线上单击)

(2) 窗口方式。选择对象时，单击左键向右拖动鼠标就有一个实线矩形出现。只有矩形全部框住的对象才会被选中。

(3) 交叉方式。选择对象时，单击左键向左拖动鼠标就有一个虚线矩形出现。这时只要对象和矩形框相交都会被选中。

2.1.5　功能详解

坐标输入方法：用鼠标可以直接定位坐标点，但不是很精确；采用键盘输入坐标值的方式可以更精确地定位坐标点。在 AutoCAD 绘图中经常使用平面直角坐标系的绝对坐标、相对坐标，平面极坐标系的绝对极坐标和相对极坐标等方法来确定点的位置。

(1) 绝对直角坐标。绝对坐标是以原点为基点定位所有的点。输入点的(x，y，z)坐

标，在二维图形中，$z=0$ 可省略。如用户可以在命令行中输入“10,20”(中间用英文逗号隔开)来定义点在 XY 平面上的位置。

(2) 相对直角坐标。相对坐标是某点(A)相对于另一特定点(B)的位置，相对坐标是把以前一个输入点作为输入坐标值的参考点，输入点的坐标值是以前一点为基准而确定的，它们的位移增量为 $\triangle X$、$\triangle Y$、$\triangle Z$。其格式为：@$\triangle X$、$\triangle Y$、$\triangle Z$，“@”字符表示输入一个相对坐标值。如“@10，20”是指该点相对于当前点沿 x 方向移动 10，沿 y 方向移动 20。

(3) 绝对极坐标。极坐标是通过相对于极点的距离和角度来定义的，其格式为：距离<角度。角度以 x 轴正向为度量基准，逆时针为正，顺时针为负。绝对极坐标以原点为极点。如输入“10<20”，表示距原点 10，方向 20°的点。

(4) 相对极坐标。相对极坐标是以上一个操作点为极点，其格式为：@距离<角度。如输入“@10<20”，表示该点距上一点的距离为 10，和上一点的连线与 x 轴成 20°。

任务 2.2　绘制吊钩的平面图形

2.2.1　任务描述

吊钩是起重设备上的重要零件，试绘制图 2-11 所示的吊钩平面图形。

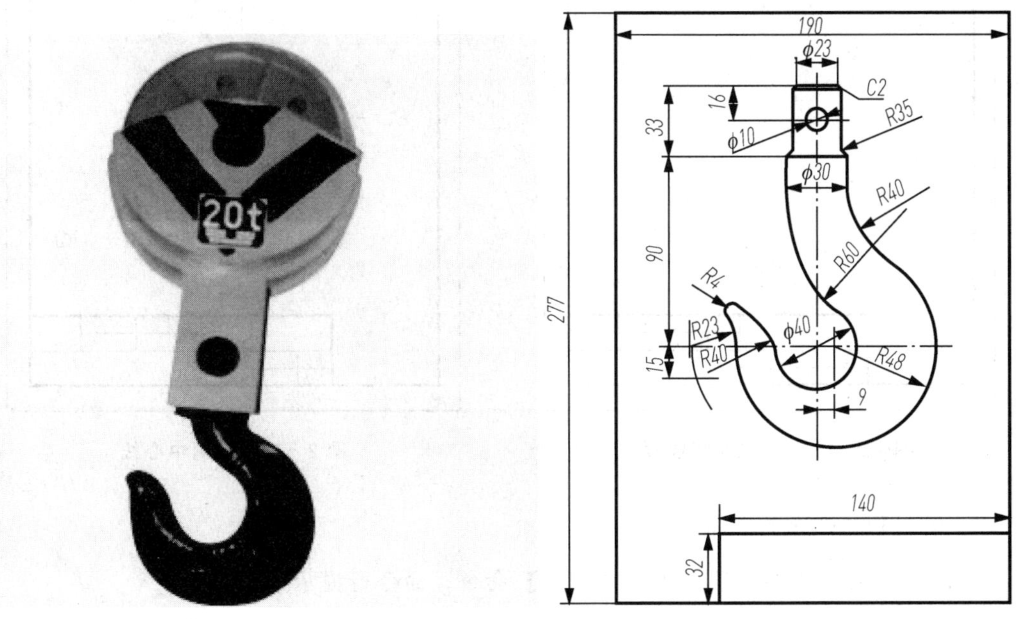

图 2-11　吊钩平面图形

2.2.2 思路分析

吊钩平面图形中要绘制的线段较多。应按顺序先绘制已知线段，其次是中间线段，最后是连接线段。其中有多处圆弧连接问题，如何在 AutoCAD 中绘制连接圆弧，是这个任务要解决的重要问题。

2.2.3 设计步骤

1. 绘制图形的基准线

Step1. 按任务要求创建 A4 零件图模板，图框不留装订边，图纸竖放，如图 2 - 12 所示。

Step2. 在【图层控制】下拉列表框中选择点划线图层，使其成为当前图层。在绘图区画出图形的基准线，如图 2 - 13 所示。

图 2 - 12 A4 零件图模板

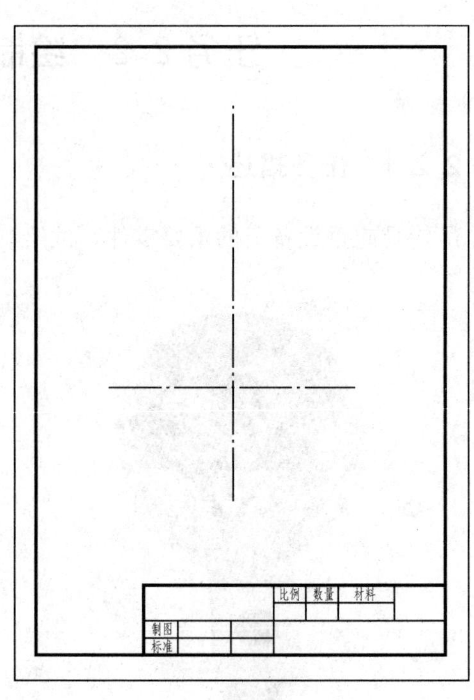

图 2 - 13 绘制中心线

2. 绘制钩颈部分的已知线段

Step1. 选择粗实线图层，单击【直线】命令，命令行提示如下。

```
命令：_ line 指定第一点：123        //捕捉到中心线交点，向上移动光标出现竖直极轴，输入 123
指定下一点或 [放弃(U)]：11.5        //水平移动光标出现水平极轴，输入 11.5
指定下一点或 [放弃(U)]：33          //继续向下移动光标出现竖直极轴，输入 33
指定下一点或 [闭合(C)/放弃(U)]：    //按 Enter 键结束命令
```

在绘制过程中，为了作图方便，可隐藏线宽显示，绘制结果如图 2 - 14 所示。

Step2. 重复使用【直线】命令，将其他已知直线画出，如图 2-15 所示。

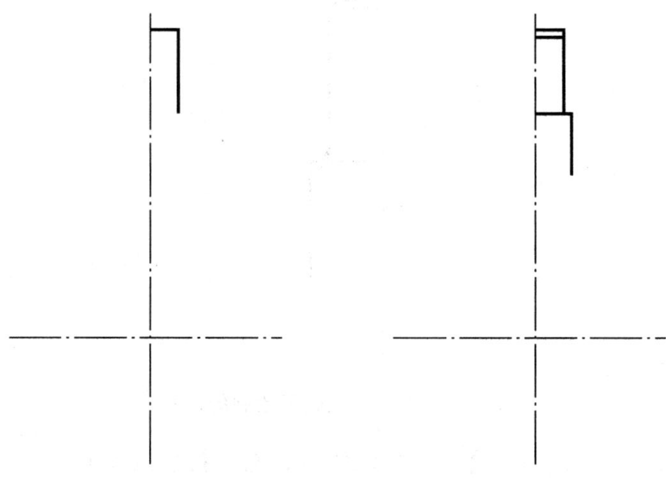

图 2-14 绘制已知线段　　　图 2-15 绘制钩颈

Step3. 单击修改工具栏中的【倒角】按钮，命令行提示如下。

命令：_ chamfer

("修剪"模式）当前倒角距离 1=0.0000，距离 2=0.0000

选择第一条直线或 [放弃(U)/多段线(P)/距离(D)/角度(A)/修剪(T)/方式(E)/多个(M)]：d

//先设置倒角距离

指定 第一个 倒角距离<0.0000>：2

指定 第二个 倒角距离<2.0000>：2

选择第一条直线或 [放弃(U)/多段线(P)/距离(D)/角度(A)/修剪(T)/方式(E)/多个(M)]：

//点选要做倒角的一条边

选择第二条直线，或按住 Shift 键选择直线以应用角点或 [距离(D)/角度(A)/方法(M)]：

//点选另一条边

绘制结果如图 2-16 所示。

Step4. 单击修改工具栏中的【圆角】按钮，命令行提示如下。

命令：_ fillet

当前设置：模式=修剪，半径=0.0000

选择第一个对象或 [放弃(U)/多段线(P)/半径(R)/修剪(T)/多个(M)]：t

输入修剪模式选项 [修剪(T)/不修剪(N)]<修剪>：n　　//将模式改为不修剪

选择第一个对象或 [放弃(U)/多段线(P)/半径(R)/修剪(T)/多个(M)]：r

指定圆角半径<0.0000>：3.5　　//将圆角半径改为 3.5mm

选择第一个对象或 [放弃(U)/多段线(P)/半径(R)/修剪(T)/多个(M)]：

选择第二个对象，或按住 Shift 键选择对象以应用角点或 [半径(R)]：

绘制结果如图 2-17 所示。用夹点编辑的方法将直线下端缩短到圆角端点，如图 2-18 所示。

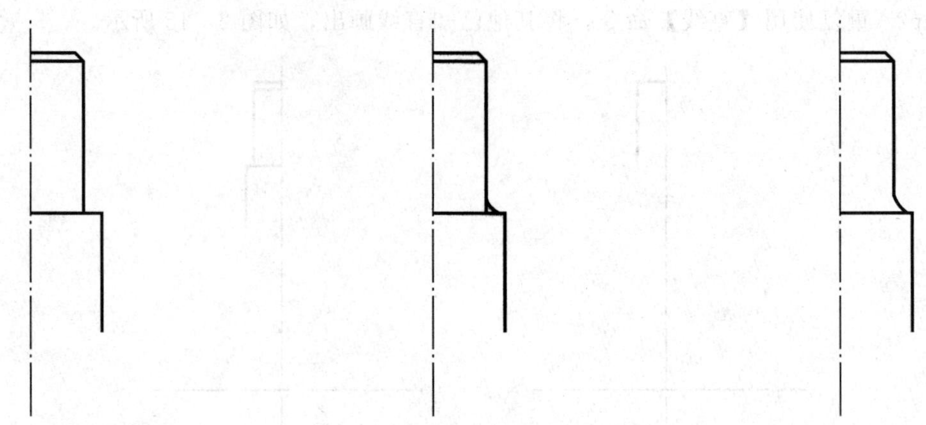

图 2-16　绘制倒角　　图 2-17　不修剪模式下绘制的圆角　　图 2-18　调整直线长度

Step5. 单击修改工具栏中的【镜像】按钮，命令行提示如下。

```
命令: _mirror
选择对象: 指定对角点: 找到 7 个                //用交叉方式选择绘制好的已知线段
选择对象:                                      //按 Enter 键确认
指定镜像线的第一点: 指定镜像线的第二点:        //选竖直点划线为镜像线
要删除源对象吗?[是(Y)/否(N)]<N>: n
```

绘制结果如图 2-19 所示。

3. 绘制钩体部分的已知圆弧

为了作图简单方便，在绘制图中所有的各段圆弧时先将各段圆弧所在的整个圆绘制出来，然后利用【修剪】命令得到需要的各段圆弧。

Step1. 使用【偏移】命令，偏移得到 $\phi 10$ 和 $R48$ 的中心线，并调整长度，如图 2-20 所示。

Step2. 使用【圆】命令，绘制已知圆弧，如图 2-21 所示。

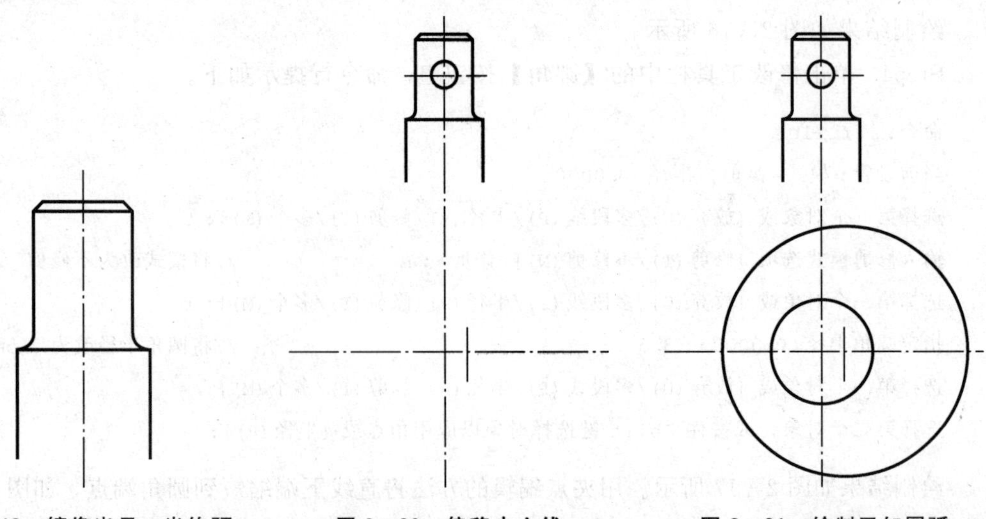

图 2-19　镜像出另一半钩颈　　图 2-20　偏移中心线　　图 2-21　绘制已知圆弧

4. 绘制中间圆弧

Step1. 使用【偏移】命令，将水平中心线向下偏移 15，得到 *R*40 的中心线。再以 ϕ40 的圆心为圆心，60 为半径画圆，与 *R*40 的中心线的交点就是 *R*40 的圆心，如图 2 - 22 所示。

绘制出 *R*40，删除辅助线，如图 2 - 23 所示。

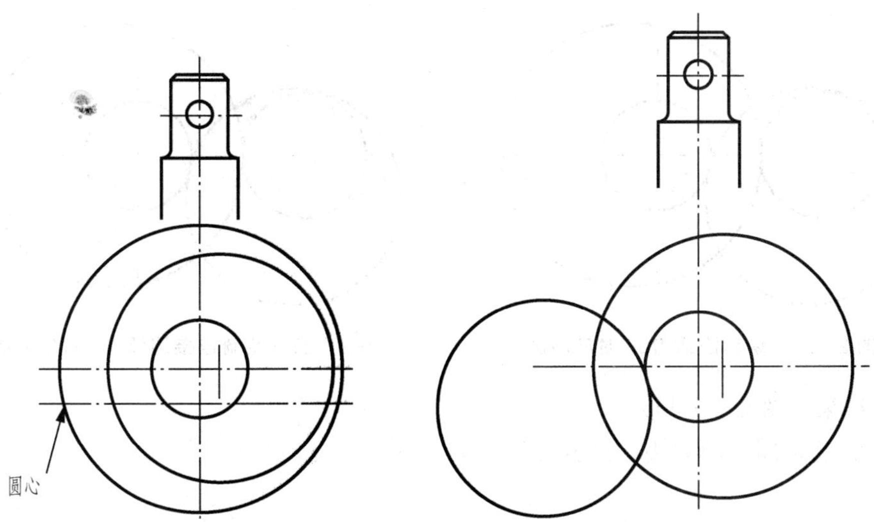

图 2 - 22　确定 *R*40 圆弧圆心　　　图 2 - 23　绘制圆弧 *R*40 对应的圆

Step2. 同样的方法绘制 *R*23 对应的圆。如图 2 - 24 所示。

5. 绘制连接圆弧

Step1. 使用【圆】命令，用切点、切点、半径条件画圆的方法绘制连接圆弧 *R*4，命令行提示如下。

```
命令：_ circle 指定圆的圆心或 [三点(3P)/两点(2P)/切点、切点、半径(T)]: t
指定对象与圆的第一个切点：                //鼠标单击与 R40 大致相切的位置
指定对象与圆的第二个切点：                //鼠标单击与 R23 大致相切的位置
指定圆的半径<23.0000>: 4
```

圆 *R*4 的绘制结果如图 2 - 25 所示。

Step2. 使用修改工具栏上的【修剪】命令，修剪 *R*40 连接圆弧，命令行提示如下。

```
命令：_ trim
当前设置：投影=UCS, 边=无
选择剪切边…
选择对象或<全部选择>：   找到 1 个      //选择与之相邻的圆 φ40 作为修剪的边界
选择对象：找到 1 个，总计 2 个          //选择另一个相邻的圆 R4 作为修剪边界
选择对象：                              //选择要修剪的圆 R40
```

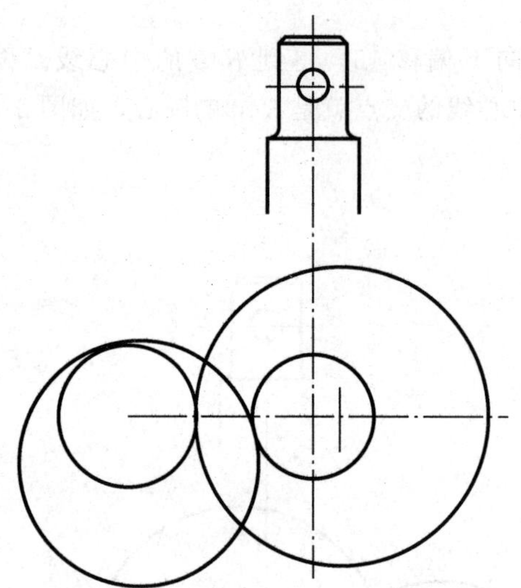
图 2-24　绘制圆弧 *R*23 对应的圆

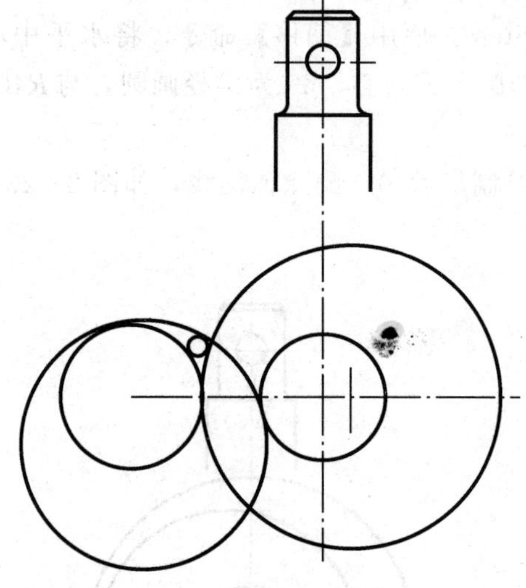
图 2-25　绘制连接圆弧 *R*4 对应的圆

修剪结果如图 2-26 所示。

Step3. 使用同样的方法，修剪其他圆弧，如图 2-27 所示。

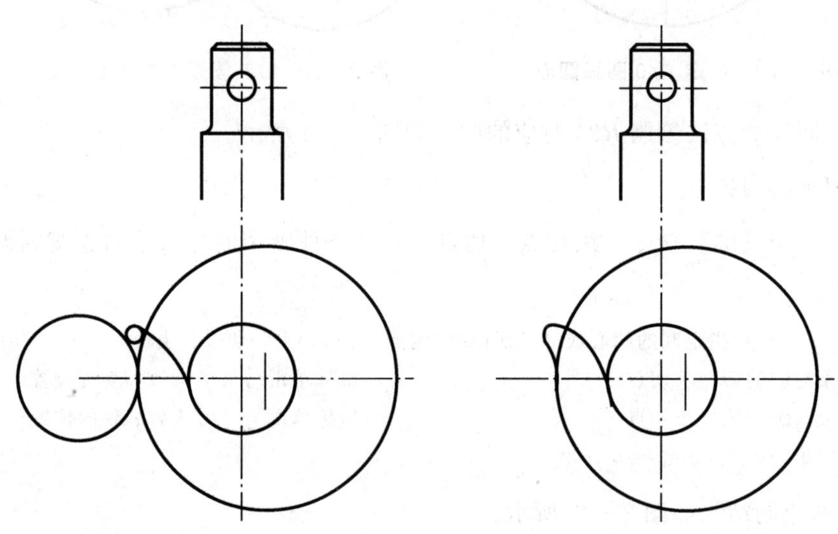
图 2-26　修剪 *R*40 连接圆弧　　图 2-27　修剪其他连接圆弧

Step4. 使用【圆角】命令，绘制 *R*40 连接圆弧，命令行提示如下。

命令：_ fillet

当前设置：模式=修剪，半径=0.0000

选择第一个对象或 [放弃(U)/多段线(P)/半径(R)/修剪(T)/多个(M)]：r

指定圆角半径<0.0000>：40　　//设置连接圆弧半径为 40

选择第一个对象或 [放弃(U)/多段线(P)/半径(R)/修剪(T)/多个(M)]：

//选中与之连接的圆 R48

选择第二个对象，或按住 Shift 键选择对象以应用角点或 [半径(R)]:

//选中与之连接的直线

绘制结果如图 2－28 所示。

Step5. 用同样的方法绘制连接圆弧 $R60$，如图 2－29 所示。

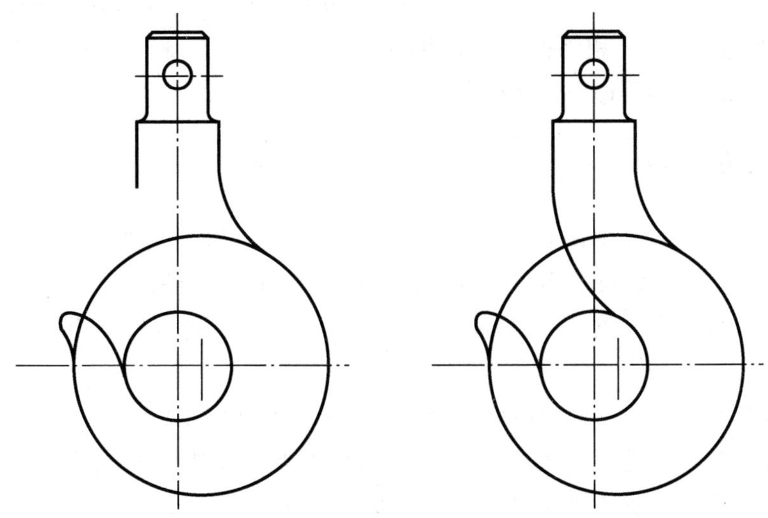

图 2－28 绘制 $R40$ 连接圆弧　　　　图 2－29 绘制 $R60$ 连接圆弧

Step6. 使用【修剪】命令修剪多余的线段，调整中心线长度并显示线宽后可看到最后效果，如图 2－30 所示。

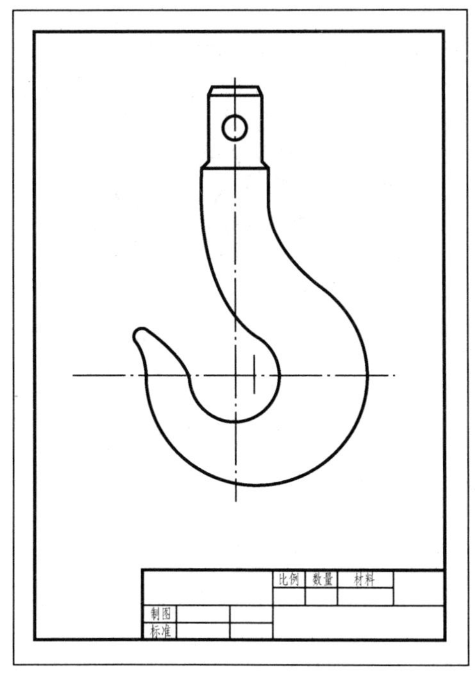

图 2－30 吊钩平面图形

6. 保存文件

2.2.4 操作技巧

绘制连接圆弧的一般方法是先画出与相邻圆弧相切的圆，再修剪出连接圆弧。使用【圆角】命令能直接绘制与相邻圆弧的连接圆弧，无需修剪，比较方便。但是，【圆角】命令只能绘制与相邻圆弧外切的连接圆弧。

2.2.5 功能详解

夹点编辑：夹点是选中图形后所显示的特征点，比如直线的特征点是两个端点，一个中点；圆形是 4 个象限点和圆心点；矩形是 4 个顶点；等等。当选中图形后这些点会被亮显出来，称为冷夹点，再次单击某个冷夹点后，该点会显示为红色，就变成热夹点了。

通常执行修改命令时，先选择修改命令，如复制命令(CP)，然后选择对象、基点，执行操作。而夹点编辑是先选择图形对象，出现冷夹点，然后再次单击某个冷夹点使之变成热夹点，再以热夹点为基点，进行编辑，如拉伸、移动、复制、镜像、旋转等操作。按 Enter 键可在各个修改命令间转换。总之，夹点操作是加快完成修改命令的方式。

2.2.6 试试看

(1) 绘制图 2－31 所示常见机械结构的平面图形。

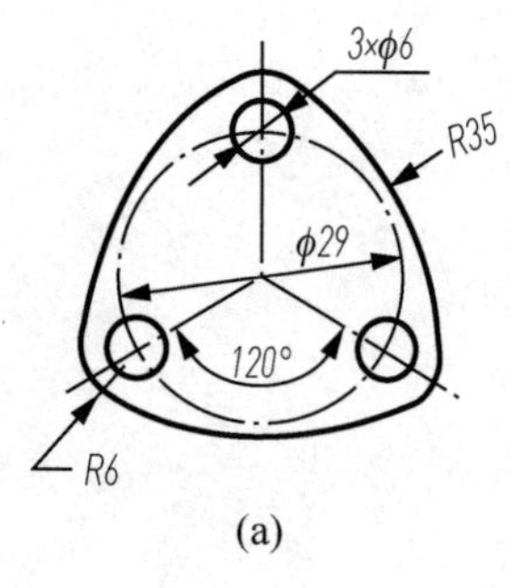

(a)

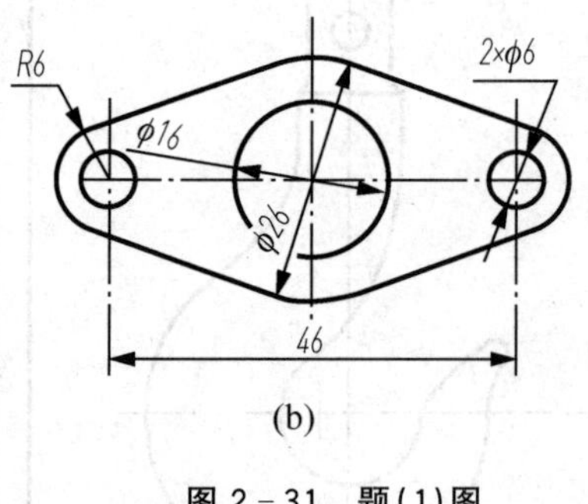

(b)

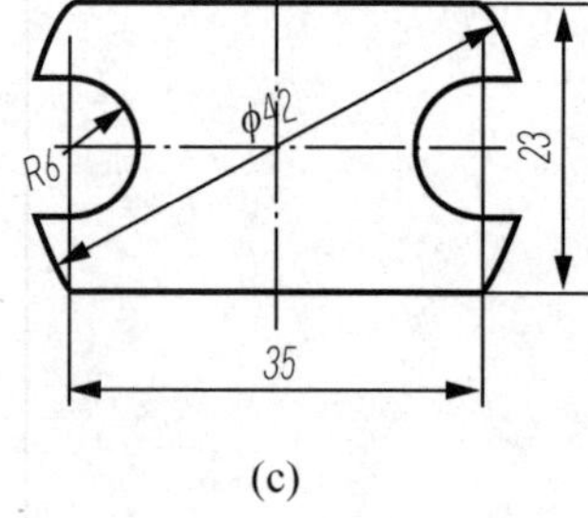

(c)

图 2－31 题(1)图

(2) 绘制图 2－32 所示零件的平面图形。

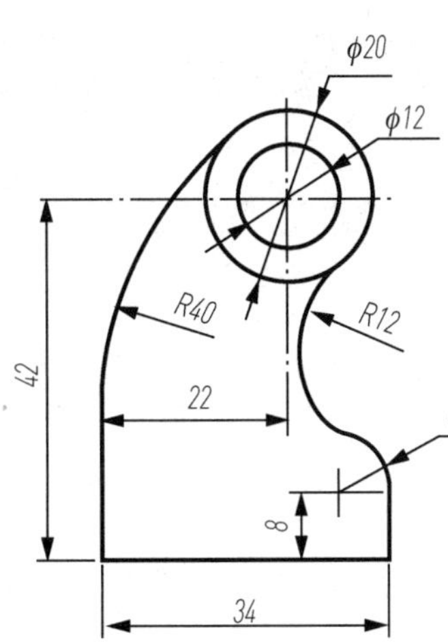

(a)

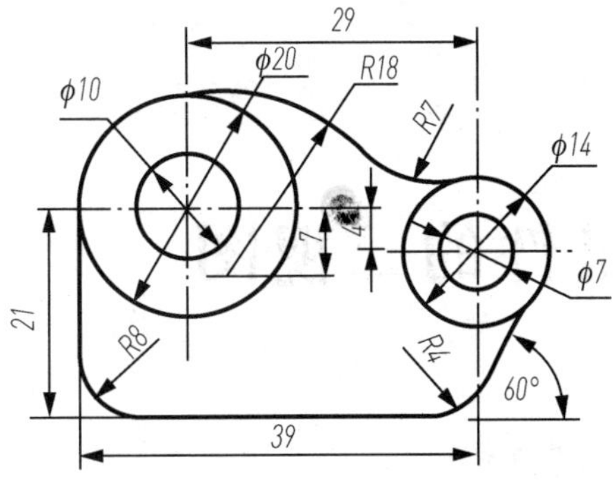

(b)

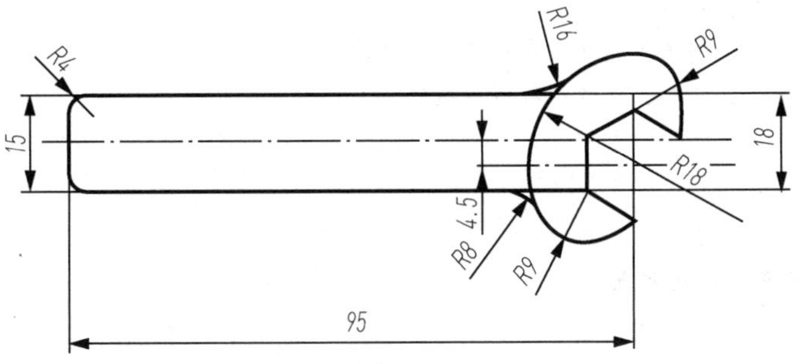

(c)

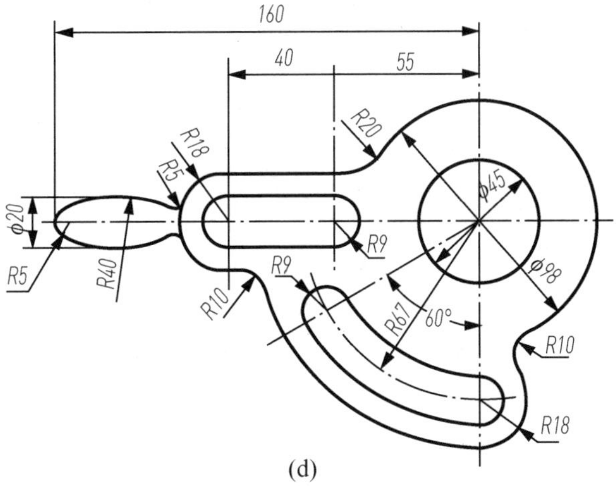

(d)

图 2－32 题(2)图

学习情境 3

机件的三视图

学习目标

通过本情境的学习和实际训练，要求学生能够灵活使用各种绘图和编辑命令。能使用对象捕捉和追踪功能快速、准确地绘制出机械零件的三视图。

本情境知识要点包括：

1. 基本绘图命令：构造线、点、样条曲线、椭圆弧
2. 基本修改命令：复制、延伸、打断、旋转
3. 极轴追踪
4. 对象捕捉
5. 对象捕捉追踪
6. TT 命令设置临时追踪点

任务3.1　绘制车床顶尖三视图

3.1.1　任务描述

顶尖是在加工过程中加强定位和卡紧作用的工件，图3－1所示为半缺固定顶尖，试绘制顶尖切割部分的三视图(莫氏锥度部分省略)，简化视图如图3－1(b)所示。

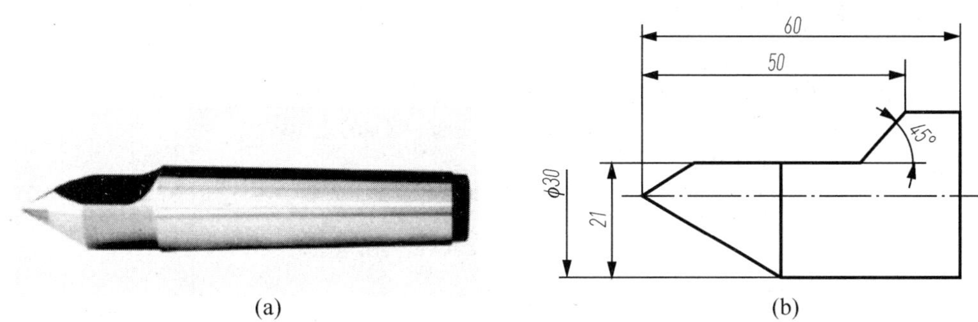

(a)　(b)

图3－1　半缺固定顶尖

3.1.2　思路分析

顶尖端角度为60°，可看作圆锥和圆柱的组合形体，切割部分的截交线是绘制的难点。在具体的绘图过程中，应该充分利用AutoCAD的“正交”、“捕捉”等绘图辅助功能和添加辅助线的方法来保证视图之间的“三等”规律。

3.1.3　设计步骤

1. 绘制顶尖三视图的基准线

Step1. 打开“A4零件图.dwt”样板文件。

Step2. 在【图层控制】下拉列表框中选择点划线图层，绘制合适长度的基准线(线型比例设为0.5)。

Step3. 使用对象捕捉追踪功能绘制左视图水平中心线。单击窗口底部状态栏中的【对象捕捉追踪】按钮，使其高亮显示。光标先捕捉到主视图中心线端点，沿水平极轴右移至合适位置单击鼠标，以保证主左视图“高平齐”，如图3－2所示。

基准线绘制结果如图3－3所示。

2. 绘制基本形体三视图

Step1. 在【图层控制】下拉列表框中选择粗实线图层。

Step2. 右击窗口底部状态栏中的【极轴追踪】按钮，在弹出的快捷菜单中选择【设置】命令，打开【草图设置】对话框，如图3－4所示。

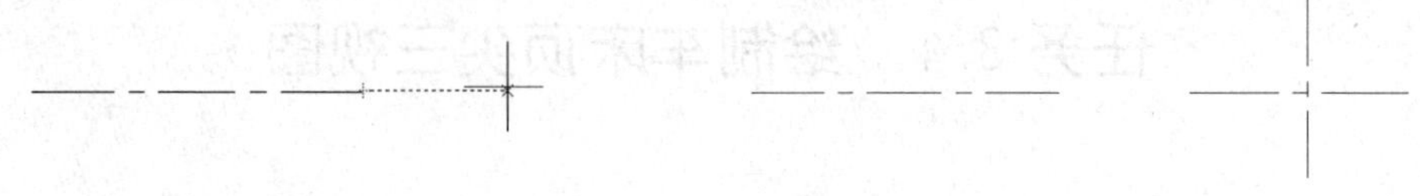

图 3-2　捕捉追踪左视图基准线位置　　　　图 3-3　绘制基准线

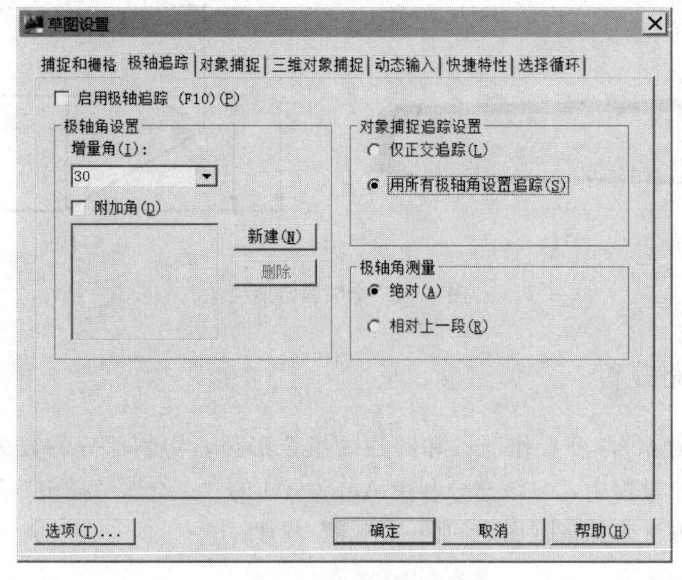

图 3-4　【草图设置】对话框

将极轴增量角设置为 30°，在【对象捕捉追踪设置】选项区域选中【用所有极轴角设置追踪】单选按钮，单击【确定】按钮。

Step3. 使用【直线】命令可绘制 30°增量角方向直线，绘制出顶尖主视图；用【圆】命令绘制顶尖左视图，如图 3-5 所示。

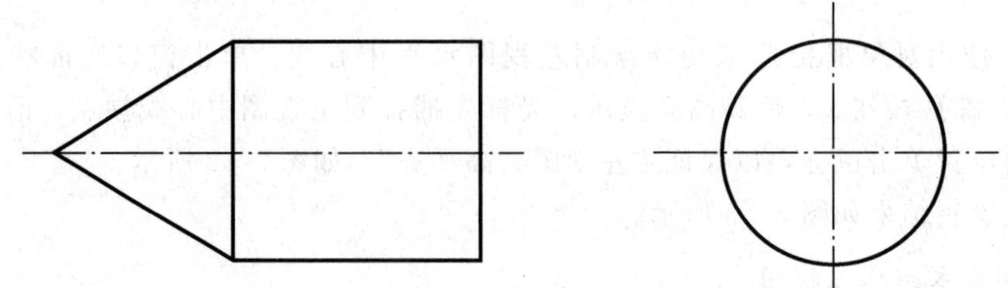

图 3-5　绘制顶尖主、左视图

Step4. 俯视图可直接复制主视图。单击修改工具栏上的【复制】按钮，命令行提示如下。

```
命令：_ copy
选择对象：指定对角点：找到 4 个
选择对象：指定对角点：找到 4 个，总计 8 个            //用交叉方式把要复制的对象选中
选择对象：                                            //按 Enter 键确认
当前设置：  复制模式=多个
指定基点或 [位移(D)/模式(O)]<位移>：                  //鼠标单击复制移动的基点
指定第二个点或 [阵列(A)]<使用第一个点作为位移>：
                          //竖直向下沿极轴移动光标，保证“长对正”，至俯视图位置单击
指定第二个点或 [阵列(A)/退出(E)/放弃(U)]<退出>：      //按 Enter 键结束命令
```

复制结果如图 3-6 所示。

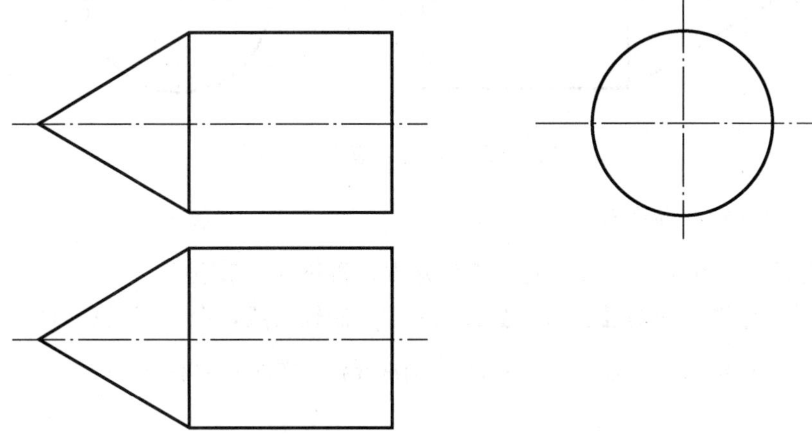

图 3-6　复制顶尖俯视图

3. 绘制主、左视图截交线

Step1. 将主视图水平中心线向上偏移 6，极轴追踪设为 45。

Step2. 在粗实线图层下单击【直线】命令，捕捉到右上角端点后，向左沿水平极轴移动，输入 10 确定第一点，如图 3-7 所示。

Step3. 继续沿 45°极轴方向移动至偏移中心线交点确定第二点，如图 3-8 所示。

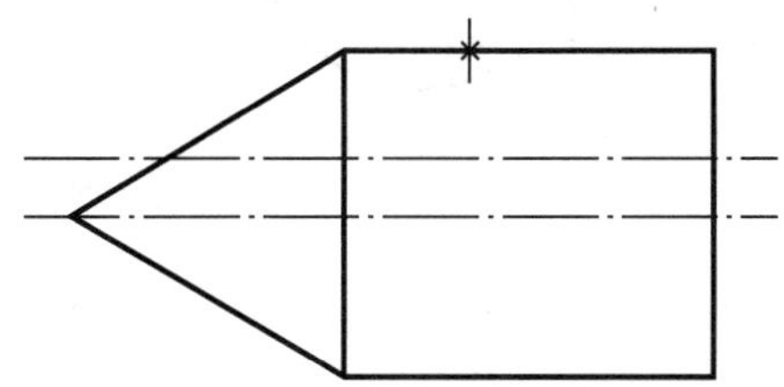

图 3-7　捕捉追踪截交线起点位置

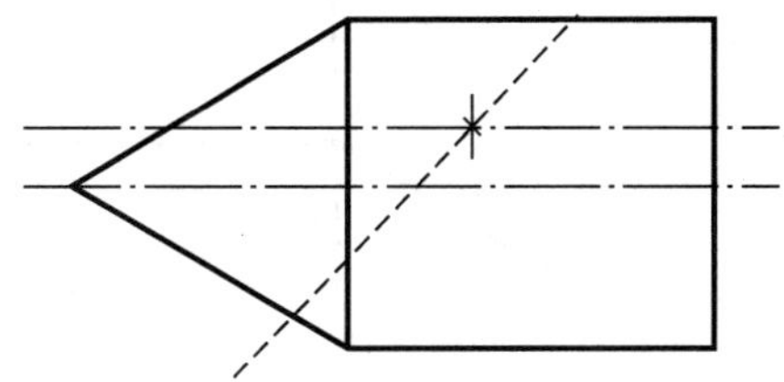

图 3-8　捕捉追踪截交线第二点位置

Step4. 再向左沿水平极轴移动至和顶尖交点处确定第三点。删除偏移的中心线后如图 3-9 所示。

Step5. 使用【修剪】命令修剪后如图 3-10 所示。

Step6. 同样使用对象捕捉追踪功能绘制左视图截交线，如图 3-11 所示。

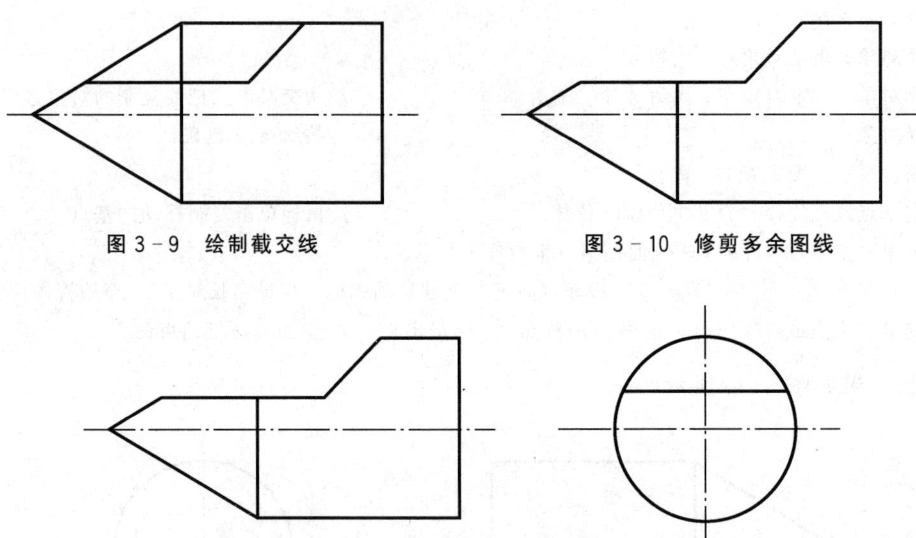

图 3-9 绘制截交线　　图 3-10 修剪多余图线

图 3-11 绘制左视图截交线

4. 绘制俯视图圆锥部分截交线

圆锥部分的截交线为双曲线，先标出特殊点，再添加一般点。

Step1. 单击绘图栏中的【构造线】按钮，绘制辅助线，命令行提示如下。

命令：_ xline 指定点或 [水平(H)/垂直(V)/角度(A)/二等分(B)/偏移(O)]:
指定通过点:
//捕捉到两条中心线端点，追踪到它们正交的交点，单击鼠标定位第一点，如图 3-12 所示
指定通过点:
//沿 315°极轴方向移动光标，单击鼠标定位第二点，如图 3-13 所示

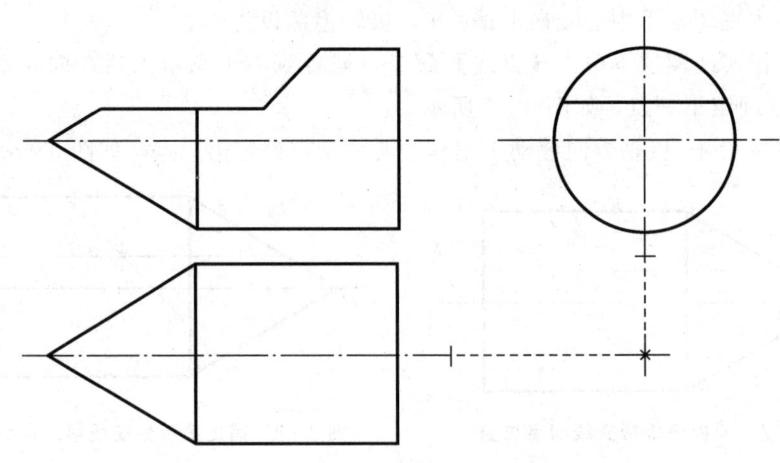

图 3-12 绘制辅助线起点

Step2. 执行【格式】/【点样式】命令，打开【点样式】对话框，设置如图 3-14 所示的样式，单击【确定】按钮。

Step3. 单击绘图工具栏上的【点】按钮，捕捉追踪出俯视图中的对应特殊点。

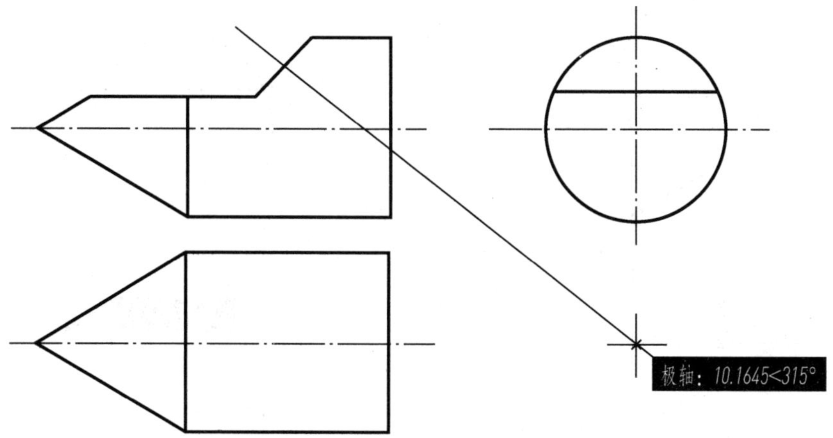

图 3 - 13　绘制辅助线第二点

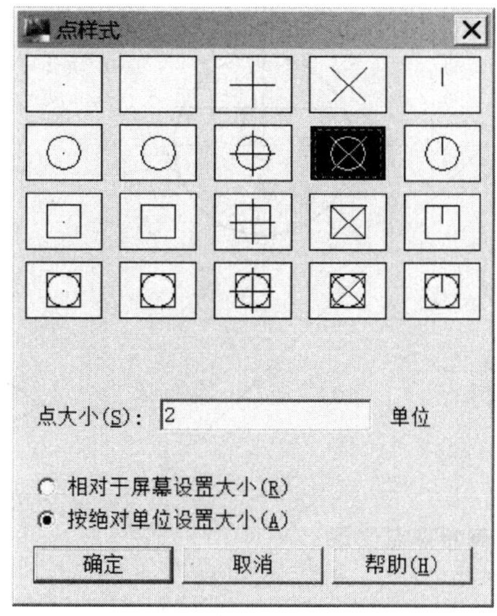

图 3 - 14　【点样式】对话框

Step4. 当需要从左视图对点时，在命令行输入“tt”，指定捕捉点和 45°辅助线交点为临时对象追踪点，如图 3 - 15 所示。再由该点水平向左追踪到特殊点位置，如图 3 - 16 所示。

俯视图中的特殊点标记如图 3 - 17 所示。

Step5. 作辅助圆，同样用捕捉追踪的方法找一般点，如图 3 - 18 所示。

Step6. 右击窗口底部状态栏中的【捕捉】按钮，在弹出的快捷菜单中选择【节点】选项。选择粗实线图层，单击绘图工具栏上的【样条曲线】按钮，依次连接各点，如图 3 - 19 所示。

5. 绘制俯视图圆柱部分截交线

Step1. 用【直线】命令绘制出圆柱部分的矩形截交线，删除圆锥部分的辅助点，如图 3 - 20 所示。

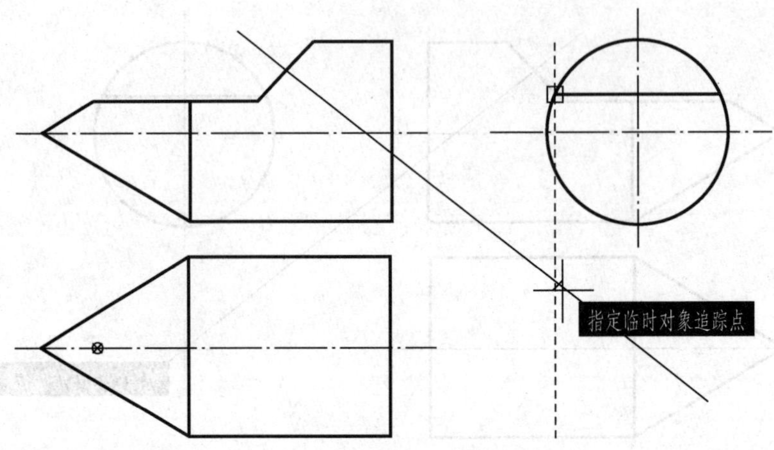

图 3-15　确定临时对象追踪点

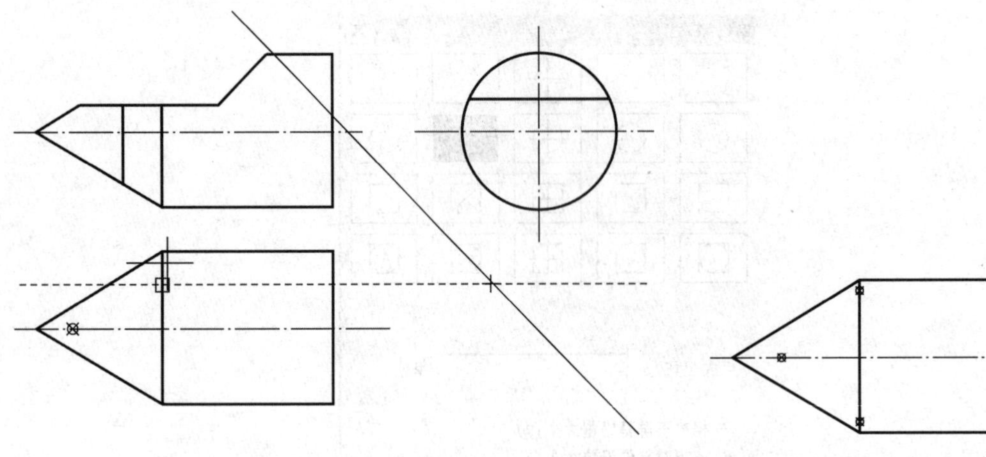

图 3-16　追踪到特殊点位置　　　　图 3-17　绘制特殊点

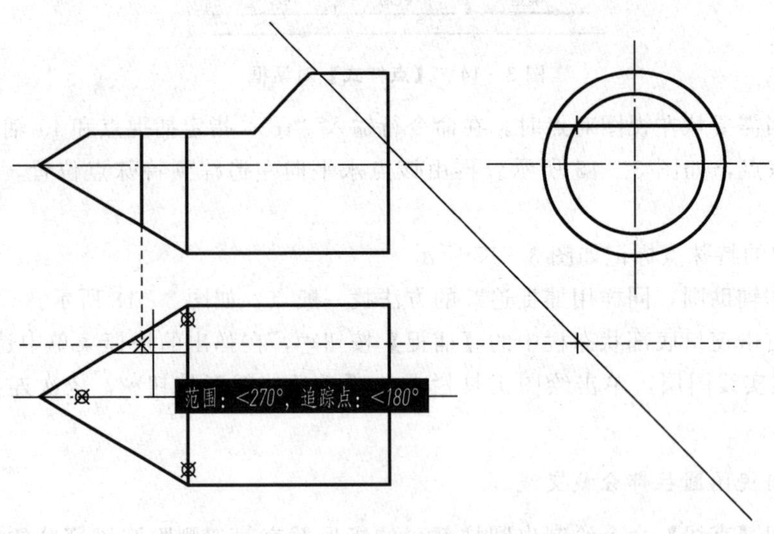

图 3-18　捕捉追踪一般点

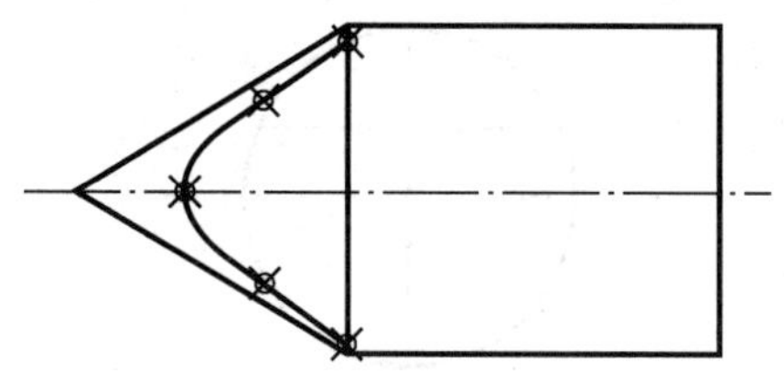

图 3－19　用【样条曲线】命令绘制双曲线

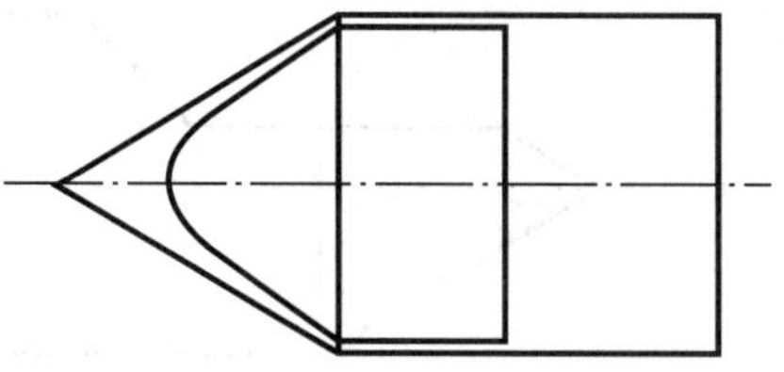

图 3－20　绘制矩形截交线

Step2. 用对象捕捉追踪的方法找出椭圆弧截交线的特殊点，如图 3－21 所示。再追踪出椭圆的中心点和另一轴的端点，如图 3－22 所示。

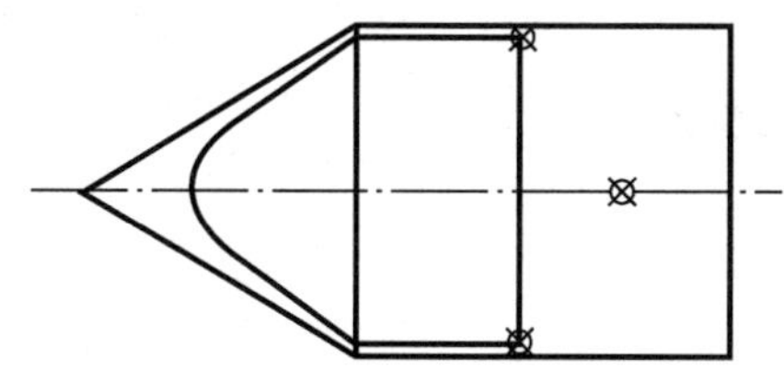

图 3－21　绘制椭圆弧截交线特殊点

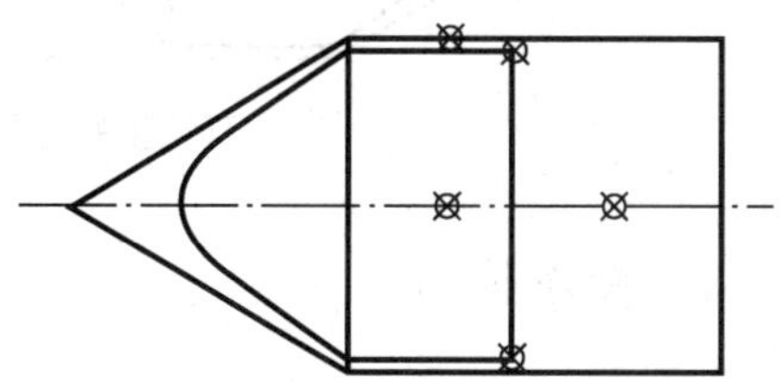

图 3－22　绘制椭圆的中心点和另一轴的端点

Step3. 单击绘图栏中的【椭圆弧】按钮，绘制椭圆弧，命令行提示如下。

命令：_ ellipse
指定椭圆的轴端点或 [圆弧(A)/中心点(C)]：_ a
指定椭圆弧的轴端点或 [中心点(C)]：c　　//设置中心点参数
指定椭圆弧的中心点：　　//单击中心点
指定轴的端点：　　//单击一个轴端点
指定另一条半轴长度或 [旋转(R)]：　　//单击另一个轴端点
指定起点角度或 [参数(P)]：　　//单击椭圆弧的起点(逆时针绘制)
指定端点角度或 [参数(P)/包含角度(I)]：　　//单击椭圆弧的终点

绘制的椭圆弧如图 3－23 所示。

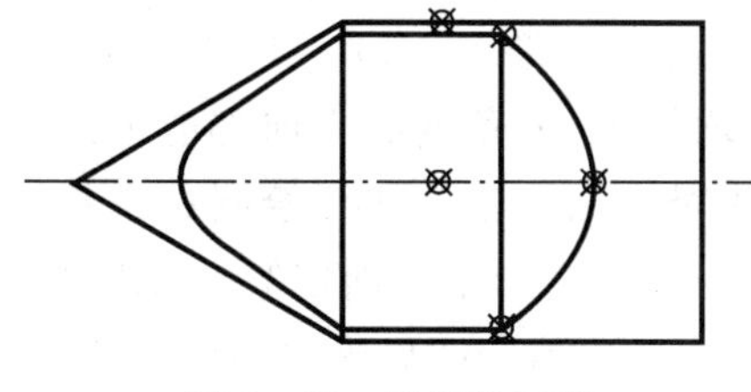

图 3－23　绘制椭圆弧

6. 保存文件

删除多余的图线及辅助线和点，完成后的三视图如图 3－24 所示。保存文件。

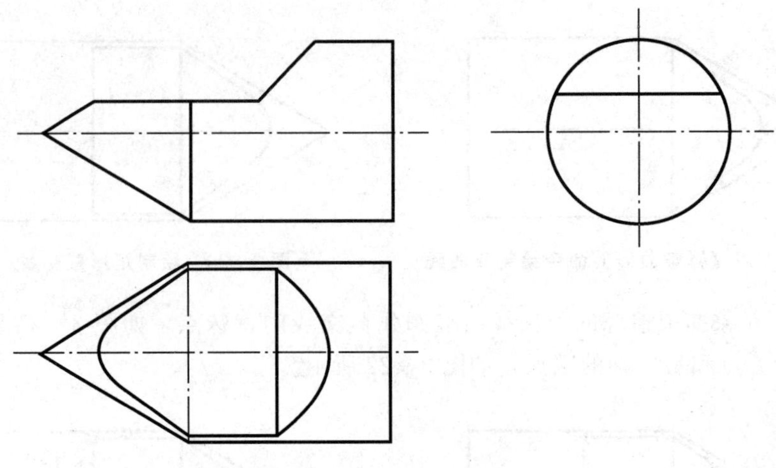

图 3-24　顶尖三视图

3.1.4　操作技巧

TT 命令：TT 命令是用来创建极轴追踪基准点的二级命令，必须在鼠标的“定点模式”下使用，且要开启“对象捕捉”、“极轴追踪”、“对象捕捉追踪”。

通常情况下，打开极轴追踪，会自动捕捉到追踪点，如端点、中点、圆心、交点等。当需要捕捉非特征点时，就可以用 TT 命令。另外，可以在极轴追踪里面设置角度，这样就增加了绘图的灵活性，减少了辅助线的绘制。

3.1.5　功能详解

对象捕捉与追踪功能：对象捕捉是 AutoCAD 中最为重要的工具之一，使用对象捕捉可以精确定位，在绘图过程中可直接利用光标来准确地确定目标点，如圆心、端点、垂足等。

追踪功能包括两种追踪选项，即“极轴追踪”和“对象捕捉追踪”。

极轴追踪功能就是可以沿某一角度追踪的功能。可用 F10 键打开或关闭极轴追踪功能。默认的极轴追踪是正交方向的，即 0°、90°、180°、270°方向。可以在草图设置中选择增量角度，如 15°，那么每增加 15°的角度的方向都能追踪。还可自己设置特定追踪角度。使用极轴追踪给绘图带来极大的方便，如要绘制一条长 100，45°方向的水平线，可设置极轴追踪的增量角为 45°，画直线命令，确定第一点后光标向向右上 45°方向移动会自动出现极轴追踪线，键盘输入长度值 100 后确定即可完成。

对象捕捉追踪功能是以捕捉到的特殊位置点为基点，获取了点之后，当在绘图路径上移动光标时，相对于获取点的极轴或极轴角的倍数对齐路径将显示出来，然后在此路径上追踪需要的点。已获取的基点将显示一个小加号（+），一次最多可以获取 7 个追踪点。例如，可以基于对象端点、中点或者对象的交点，沿着某个路径选择一点。

任务3.2 绘制三通管三视图

3.2.1 任务描述

三通是用于管道分支处的一种管件，试绘制图3－25所示的三通管的三视图。

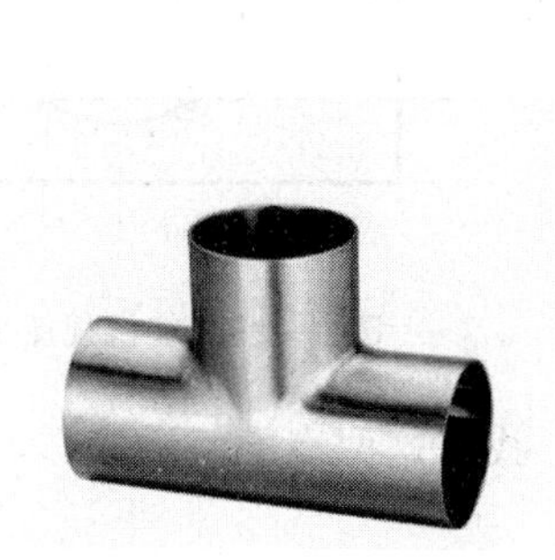

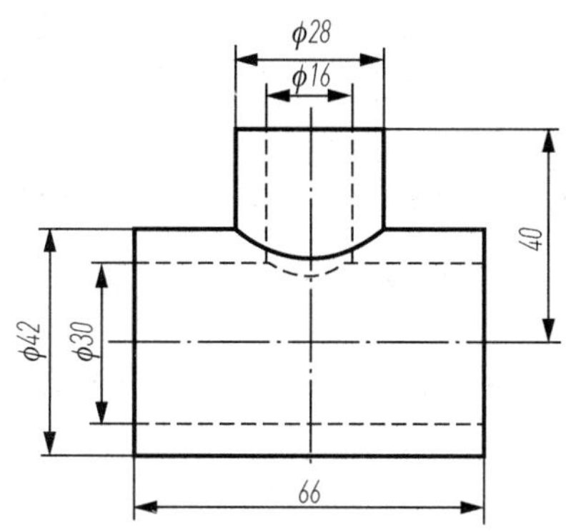

图3－25 三通管

3.2.2 思路分析

三通管表面和内部都有相贯线。绘制相贯线的一般方法是找出特殊位置点，添加一般位置点，再依次光滑连接各点。用AutoCAD绘制相贯线和笔规绘图的绘制方法是一样的。当然，在精度要求不高的情况下还可以用简化画法。接下来，分别介绍如何用这两种画法来绘制相贯线。

3.2.3 设计步骤

1. 绘制三通管外表面轮廓线

Step1. 打开A4零件图模板，在点划线图层绘制出图形的基准线，如图3－26所示。

Step2. 选粗实线图层，绘制三通管的外表面轮廓线，如图3－27所示。

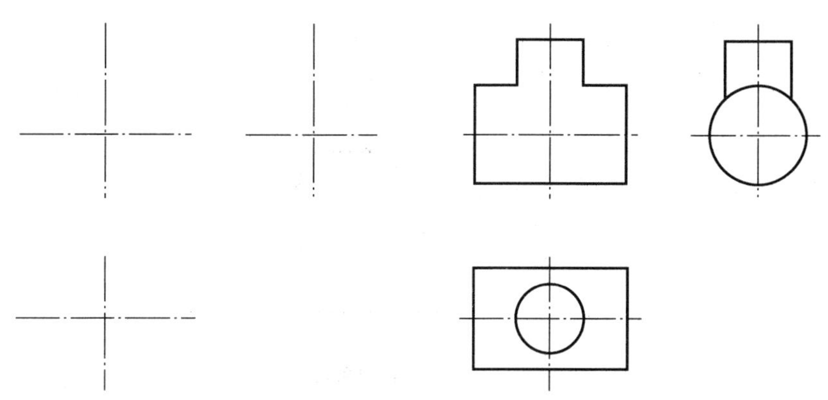

图3－26 绘制出图形的基准线　　图3－27 绘制外表面轮廓线

Step3. 使用【点】命令，在主视图中标出相贯线上的特殊位置点，如图 3-28 所示。

Step4. 在相贯线水平投影上选两个对称点即一般位置点(为了便于取点，可选中【对象捕捉】中的【最近点】选项)，如图 3-29 所示。

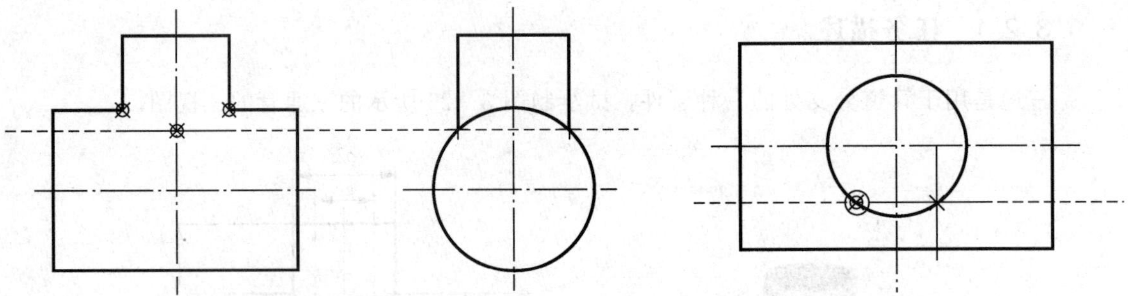

图 3-28　绘制相贯线上的特殊位置点　　图 3-29　在俯视图上取一般点

Step5. 绘制 45°辅助线，用对象捕捉追踪的方法，找出这两点的侧面投影，如图 3-30 所示。

Step6. 通过点的水平与侧面投影，绘出点的正面投影，如图 3-31 所示。

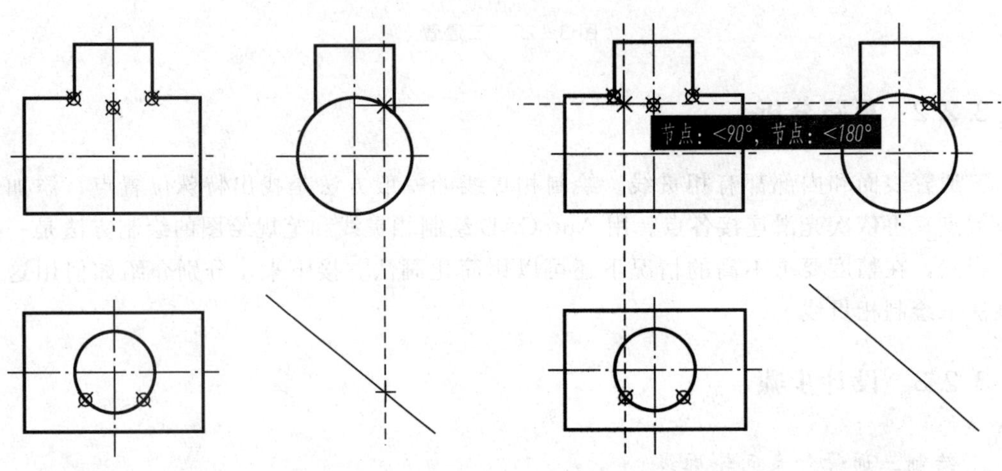

图 3-30　绘制一般点的侧面投影　　图 3-31　绘制点的正面投影

Step7. 单击【样条曲线】命令，依次连接各点，画出相贯线的正面投影，如图 3-32 所示。

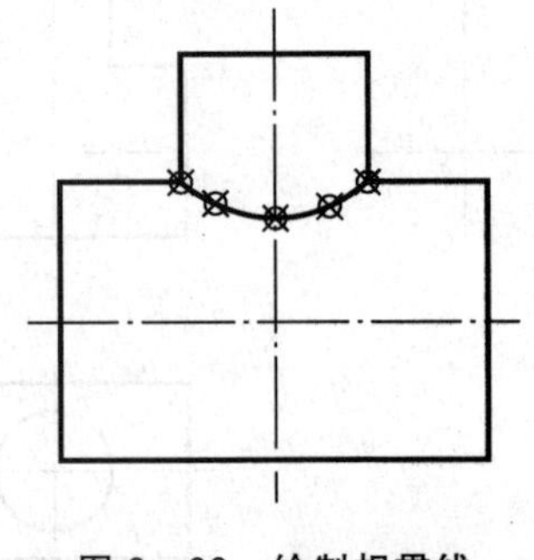

图 3-32　绘制相贯线

2. 绘制三通管内表面轮廓线

Step1. 删除各辅助点。使用【偏移】命令将外表面轮廓线进行偏移，得到内表面轮廓线，如图 3 - 33 所示。

Step2. 单击修改工具栏上的【延伸】按钮，延伸主、左视图中 ϕ16 孔的轮廓线，操作时先选边界再选要延伸的对象，如图 3 - 34 所示。

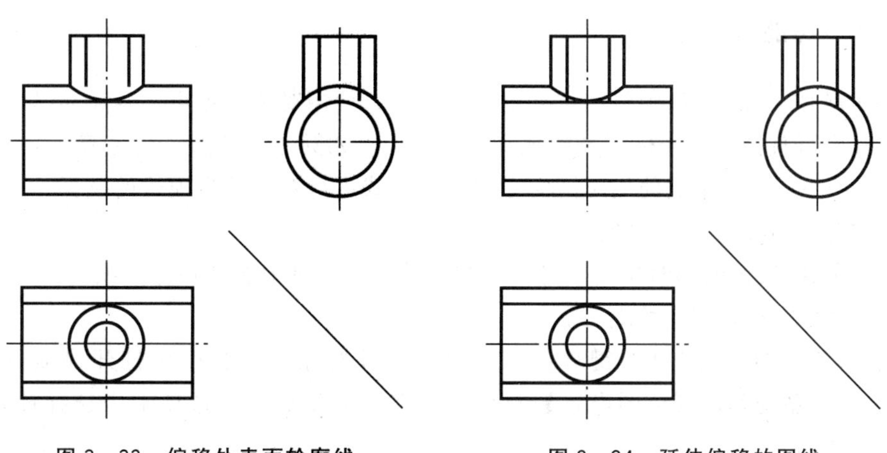

图 3 - 33　偏移外表面轮廓线　　图 3 - 34　延伸偏移的图线

Step3. 将图中不可见轮廓线选中，再选择虚线图层，使它们移到虚线图层。

Step4. 单击修改工具栏上的【打断】按钮，将主视图中内表面相贯线位置的图线打断(也可用【修剪】命令)，如图 3 - 35 所示。

Step5. 这里的相贯线用简化画法，使用 $R15$ 的圆弧替代。在虚线图层下，单击绘图工具栏上的【圆弧】按钮，用“起点、端点、半径”方式绘制圆弧，删除辅助线，结果如图 3 - 36 所示。

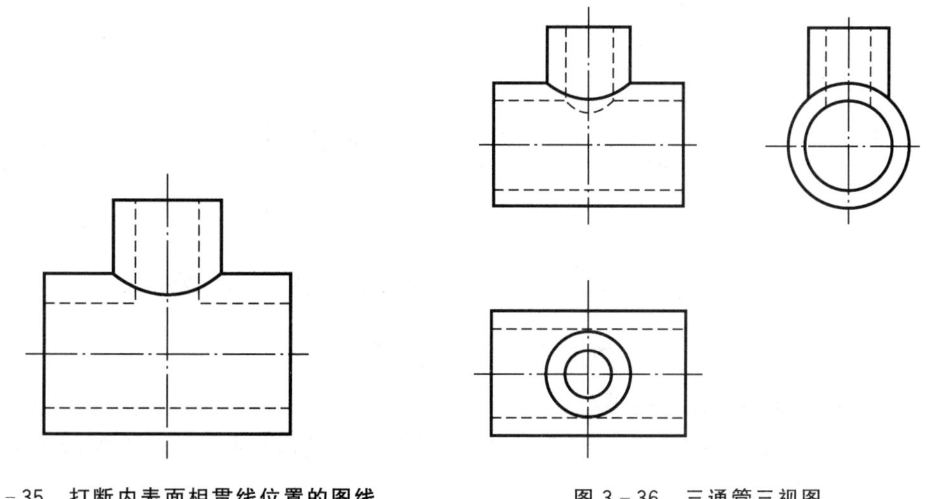

图 3 - 35　打断内表面相贯线位置的图线　　图 3 - 36　三通管三视图

3. 保存文件

3.2.4 操作技巧

最近点：在默认情况下，对象捕捉只能捕捉到特殊点。当需要捕捉最接近光标的图线上的任意点时，可选中对象捕捉中的【最近点】选项。它可以捕捉到直线、曲线或弧线上任何一点。捕捉时，也可在命令行中直接输入 NEA 命令，即可捕捉最近点。

3.2.5 功能详解

对象捕捉是 AutoCAD 中最为重要的工具之一，使用对象捕捉可以精确定位，使用户在绘图过程中可直接利用光标来准确地确定目标点，如圆心、端点、垂足等。

在 AutoCAD 中，单次使用可随时通过如下方式进行对象捕捉模式的选择。

(1) 使用“ObjectSnap(对象捕捉)”工具条。

(2) 按住 Shift 键的同时单击右键，在弹出的快捷菜单中选择相应选项。

(3) 在命令中输入相应的缩写。

常用捕捉模式的设置可右键单击状态栏上的【对象捕捉】按钮打开快捷菜单选择【设置】选项，系统弹出【草图设置】对话框，在【对象捕捉】选项卡中选择捕捉模式，如图 3-37 所示。

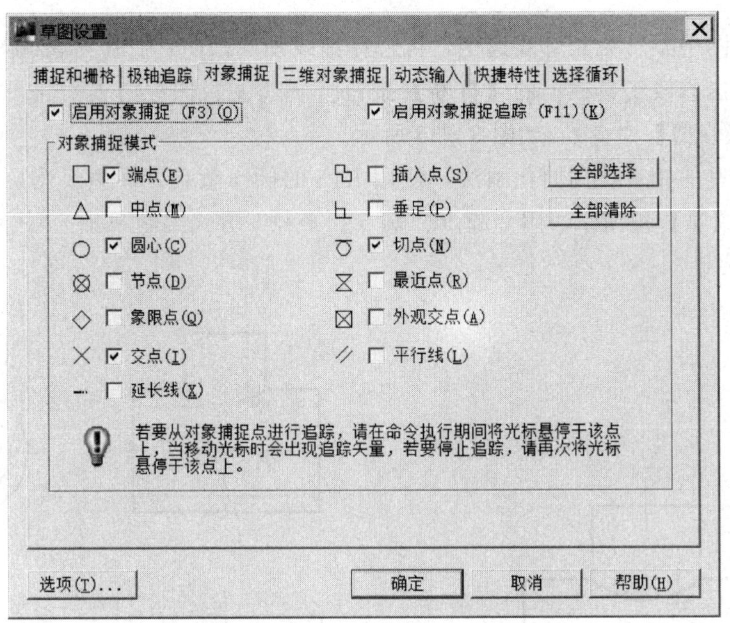

图 3-37 【草图设置】对话框

下面分别来介绍各种捕捉类型。

(1) “Endpoint(端点)”：缩写为“END”，用来捕捉对象(如圆弧或直线等)的端点。

(2) “Midpoint(中点)”：缩写为“MID”，用来捕捉对象的中间点(等分点)。

(3) “Intersection(交点)”：缩写为“INT”，用来捕捉两个对象的交点。

(4) “ApparentIntersect(外观交点)”：缩写为“APP”，用来捕捉两个对象延长或投影后的交点。即两个对象没有直接相交时，系统可自动计算其延长后的交点，或者空间异面直线在投影方向上的交点。

(5) “Extension(延伸)”：缩写为“EXT”，用来捕捉某个对象及其延长路径上的一点。在这种捕捉方式下，将光标移到某条直线或圆弧上时，将沿直线或圆弧路径方向上显示一条虚线，用户可在此虚线上选择一点。

(6) “Center(圆心)”：缩写为“CEN”，用于捕捉圆或圆弧的圆心。

(7) “Quadrant(象限点)”：缩写为“QUA”，用于捕捉圆或圆弧上的象限点。象限点是圆上在 0°、90°、180°和 270°方向上的点。

(8) “Tangent(切点)”：缩写为“TAN”，用于捕捉对象之间相切的点。

(9) “Perpendicular(垂足)”：缩写为“PER”，用于捕捉某指定点到另一个对象的垂点。

(10) “Parallel(平行)”：缩写为“PAR”，用于捕捉与指定直线平行方向上的一点。创建直线并确定第一个端点后，可在此捕捉方式下将光标移到一条已有的直线对象上，该对象上将显示平行捕捉标记，然后移动光标到指定位置，屏幕上将显示一条与原直线相平行的虚线，用户可在此虚线上选择一点。

(11) “Node(节点)”：缩写为“NOD”，用于捕捉点对象。

(12) “Insert(插入点)”：缩写为“INS”，捕捉到块、形、文字、属性或属性定义等对象的插入点。

(13) “Nearest(最近点)”：缩写为“NEA”，用于捕捉对象上距指定点最近的一点。

(14) “None(无)”：缩写为“NON”，不使用对象捕捉。

(15) “From(起点)”：缩写为“FRO”，可与其他捕捉方式配合使用，用于指定捕捉的基点。

(16) “Temporarytrackpoint(临时追踪点)”：缩写为“TT”，可通过指定的基点进行极轴追踪。

任务 3.3　绘制轴承座三视图

3.3.1　任务描述

轴承座是用来支撑轴承的构件，如图 3－38 所示。试绘制轴承座三视图。

3.3.2　思路分析

轴承座属于叠加型组合体，结构相对复杂一些。为了避免因图线太多造成的图面混乱，在具体画图过程中应该先进行形体分析，然后一个形体一个形体地画出并及时整理，保证图面的清晰。轴承座由底板、支承板、圆筒、凸台、肋板 5 部分构成。下面分形体来绘制轴承座三视图。

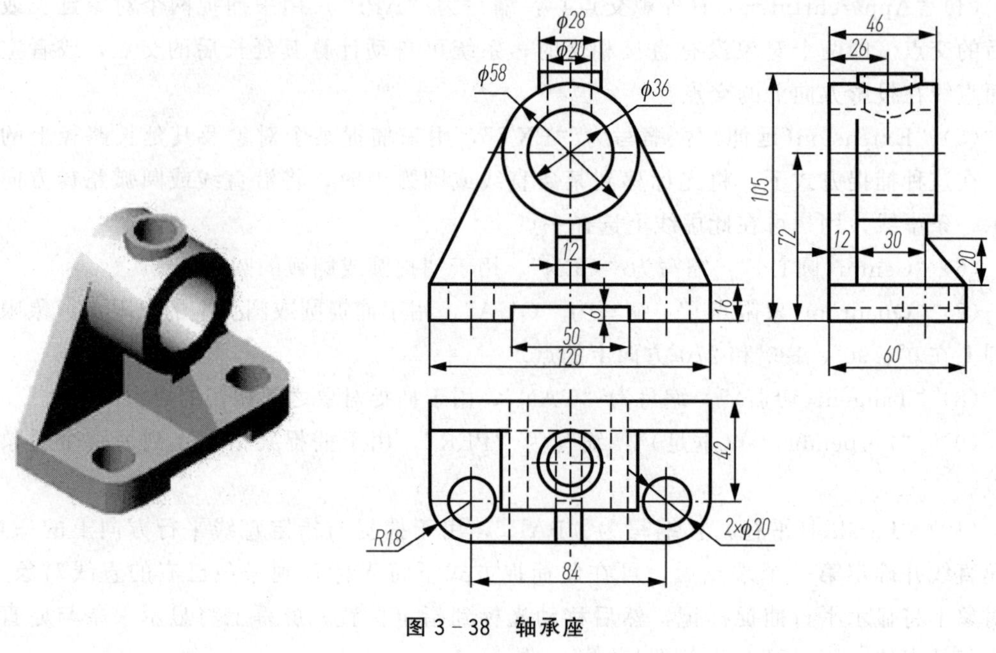

图 3-38 轴承座

3.3.3 设计步骤

1. 绘制轴承座底板

Step1. 打开 A3 零件图模板，在点划线图层绘制出图形的基准线，如图 3-39 所示。

Step2. 选粗实线图层，用【矩形】命令绘制主视图 120mm×16mm、俯视图 120mm×60mm、左视图 60mm×16mm 的 3 个矩形，删除底面和后面的基准线，如图 3-40 所示。

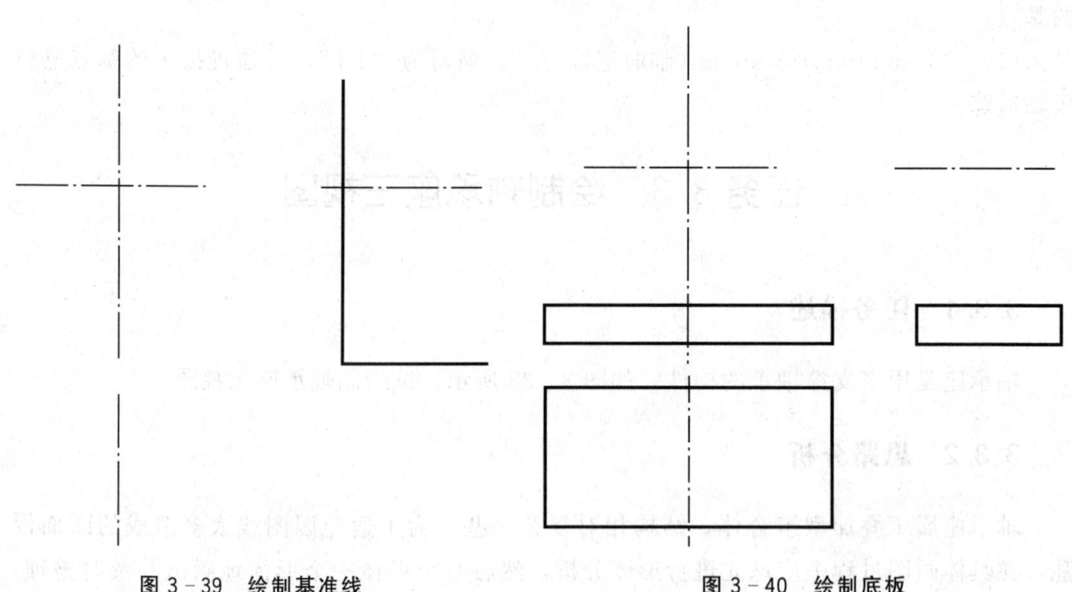

图 3-39 绘制基准线　　图 3-40 绘制底板

Step3. 使用【直线】命令，在3个视图中绘出底板上槽结构，并修剪掉多余的图线，如图3－41所示。

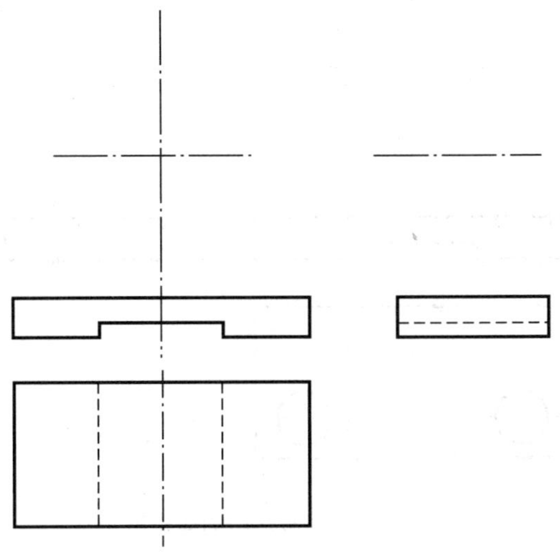

图3－41　绘制底板上的槽

Step4. 绘制底板上一个ϕ20孔的正面投影和水平投影，如图3－42所示。

Step5. 使用【镜像】命令复制出另一个孔的正面投影和水平投影，如图3－43所示。

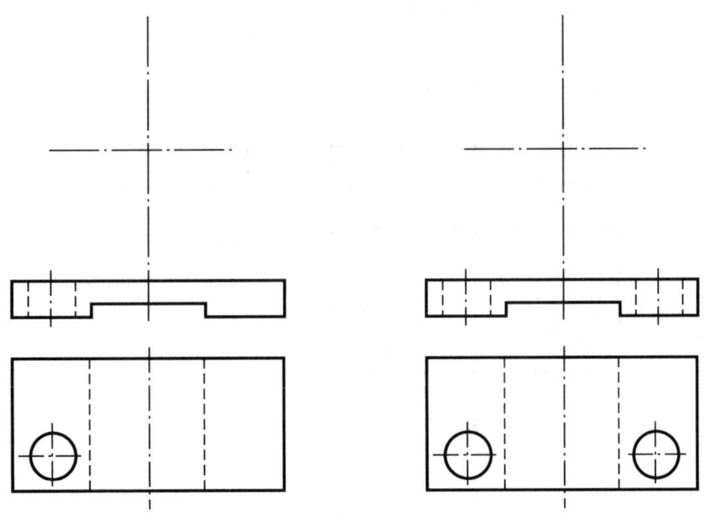

图3－42　绘制底板上一个ϕ20孔　　　图3－43　镜像另一个孔

Step6. 绘制出左视图中孔的轴线，使用【复制】命令复制出孔的侧面投影，如图3－44所示。

Step7. 使用【圆角】命令绘制R18的圆角，至此底板绘制完成，如图3－45所示。

2. 绘制轴承座圆筒

Step1. 使用【圆】命令绘出主视图中的圆筒投影圆ϕ58与圆ϕ36。

Step2. 用【矩形】命令与【直线】命令绘制圆筒的左视图，如图3－46所示。

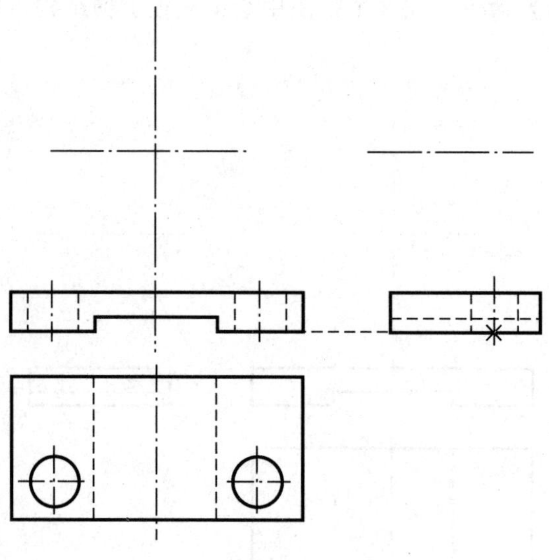

图 3-44　复制孔的侧面投影

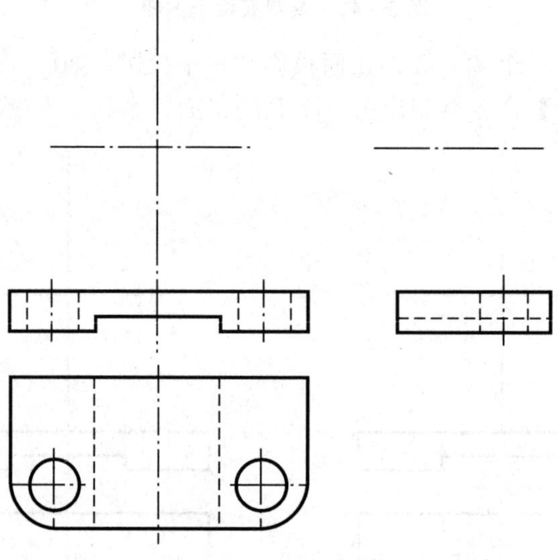

图 3-45　绘制底板圆角

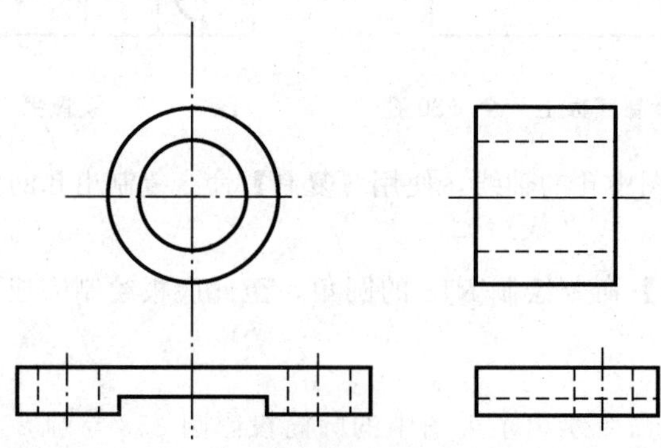

图 3-46　绘制圆筒的主、左视图

Step3. 使用【复制】命令先将左视图中的圆筒结构复制到俯视图中，再用【旋转】命令，命令行提示如下。

```
命令：_ rotate
UCS 当前的正角方向：   ANGDIR=逆时针   ANGBASE=0          //旋转角度逆时针方向为正
选择对象：指定对角点：找到 3 个                            //选择要旋转的对象
选择对象：                                                 //按 Enter 键结束对象选择
指定基点：                                                 //指定旋转基点
指定旋转角度，或 [复制(C)/参照(R)]<0>：- 90                //指定旋转角度
```

调整方向，如图 3 - 47 所示。

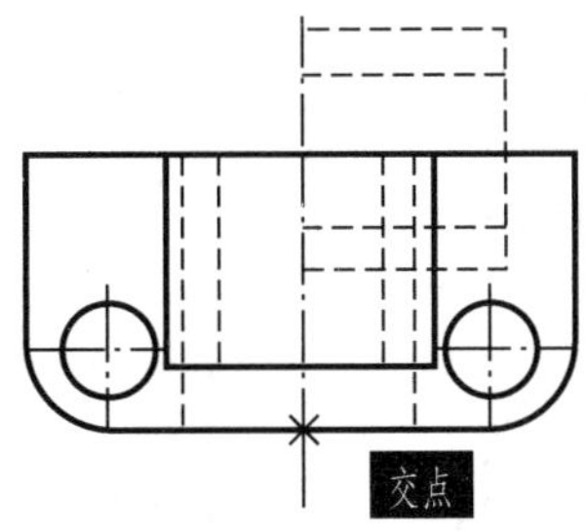

图3 - 47　将圆筒的左视图复制并旋转得到俯视图

3. 绘制支撑板

Step1. 右键单击状态栏上的【对象捕捉】按钮，在弹出的快捷菜单中选择【切点】选项。使用【直线】命令绘出主视图中与圆筒相切的支撑板投影，如图 3 - 48 所示。

Step2. 由主视图中的切点捕捉追踪左视图中支撑板与圆筒相切的位置，如图 3 - 49 所示。

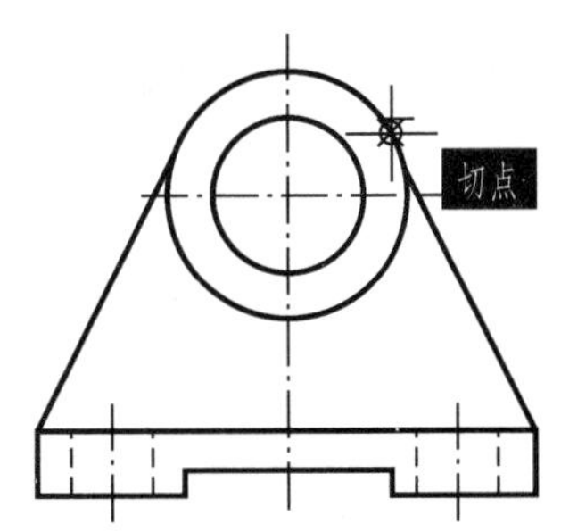

图3 - 48　绘制支撑板的正面投影

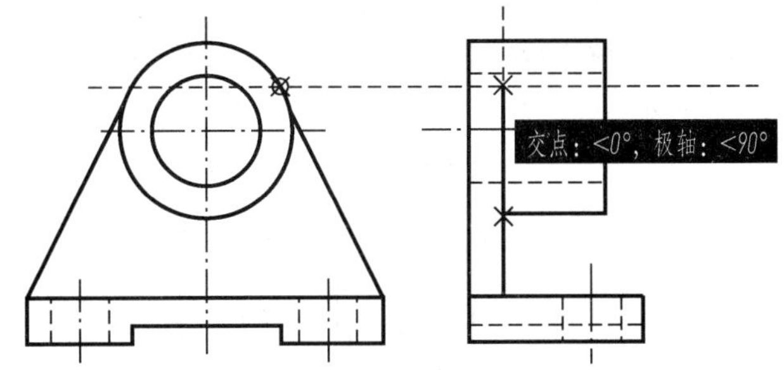

图 3 - 49　绘制支撑板的侧面投影

Step3. 同样由主视图中的切点确定俯视图中支撑板与圆筒相切的位置，如图 3 - 50 所示。

Step4. 用【修剪】命令修剪多余的图线，如图 3 - 51 所示。

4. 绘制肋板

Step1. 使用【直线】命令绘出主视图中的肋板投影。

Step2. 左视图中肋板与圆筒相交位置由主视图确定(注意不在圆柱的回转轮廓线上)，如图 3 - 52 所示。

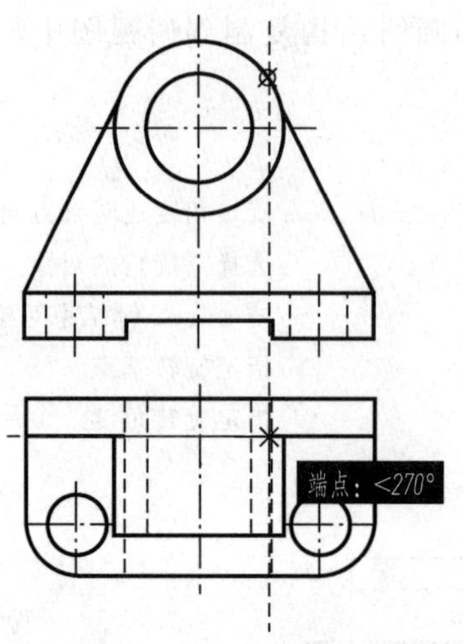

图 3-50　绘制支撑板的水平投影

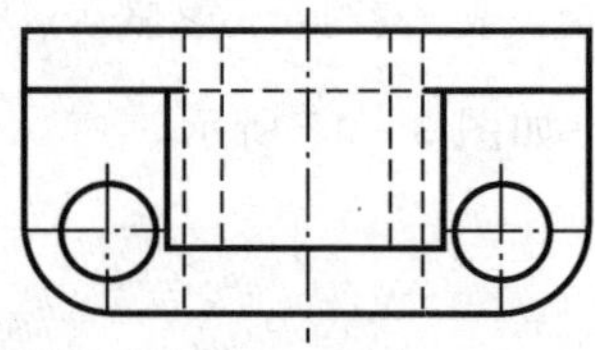

图 3-51　修剪多余的图线

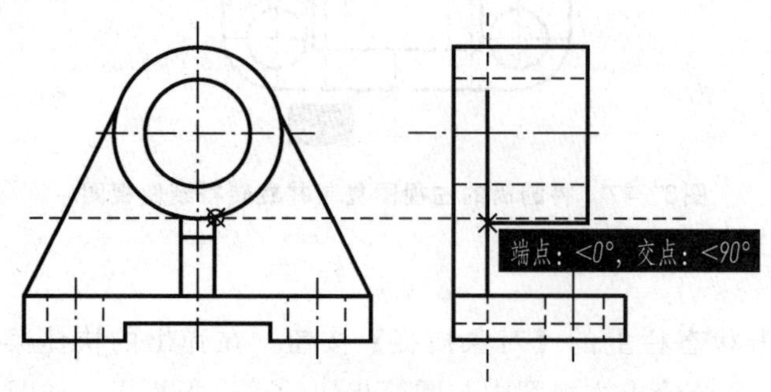

图 3-52　捕捉追踪肋板与圆筒相交位置

Step3. 用【修剪】命令修剪多余的图线，如图 3-53 所示。

Step4. 绘制肋板俯视图时要注意圆筒挡掉的部分用虚线，露出的部分用粗实线，如图 3-54 所示。

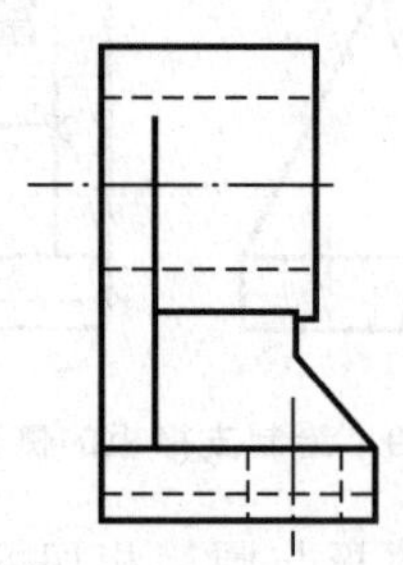

图 3-53　肋板的侧面投影

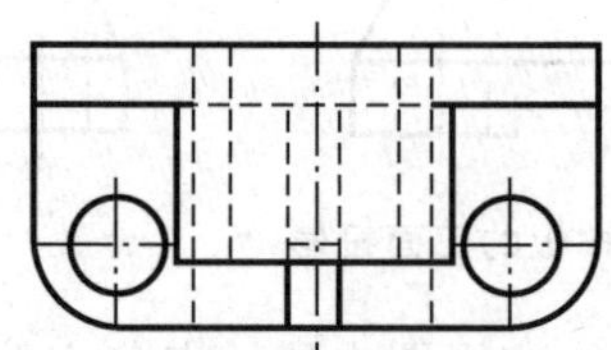

图 3-54　肋板的水平投影

5. 绘制凸台

Step1. 选择点划线图层，绘出凸台的中心线及轴线。

Step2. 俯视图中使用【圆】命令绘出凸台投影圆 $\phi28$ 与圆 $\phi20$，如图 3-55 所示。

Step3. 在主视图中使用【直线】命令绘出距底面 105 的水平辅助线，确定凸台顶面位置，再绘出凸台投影，如图 3-56 所示。

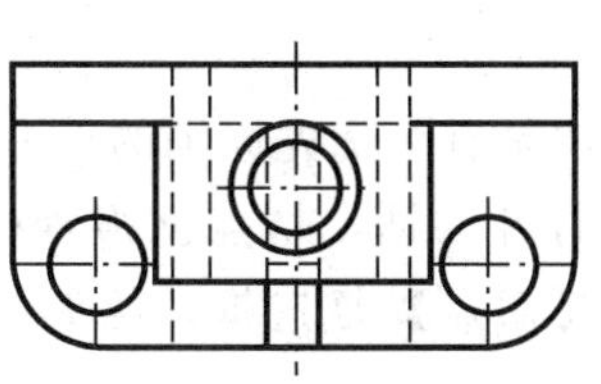

图 3-55　凸台的水平投影

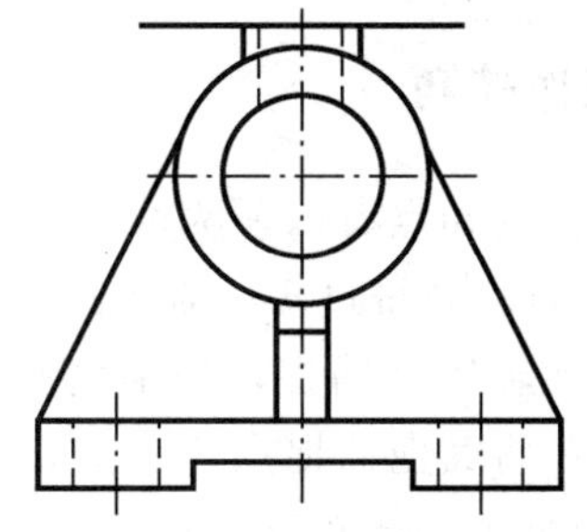

图 3-56　凸台的正面投影

Step4. 通过主视图可追踪到左视图中凸台的高度，从而绘出凸台投影，如图 3-57 所示。

Step5. 在相贯线位置将原来的图线修剪掉。

Step6. 单击绘图工具栏上的【圆弧】按钮，用【起点、端点、半径】命令绘制 $R29$ 和 $R18$ 的圆弧，代替相贯线，如图 3-58 所示。

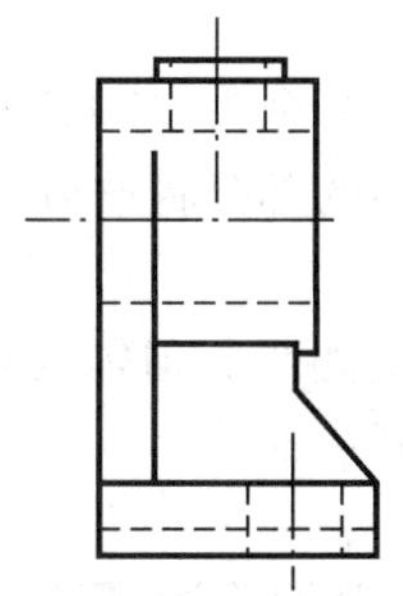

图 3-57　凸台的侧面投影

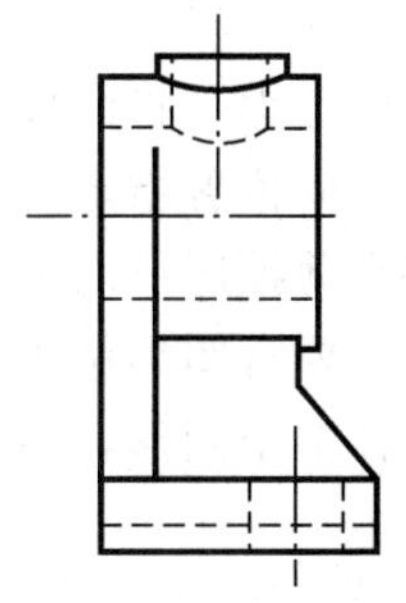

图 3-58　绘制相贯线

Step7. 删除辅助线，调整中心线长度后的绘制结果如图 3-59 所示。

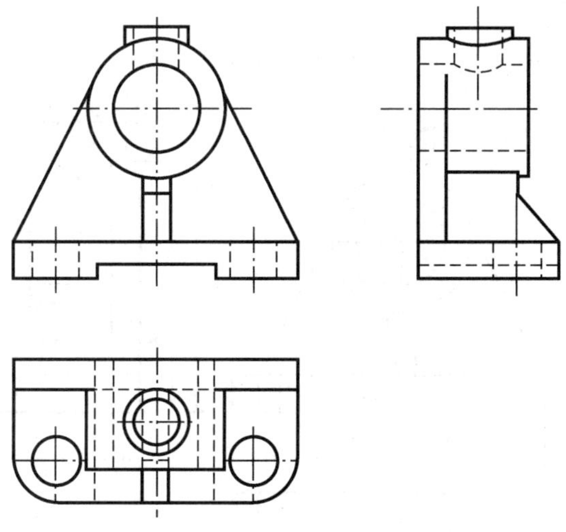

图 3-59　轴承座三视图

6. 保存文件

3.3.4 操作技巧

要想精确地捕捉切点有以下两种方法。

CAD 的捕捉点打开得过多，对于点的捕捉来说是有个优先原则的。一般端点、中点、最近点、节点都比较容易捕捉，如果这些捕捉都打开的话，切点就很难捕捉到。所以最好是到捕捉面板中将其他捕捉点全去掉，只选中【切点】复选框。绘制完成后再把需要的捕捉点选上。(此方法比较麻烦)

另一个方法是直接利用切点的命令"tan"进行切点的捕捉。假如绘制与已知圆弧或圆相切的直线时，先单击【直线】命令后，在提示指定点时输入命令"tan"，按 Enter 键即可以捕捉到切点。

3.3.5 功能详解

修剪和打断命令的异同如下。

修剪：沿着指定的边界，将图形的多余部分剪掉，命令为"TR"。

打断：在图形的不同位置指定两个点，在两点之间的部分将被剪掉，命令为"BR"。

相同点：二者都是剪掉图形的某个部分。

不同点：①修剪需要有图形做边界，而打断不需要边界，但需要指定两个点的位置；②修剪可以批量地剪掉多个图形，而打断只能每次打断一部分。

任务 3.4 对轴承座三视图标注尺寸

3.4.1 任务描述

标注任务 3.3 中轴承座的尺寸，如图 3－60 所示。

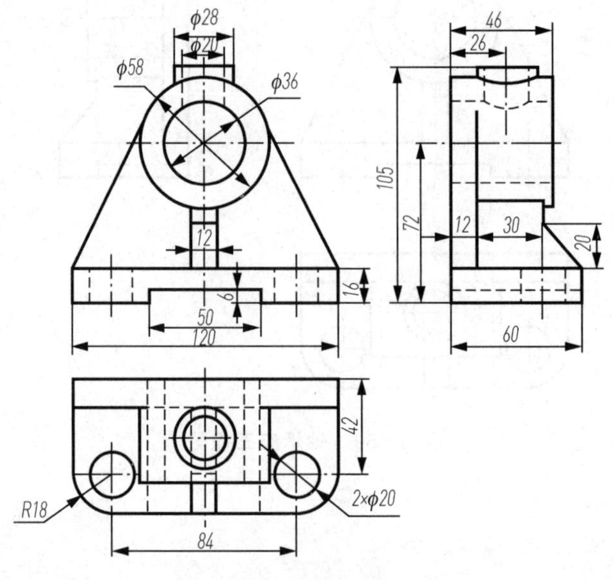

图 3－60 轴承座的尺寸

3.4.2　思路分析

每个组合体都有长、宽、高 3 个方向的尺寸基准。轴承座长度方向尺寸以对称面为基准，宽度方向以后端面为基准，高度方向以底面为基准。选定基准后分形体进行标注，先将组合体分解为若干基本形体，标注基本形体的定形尺寸；再确定它们之间的相对位置，标注定位尺寸；最后，一般还需要标出组合体总体尺寸。

3.4.3　设计步骤

1. 对底板进行尺寸标注

Step1. 在工具栏空白处单击右键，在弹出的快捷菜单中选择【标注】选项，如图 3－61 所示。打开【标注】工具栏，如图 3－62 所示。

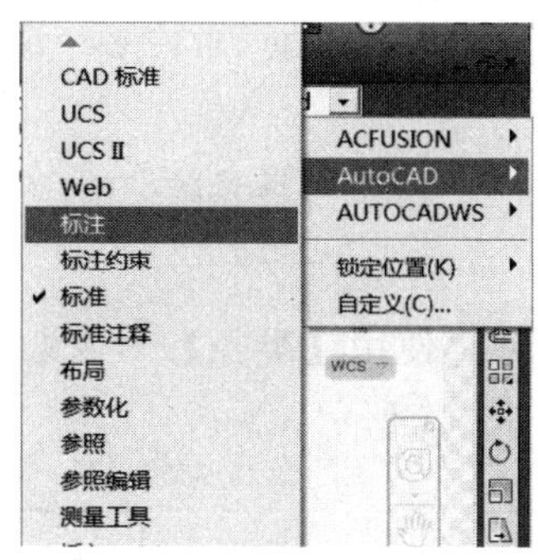

图 3－61　通过快捷菜单打开【标注】工具栏

在【标注】工具栏中，标注样式选已设置好的“基本标注样式”。

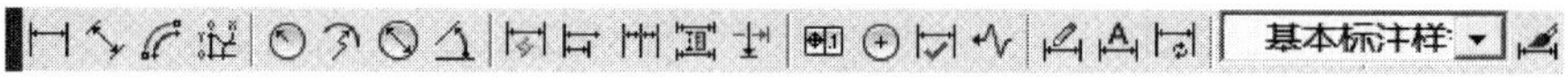

图 3－62　【标注】工具栏

Step2. 标注底板和槽的尺寸。选择标注图层，用【线性】按钮标注出底板长度，命令行提示如下。

命令：_ dimlinear

指定第一个尺寸界线原点或<选择对象>：　　//选择标注起点

指定第二条尺寸界线原点：　　//选择标注终点

指定尺寸线位置或　　//移动光标确定尺寸线位置

[多行文字(M)/文字(T)/角度(A)/水平(H)/垂直(V)/旋转(R)]：

标注文字=120　　//自动生成所需标注的尺寸

用【线性】命令标注出底板及槽的其他相关尺寸，如图 3－63 所示。

Step3. 标注底板上圆孔的尺寸。先用【线性】命令标注出圆孔的定位尺寸，再使用【直径】按钮标注出圆孔的定形尺寸。两个相同的圆孔可以只标注一个的尺寸，但标注文字要改为 2×ϕ20，命令行提示如下。

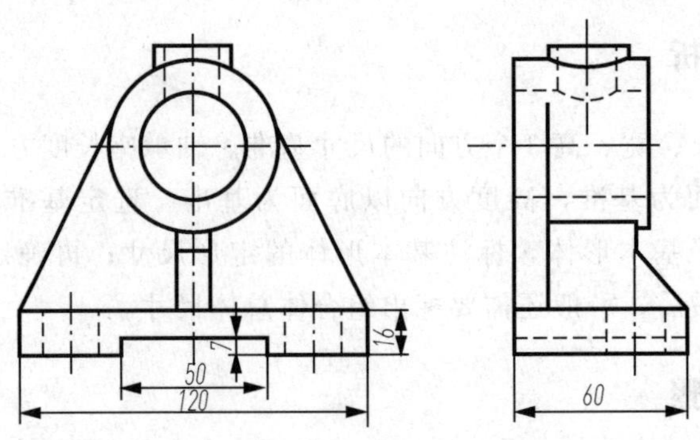

图 3-63 标注底板及槽尺寸

```
命令: _ dimdiameter
选择圆弧或圆:                                        //选择要标注的圆
标注文字=20
指定尺寸线位置或 [多行文字(M)/文字(T)/角度(A)]: t      //输入 t，修改标注文字
输入标注文字<20>: 2×<>                               //<>表示保留原来的标注内容
指定尺寸线位置或 [多行文字(M)/文字(T)/角度(A)]:        //移动光标确定尺寸线位置
```

圆孔的相关标注尺寸如图 3-64 所示。

Step4. 标注底板上圆角的尺寸。使用【半径】命令标注出圆角的尺寸，圆角只需标注一次。圆角的标注尺寸如图 3-65 所示。

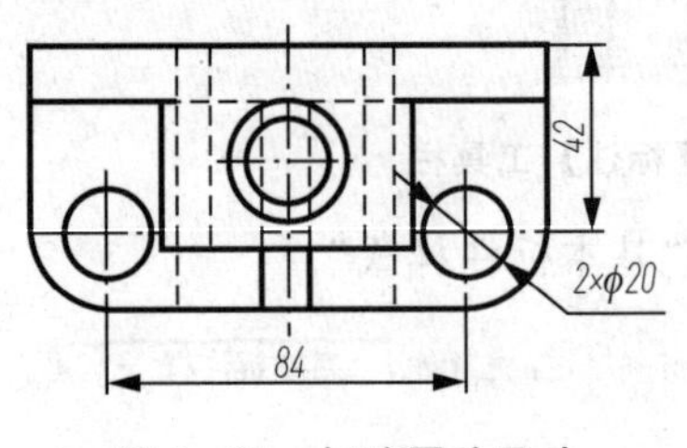

图 3-64 标注圆孔尺寸

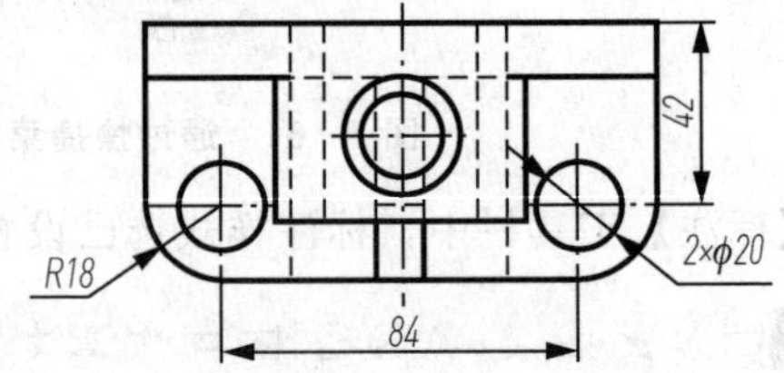

图 3-65 标注圆角尺寸

2. 圆筒与凸台的尺寸标注

Step1. 用【线性】命令和【直径】命令标注出圆筒的尺寸，如图 3-66 所示。

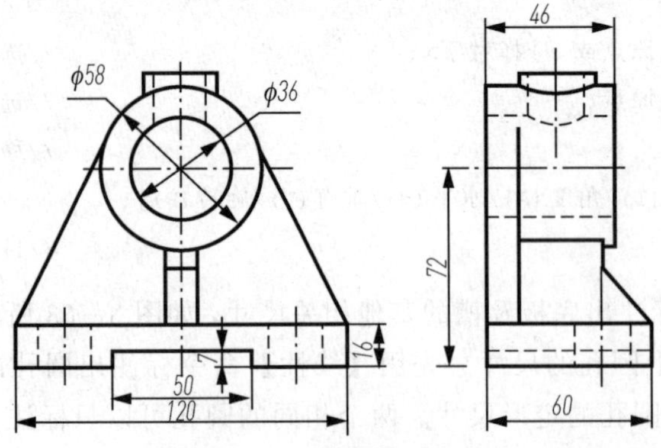

图 3-66 标注圆筒尺寸

Step2. 凸台的内径和外径在主视图上标注较为清晰。用【线性】命令标注直径时需在标注文字前加上“ϕ”符号，字符“%%C”显示“ϕ”符号，如图 3-67 所示。

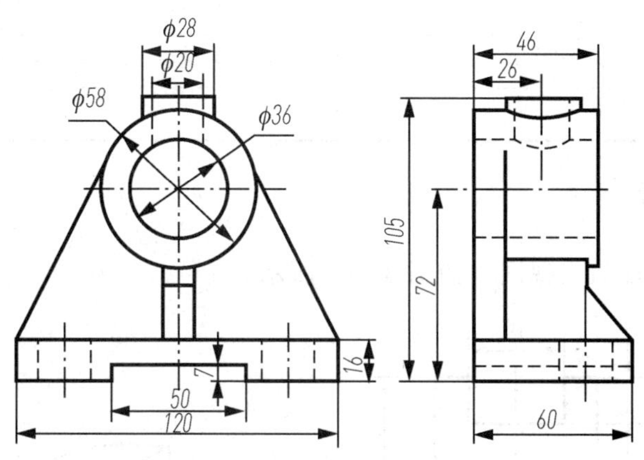

图 3-67　标注凸台尺寸

3. 支撑板与肋板的尺寸标注

Step1. 用【线性】命令标注出支撑板和肋板的尺寸，如图 3-68 所示。

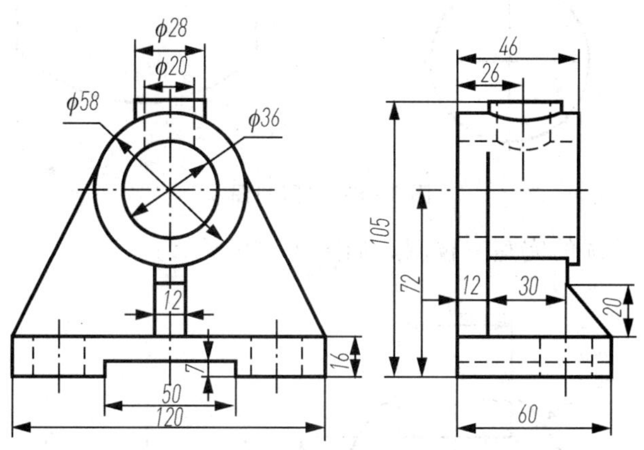

图 3-68　标注支撑板和肋板尺寸

Step2. 检查标注的尺寸有无重复或遗漏。完成的标注如图 3-60 所示。

4. 保存文件

3.4.4　操作技巧

在 AutoCAD 软件的实际绘图中，经常需要输入一些特殊字符，如表示直径的 ϕ、表示地平面的±等，这些特殊字符无法直接从键盘上输入。AutoCAD 软件为这些字符的输入提供了一些简捷的控制码，见表 3-1。

表 3-1 控制码与其所对应输入的符号情况

输入的控制码	实际输入的符号或功能	输入的控制码	实际输入的符号或功能
%%C	ϕ	%%U	打开或关闭文字的下划线
%%D	°	%%O	打开或关闭文字的上划线
%%P	±		

3.4.5 试试看

(1) 绘制开槽圆柱的三视图，如图 3-69 所示。

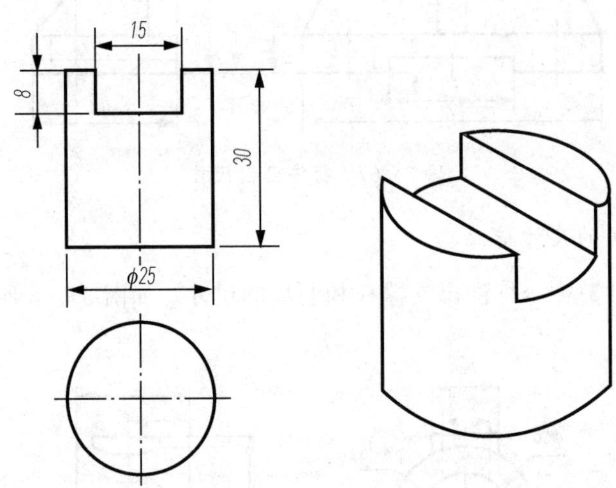

图 3-69 题(1)图

(2) 绘制开槽半圆球的完整三视图，如图 3-70 所示。

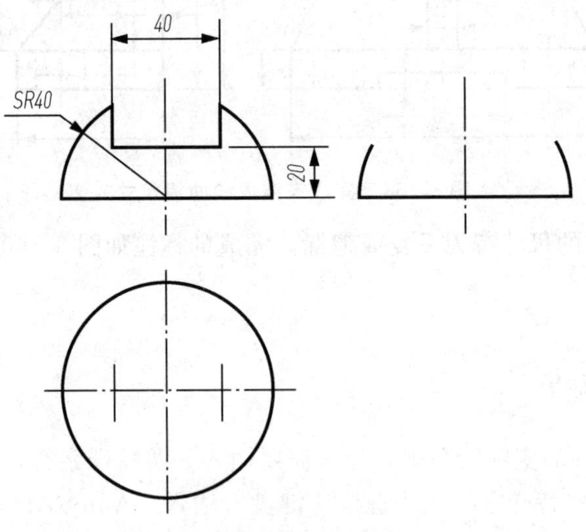

图 3-70 题(2)图

(3) 根据题图 3-71 所给出的主视图和俯视图补画出该组合体的左视图。

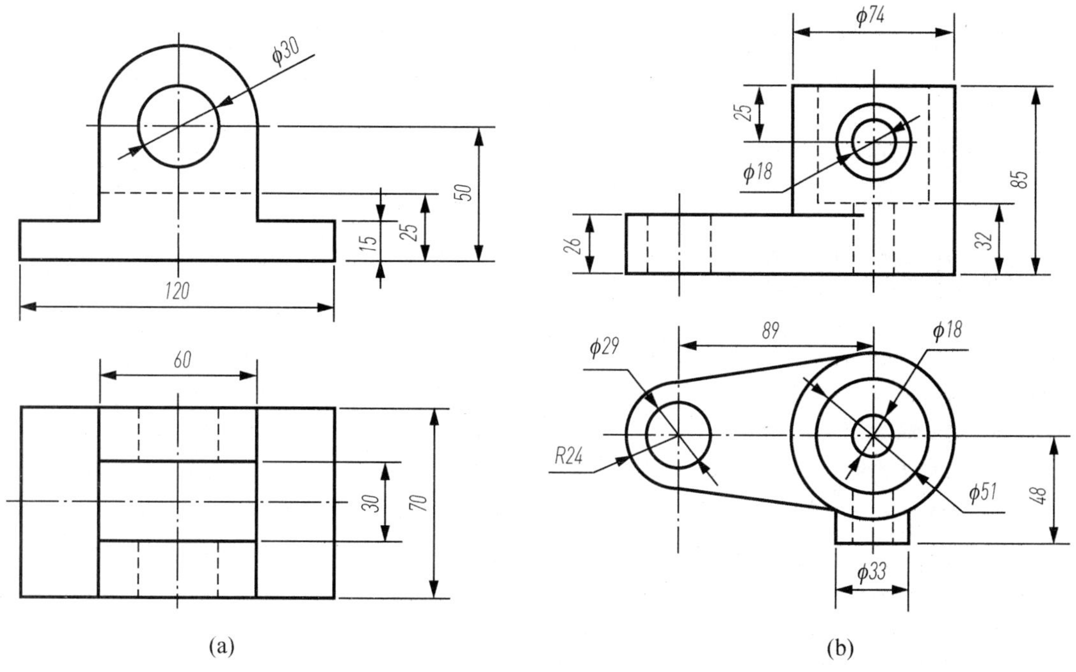

φ30
50
25
15
120
60
30
70
(a)
φ74
25
φ18
85
26
32
89
φ18
φ29
R24
φ51
48
φ33
(b)

图 3－71　题(3)图

学习情境 4

机件的表达方法

通常在实际生产中，机件的结构形状及复杂程度各不相同，对于形状结构比较复杂的机件而言，仅仅通过两视图或三视图来表达机件的结构，有时是很难将它们的内、外形状准确、完整、清晰地表达出来的。为了将机件形状结构上的各个细节清楚、完整地表达出来，需要学习机件的各种表达方法。

本情境知识要点包括：

1. 用引线标注、多段线等多种方法绘制箭头
2. 多行文字命令的使用
3. 图案填充命令的使用
4. 通过块操作绘制轴

任务4.1 弯板的表达方法

4.1.1 任务描述

识读并绘制如图4-1所示的弯板零件图。

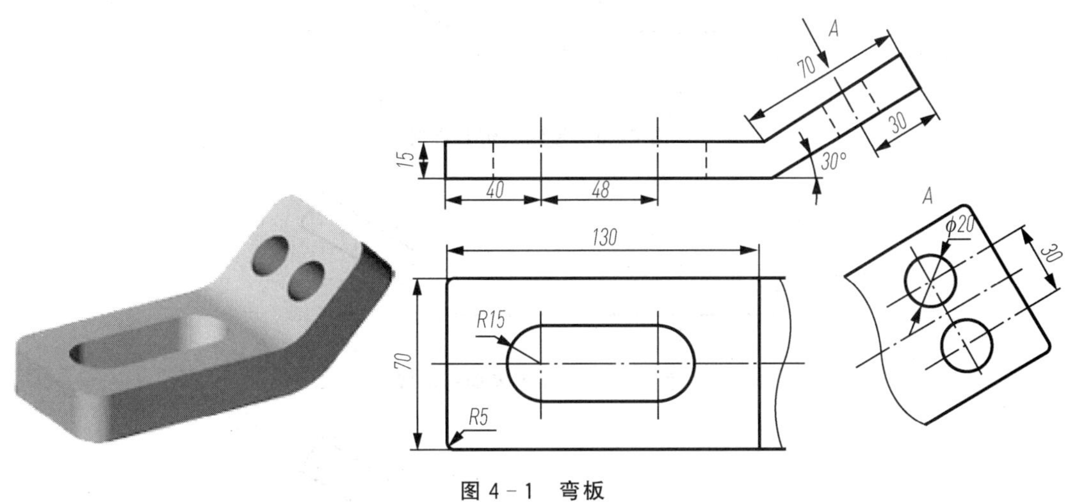

图4-1 弯板

4.1.2 思路分析

由于弯板零件上有倾斜的部分，所以它的俯视图和左视图都不能反映出其实际形状，因此，将倾斜部分用斜视图表达。

画斜视图时的注意事项如下。

（1）斜视图常用于表达机件上的倾斜结构。画出倾斜结构的实形后，机件的其余部分不必画出，此时在适当位置用波浪线或双折线断开即可。

（2）斜视图的配置和标注一般按向视图相应的规定，必要时允许将斜视图旋转配置。此时应按向视图标注，且加注旋转符号。

4.1.3 设计步骤

1. 绘制弯板主视图

Step1. 打开“A3零件图.dwt”样板文件。

Step2. 使用【多段线】命令，绘制弯板上部轮廓线作为基准线，多段线绘制的线段是一个整体，如图4-2所示。

Step3. 用【直线】命令绘制其余的基准线，如图4-3所示。

Step4. 选择【偏移】命令，将多段线整体向下偏移15，如图4-4所示。

Step5. 选择虚线图层，绘制不可见轮廓线，如图4-5所示。

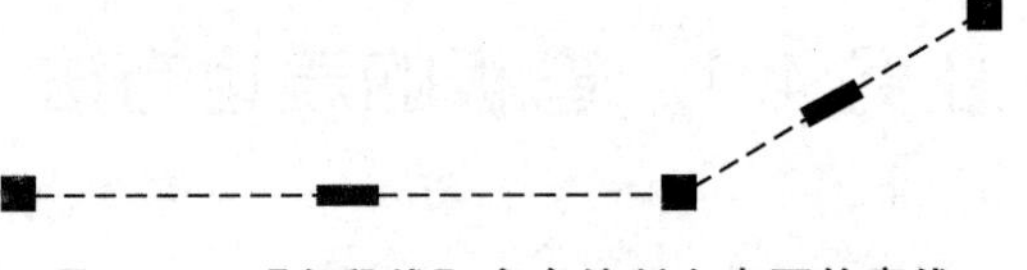

图 4-2 【多段线】命令绘制上表面轮廓线

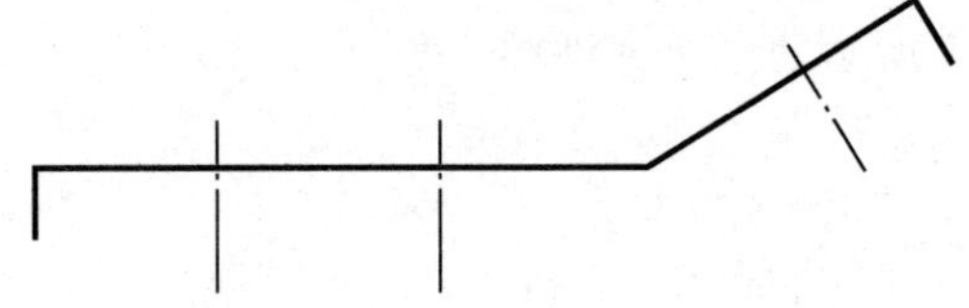

图 4-3 绘制其他基准线

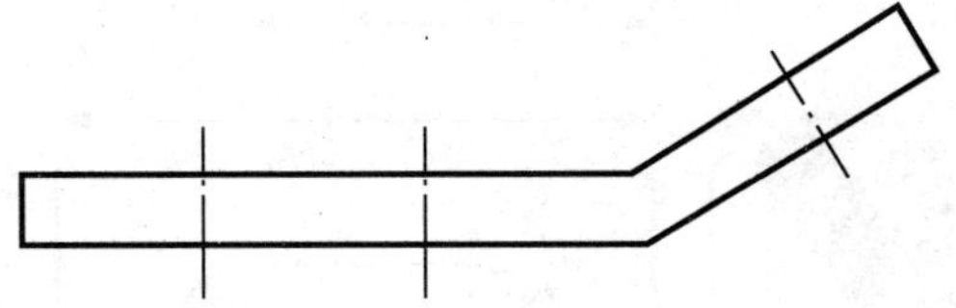

图 4-4 偏移上表面轮廓线

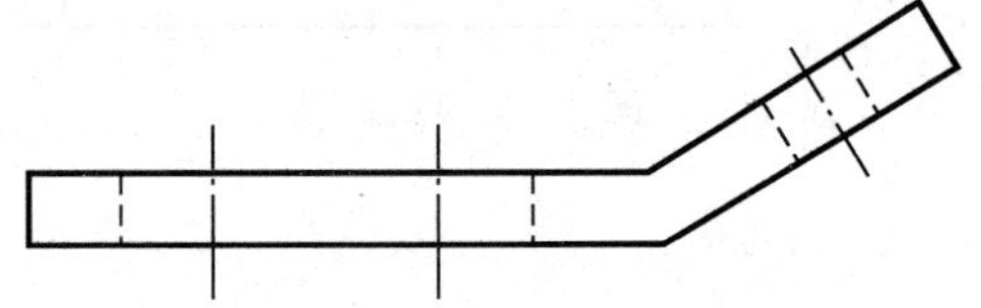

图 4-5 绘制不可见轮廓线

2. 绘制弯板局部视图

Step1. 绘制弯板局部视图基准线，与主视图长对正，如图 4-6 所示。

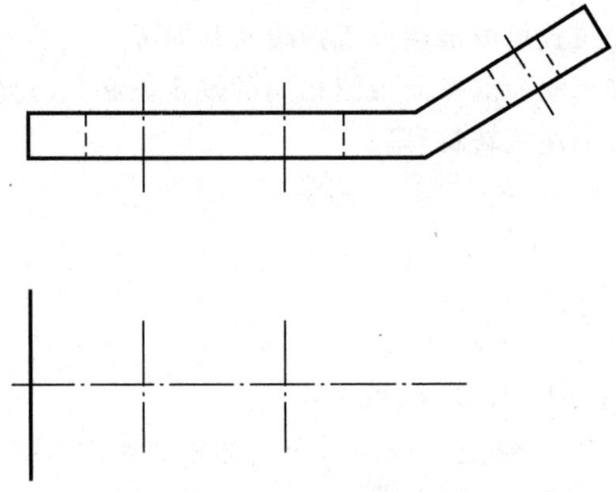

图 4-6 绘制局部视图基准线

Step2. 绘制局部视图轮廓线，按基本视图配置，无需标注，如图 4-7 所示。

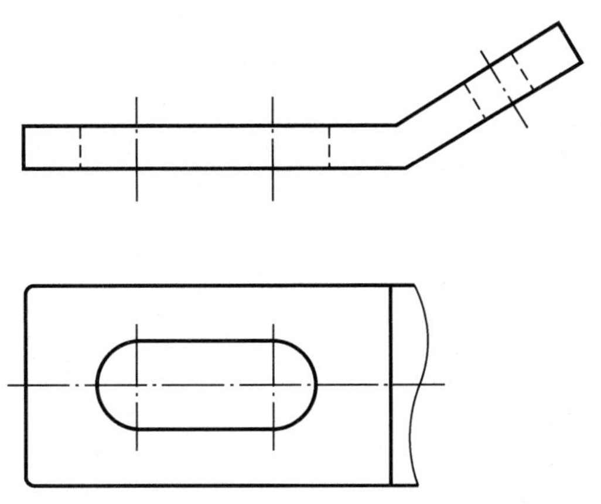

图 4-7　绘制局部视图轮廓线

3. 绘制弯板斜视图

Step1. 设置 30°极轴追踪，绘制斜视图中心线，如图 4-8 所示。

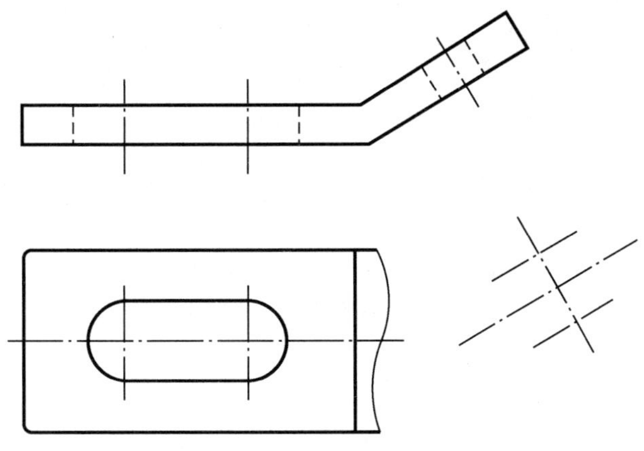

图 4-8　绘制斜视图中心线

Step2. 绘制斜视图轮廓线，画出局部的斜视图，并优先按投影关系配置。

Step3. 选择【圆角】命令，选择“多个(M)”参数，连续修改局部视图及斜视图的圆角，如图 4-9 所示。

4. 标注弯板斜视图

Step1. 用【引线标注】命令绘制垂直于倾斜表面的箭头，指明投影方向，在命令行中输入 le，命令行提示如下。

```
命令: le
QLEADER
指定第一个引线点或 [设置(S)]<设置>: s
```

Step2. 在命令行中输入“s”，打开【引线设置】对话框。如图 4-10 所示，【注释】选项卡中【注释类型】选“无”；【引线和箭头】选项卡中【点数】选“2”，表示鼠标单击 2 次完成引线绘制，如图 4-11 所示。

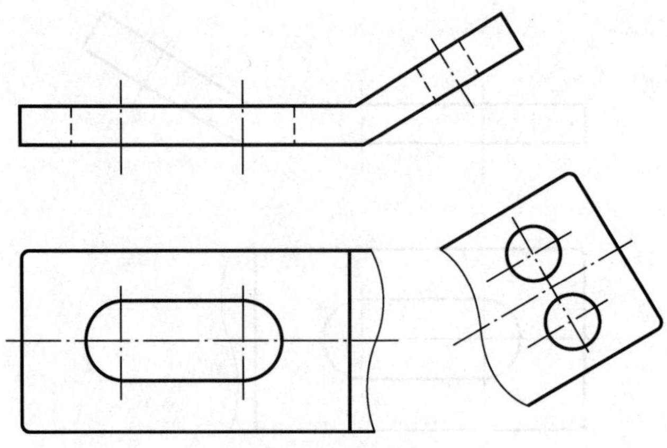

图 4-9 绘制圆角

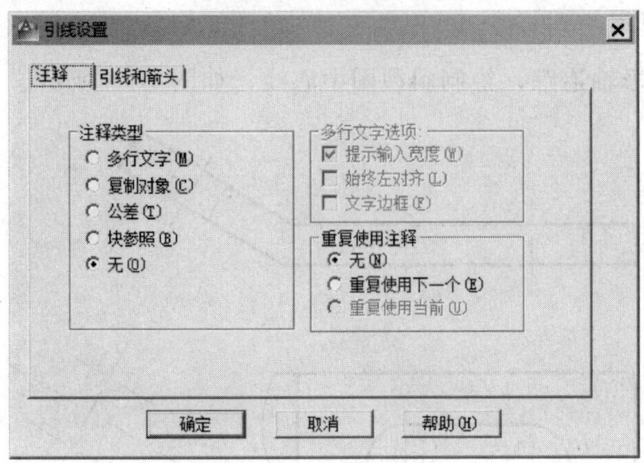

图 4-10 【注释】选项卡

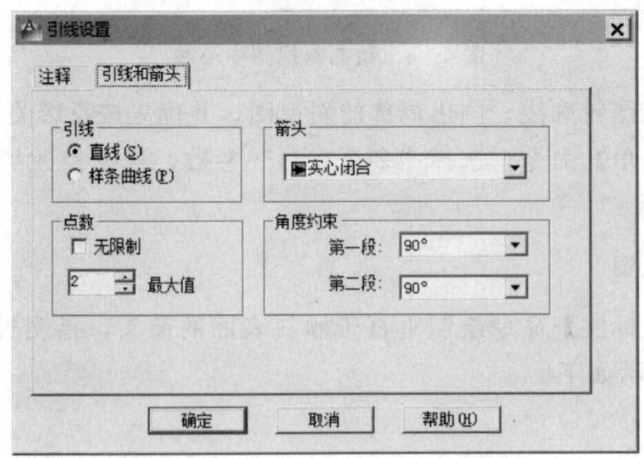

图 4-11 【引线和箭头】选项卡

单击【确定】按钮后命令行提示如下。

指定第一个引线点或 [设置(S)]<设置>: //鼠标单击箭头矢端

指定下一点: //鼠标单击箭头末端

箭头绘制结果如图 4-12 所示。

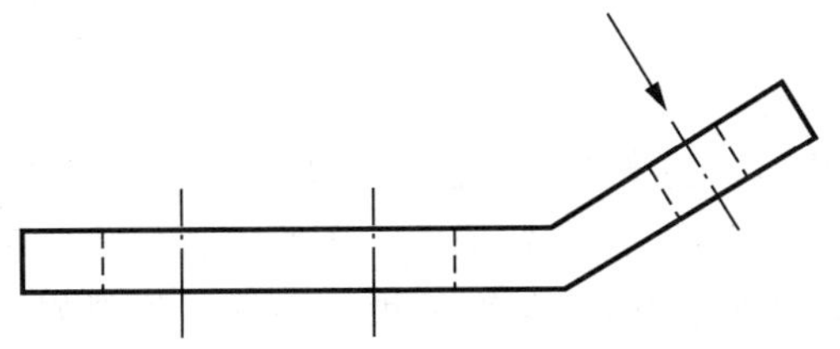

图 4-12 使用【引线标注】命令绘制的箭头

Step2. 选择【多行文字】命令 A，在要输入视图名称的位置画文本框，在出现的【文字格式】工具栏中选“standard”样式，“5”号字，输入“A”，如图 4-13 所示。

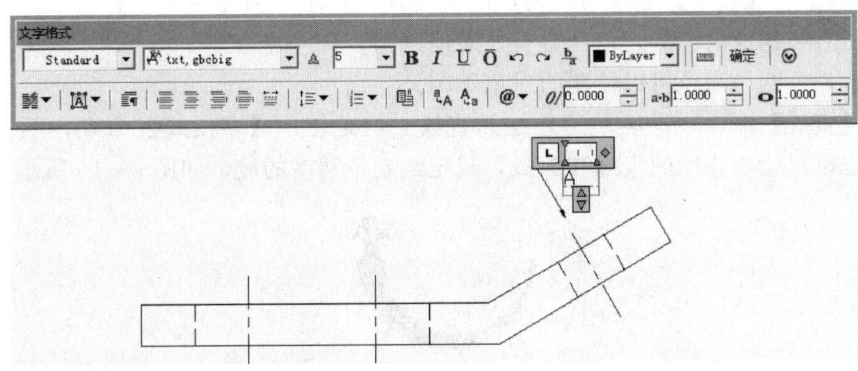

图 4-13 【文字格式】工具栏

Step3. 选择【多行文字】命令，在斜视图上方标注同样的字母，完成弯板三视图的绘制，如图 4-14 所示。

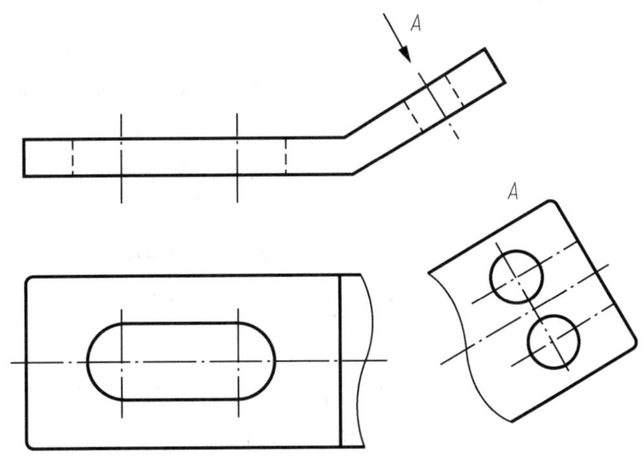

图 4-14 弯板三视图

5. 保存文件

4.1.4 操作技巧

利用引线标注绘制箭头的命令为：LE。

LE 使用快速引线标注后，注意看命令窗口的提示，默认是先进行“设置”，按 Enter 键进入【设置】窗口，在【引线和箭头】选项卡中可设置箭头类型，引线类型(直线、曲线)，点数(点击几次结束引线绘制)，角度约束；在这里设置好后，单击【确定】按钮，再进行引线标注的绘制。

4.1.5 功能详解

【多段线】与【直线】命令的区别：使用【直线】命令和【多段线】命令，都可以绘制单纯地由直线构成的图形。但两者有显著的区别。

(1) 首先，两个命令可以绘制的对象不同。

使用【直线】命令，只能单纯地绘制直线。但是使用【多段线】命令，不只可以绘制直线，也可以绘制连续的直线和圆弧，甚至绘制带宽度的线，如图 4-15 所示。

图 4-15 【多段线】命令绘制的图形

(2) 每条直线都是单独的个体，但一条多段线可以包含多条直线或圆弧。

使用【直线】命令绘制的图形，每条直线都是一个单独的个体。选中其中的一条，其他的直线不会被选中。而若使用【多段线】命令绘制图形，不论选中哪一部分，整条多段线会被选中，如图 4-16 所示。

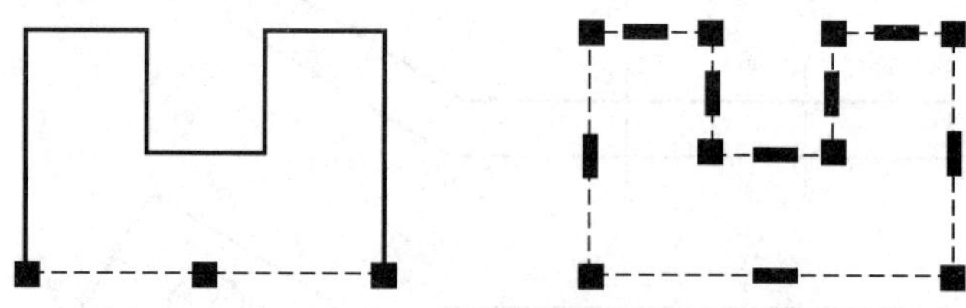

图 4-16 分别选择两个图形的结果对比

(3) 对图形整体进行偏移操作时，效果不同。

用【直线】命令绘制的图形，只能重复执行【偏移】命令，逐条偏移图中的直线。而用【多段线】命令绘制的图形，可以一次将图形选中，整体偏移。对比效果如图 4-17 所示。

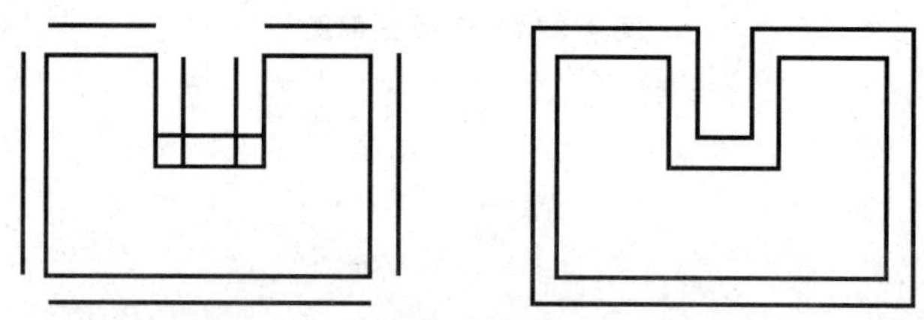

图 4-17 分别偏移两个图形的结果对比

任务 4.2　支架的表达方法

4.2.1　任务描述

识读并绘制图 4-18 所示的支架零件图。

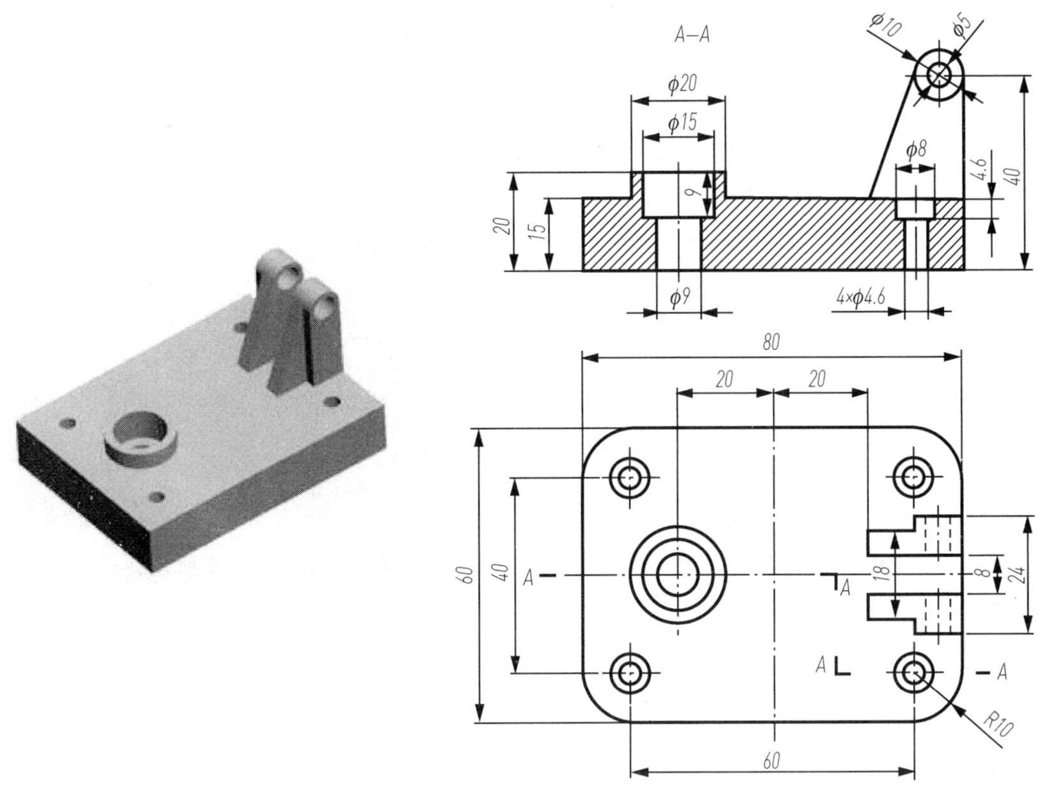

图 4-18　支架

4.2.2　思路分析

为了清晰地表达支架底板上沉孔的结构，主视图采用阶梯剖；俯视图用来表达外形、孔的位置及其他结构。

4.2.3　设计步骤

1. 绘制基准线及中心线

Step1. 打开“A3 零件图 .dwt”样板文件。

Step2. 选择点划线图层，绘制支架基准线及各个孔的中心线，如图 4-19 所示。

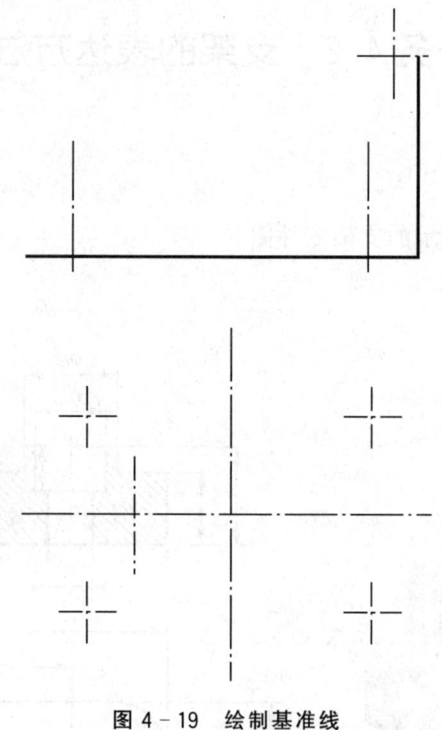

图 4－19　绘制基准线

2. 绘制主视图

Step1. 使用【偏移】命令将轮廓线和中心线进行偏移，如图 4－20 所示。

Step2. 使用【修剪】命令修剪出凸台轮廓线，并使用【特性匹配】命令(用法同 Word 中的格式刷)将轮廓线线型改为粗实线，如图 4－21 所示。

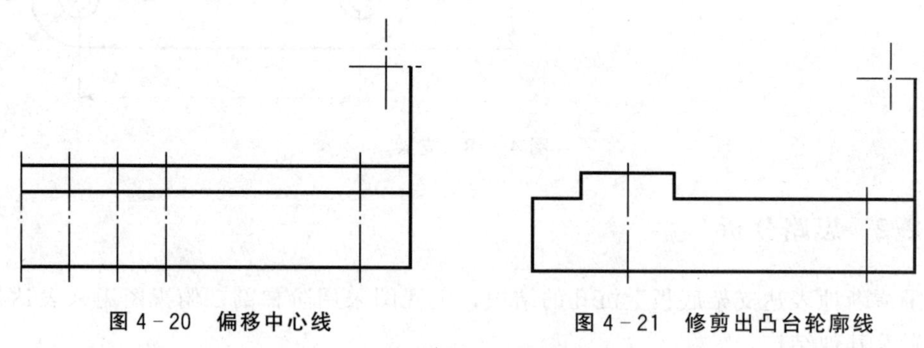

图 4－20　偏移中心线　　　图 4－21　修剪出凸台轮廓线

Step3. 使用【直线】命令或用【偏移】＋【修剪】命令绘制沉孔轮廓线，如图 4－22 所示。

Step4. 绘制支承结构，在【对象捕捉】右键快捷菜单中选择【切点】选项，捕捉到支撑板与圆筒相切的位置，绘制支撑板，如图 4－23 所示。

3. 填充剖面区域

Step1. 选择细实线图层，单击绘图工具栏上的【图案填充】命令，打开【图案填充和渐变色】对话框，如图 4－24 所示。

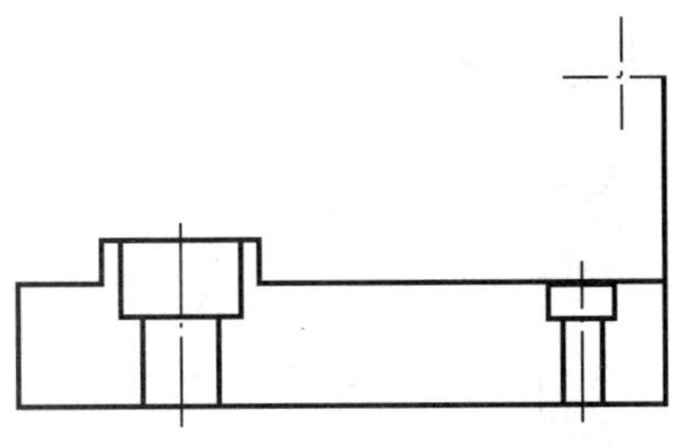

图 4-22 绘制沉孔轮廓线

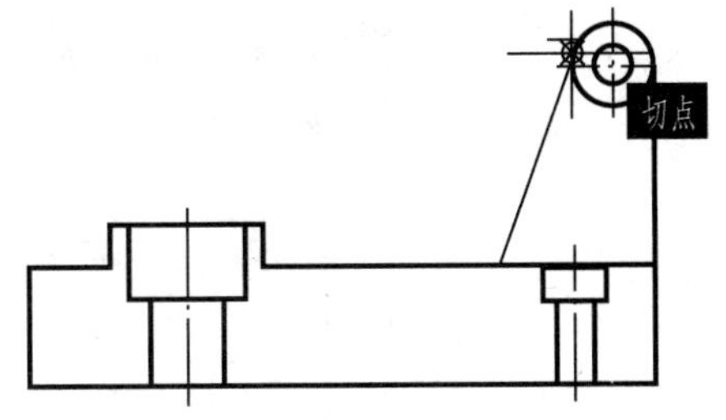

图 4-23 绘制支撑板

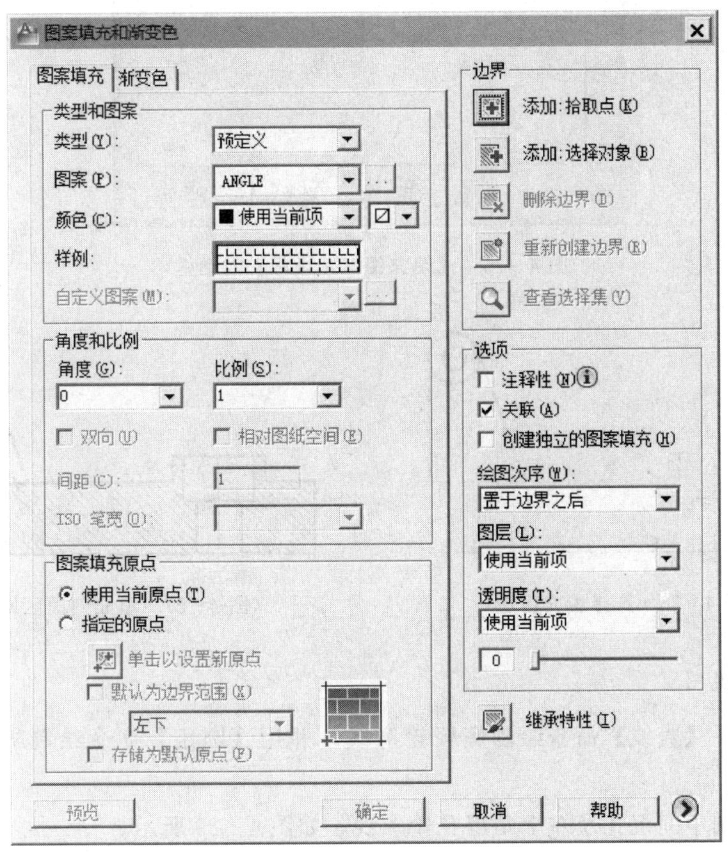

图 4-24 【图案填充和渐变色】对话框

Step2. 单击【图案】下拉列表框右侧按钮，出现【填充图案选项板】对话框，如图 4-25 所示。选择【ANSI】选项卡中的“ANSI31”作为填充图案，单击【确定】按钮，返回【图案填充和渐变色】对话框。

Step3. 单击【边界】选项区域中的【添加：拾取点】按钮，回到绘图区，在要填充的区域内部单击鼠标选择，如图 4-26 所示。

Step4. 按 Enter 键结束选择，返回【填充图案选项板】对话框，单击【确定】按钮完成填充，如图 4-27 所示。

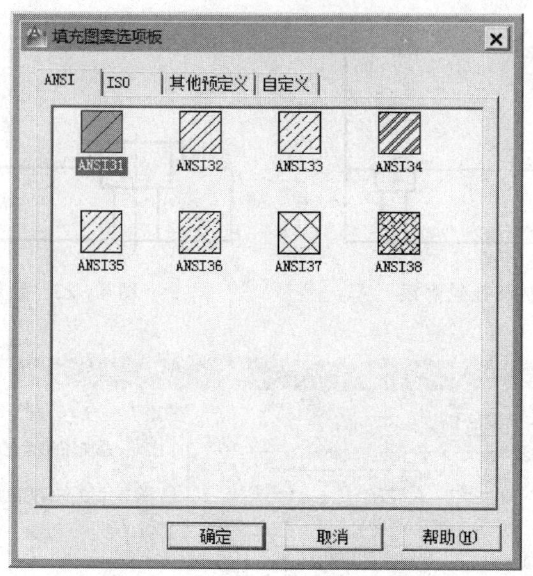

图 4-25 【填充图案选项板】对话框

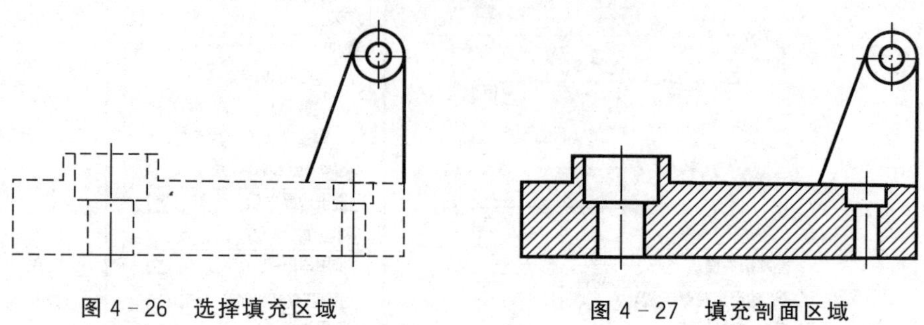

图 4-26 选择填充区域　　图 4-27 填充剖面区域

4. 绘制俯视图

Step1. 选择【直线】命令绘制底板轮廓线，并用【圆角】命令绘制 $R5$ 的圆角，如图 4-28 所示。

Step2. 绘制中间沉孔及左上角沉孔轮廓线，如图 4-29 所示。

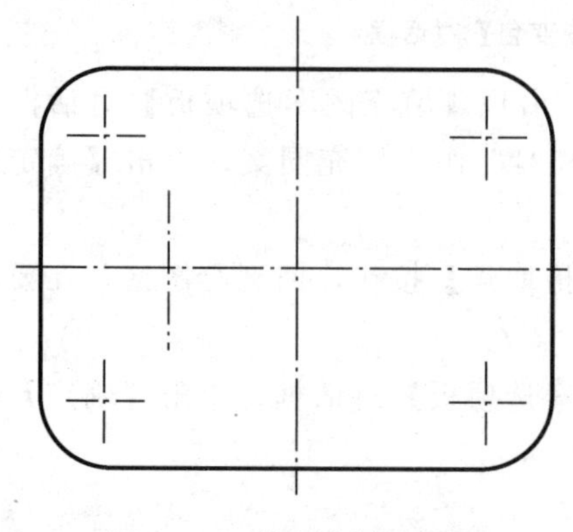

图 4-28 绘制底板俯视图

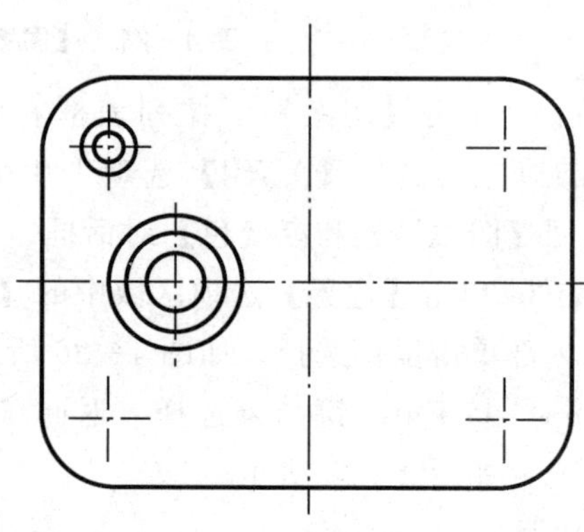

图 4-29 绘制孔

Step3. 用【矩形阵列】命令复制出其他3个沉孔，如图4－30所示。

Step4. 绘制支承结构的圆筒，如图4－31所示。

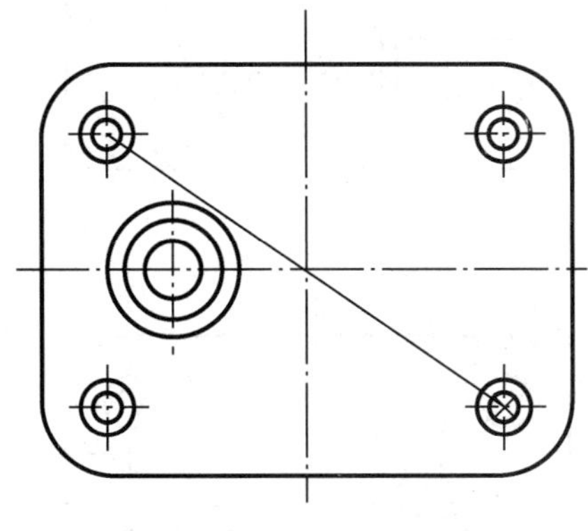
图4－30 对沉孔做阵列

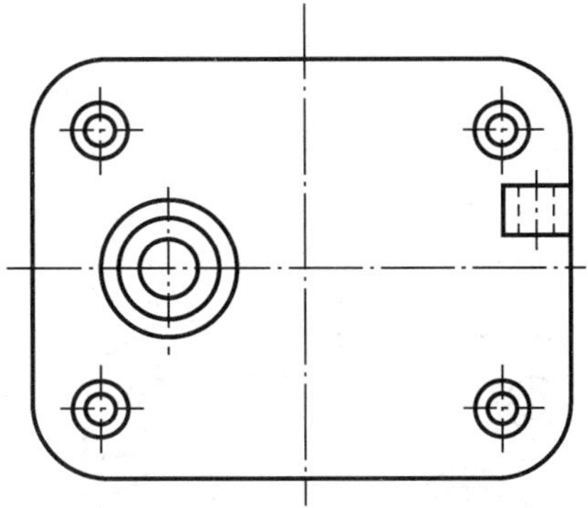
图4－31 绘制支承结构的圆筒

Step5. 绘制支承结构的支撑板，注意支撑板与圆筒交在相切位置，如图4－32所示。

Step6. 支撑板与圆筒相切不画交线，修剪后如图4－33所示。

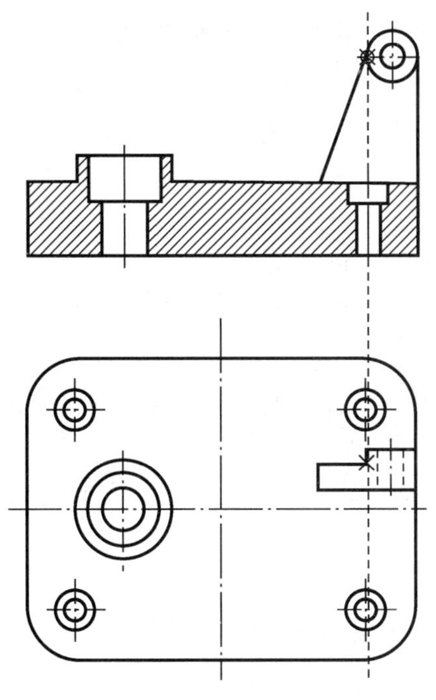
图4－32 绘制支承结构的支撑板

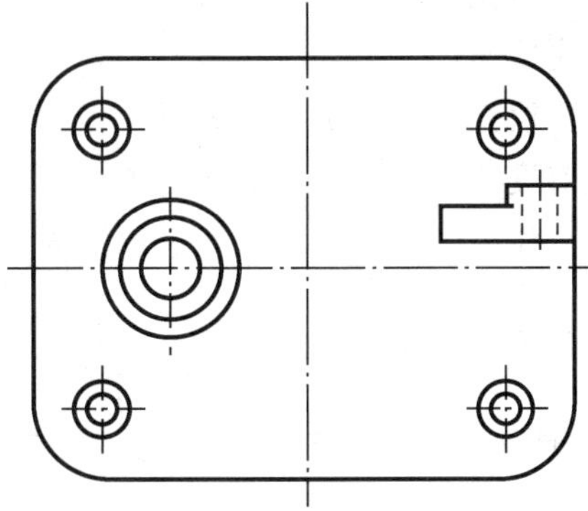
图4－33 修剪多余图线

Step7. 使用【镜像】命令，镜像出对称的支承结构，如图4－34所示。

5. 在俯视图上标注剖切符号

Step1. 选择粗实线图层，使用【直线】命令在剖切面的起迄和转折处绘制剖切符号，箭头可以省略。

Step2. 使用【多行文字】命令标注视图名称。完成后的零件图如图4－35所示。

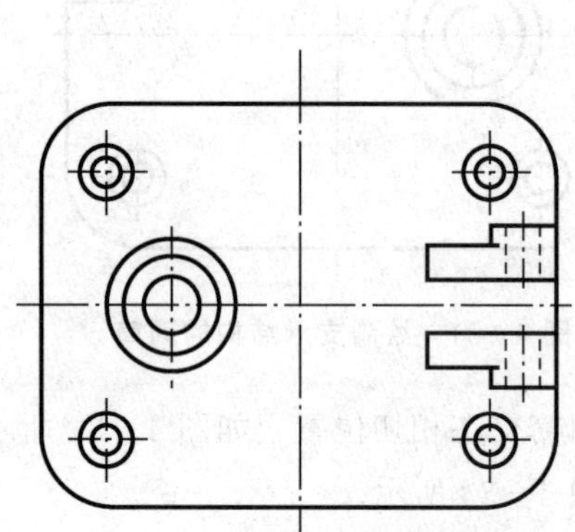

图 4-34　镜像出对称的支承结构

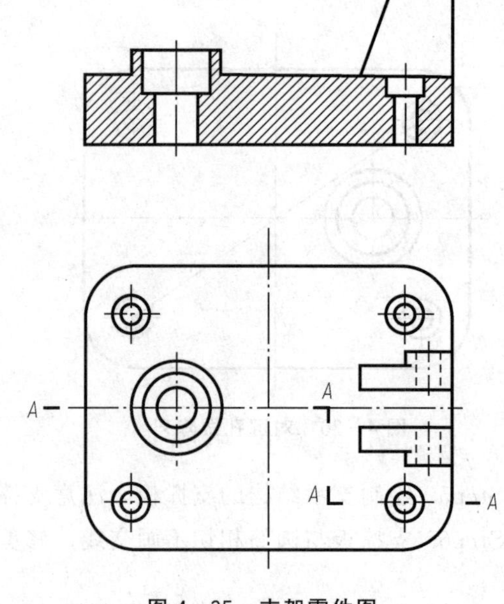

图 4-35　支架零件图

6. 保存文件

4.2.4　操作技巧

【图案填充和渐变色】对话框中的常用参数如图 4-36 所示。

（1）填充图案的方向可通过“角度”参数设置。填充剖面线时，输入“90”，相当于使剖面线反向。

（2）填充图案的疏密可修改“比例”参数调整。填充剖面线时，如果间隔太密，可将比例值设置得大一些；如果太疏，可将比例值设置得小一点。

（3）如果要对非封闭区域进行填充，可用【添加：选择对象】按钮确定填充边界。

4.2.5　功能详解

【特性匹配】命令：使用【特性匹配】命令，快捷键为“MA”，根据提示选择“源对象”，然后再选择“目标对象”即可。可以将一个对象的某些特性或者所有特性复制到其他对象上。默认情况下，对象的所有可用特性，比如颜色、图层、线型、线型比例、线宽、打印样式、透明度等，都是可以被复制到其他对象上的。但是像长度、半径、角度，这些特性，是不能进行复制的。

默认情况下，使用【特性匹配】命令将复制对象的所有特性。如果不想复制某些特性，在选择完“源对象”之后，可以在命令行输入“S”，激活【设置】选项，打开如图 4-37 所示的【特性设置】对话框，这里包含了对象的基本特性，以及一些对象的特殊特性，将不需要复制的特性前面的对勾去掉即可。

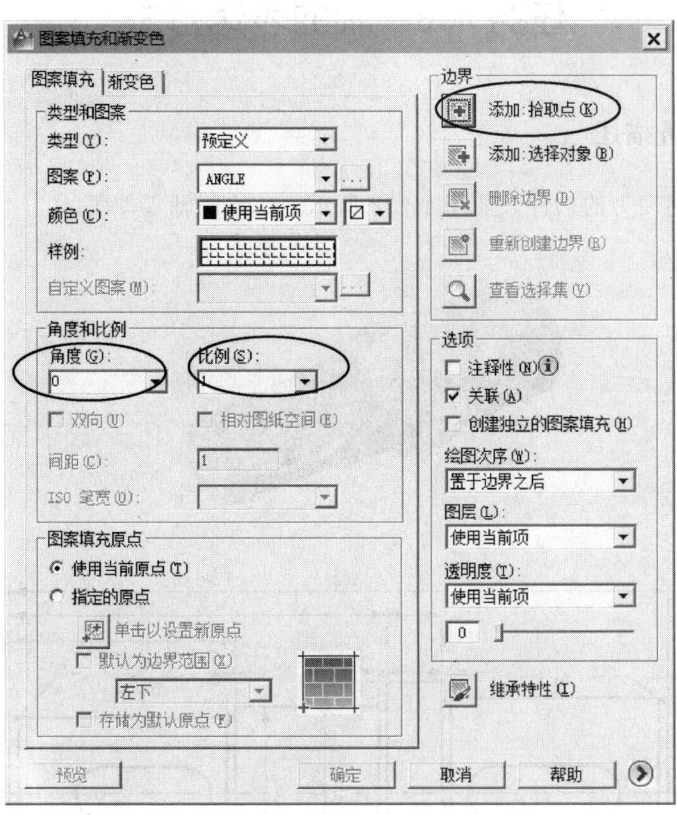

图 4-36 【图案填充和渐变色】对话框

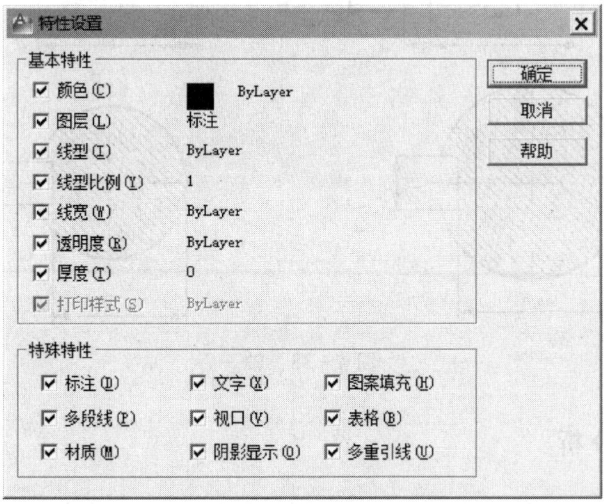

特性设置

基本特性

- ☑ 颜色(C) ByLayer
- ☑ 图层(L) 标注
- ☑ 线型(I) ByLayer
- ☑ 线型比例(Y) 1
- ☑ 线宽(W) ByLayer
- ☑ 透明度(R) ByLayer
- ☑ 厚度(T) 0
- ☑ 打印样式(S) ByLayer

特殊特性

- ☑ 标注(D) ☑ 文字(X) ☑ 图案填充(H)
- ☑ 多段线(P) ☑ 视口(V) ☑ 表格(B)
- ☑ 材质(M) ☑ 阴影显示(O) ☑ 多重引线(U)

确定 取消 帮助

图 4-37 【特性设置】对话框

任务 4.3　轴的表达方法

4.3.1　任务描述

轴是用来传递动力的构件，如图 4－38 所示。试绘制轴零件图。

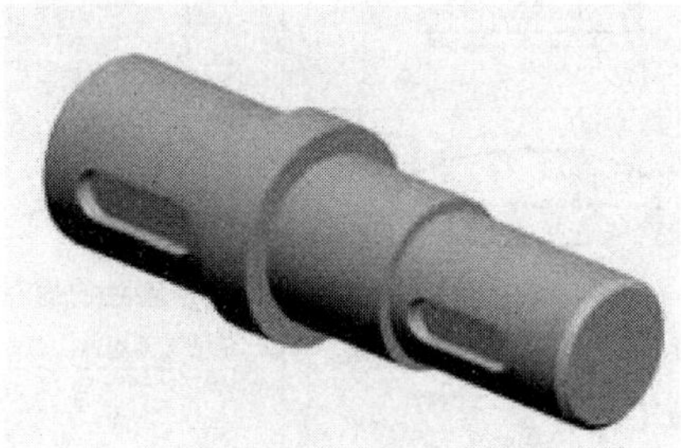

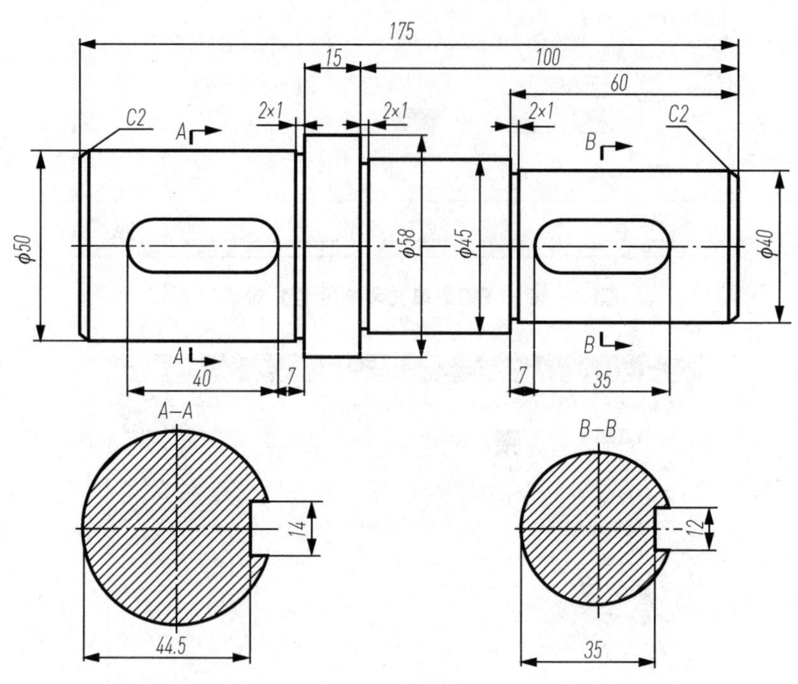

图 4－38　轴

4.3.2　思路分析

轴类零件主要在车床上加工，一般按加工位置将轴线水平放置来画主视图。通常将大头朝左，小头朝右；轴上的键槽、孔等结构可朝前或朝上，表示其形状位置明显。主视图尚未表达清楚的键槽、孔等结构，可另用断面图补充表达，即清晰又便于标注。

在本任务中，轴的主视图采用了插块的画法。将轴的主视图看作由若干个矩形拼接而成，先创建一个单位正方形的块，然后根据各段矩形的尺寸插入块。

4.3.3　设计步骤

1. 创建单位正方形块

Step1. 打开A3零件图模板，在点划线图层绘制出轴的轴线。

Step2. 选粗实线图层，用【矩形】命令绘制1×1的单位正方形。

Step3. 选择【创建块】命令，打开【块定义】对话框，给要创建的块取个名称，如图4-39所示。

Step4. 在【基点】选项区域中单击【拾取点】按钮，选择单位正方形的左边中点作为插入基点，如图4-40所示。

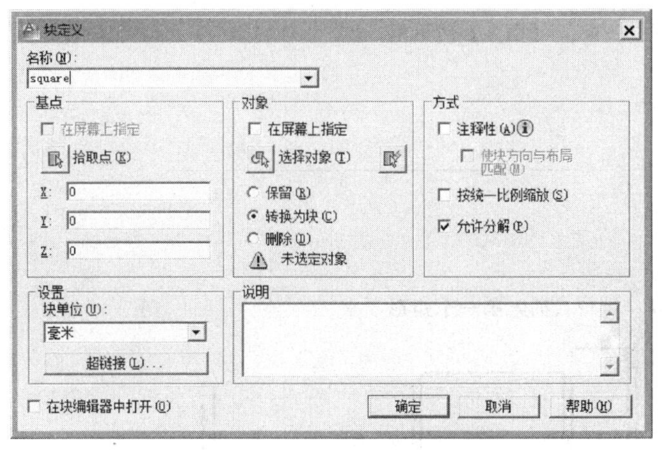

图4-39　【块定义】对话框

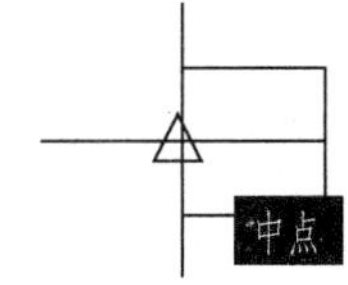

图4-40　指定插入基点

Step5. 在【对象】选项区域中单击【选择对象】按钮，选择单位正方形作为要创建的块对象。单击【确定】按钮，完成块的创建。

2. 绘制轴主视图

Step1. 选择【插入块】命令，打开【插入】对话框，选择要插入的块名称。

Step2. 在【比例】选项区域中，输入X为2，Y为50，即倒角区矩形的长宽尺寸，如图4-41所示。

Step3. 单击【确定】按钮后插入第一个矩形，如图4-42所示。

Step4. 用同样的方法依次插入56×50，2×48，15×58，2×43，38×45，2×38，56×40，2×40各个矩形，如图4-43所示。

Step5. 选择【分解】命令，将以上插入的块分解，以便于修改。

Step6. 选择【倒角】命令，绘制轴两端的$C2$倒角，如图4-44所示。

Step7. 根据尺寸绘制轴上的键槽，如图4-45所示。

3. 绘制剖切符号

Step1. 选择标注图层，用【多段线】命令绘制剖切符号，命令行提示如下。

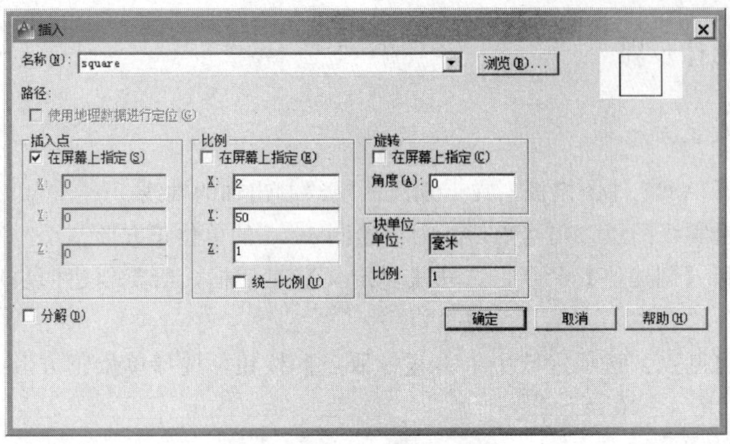

图 4-41 【插入】对话框

图 4-42 插入第一个矩形

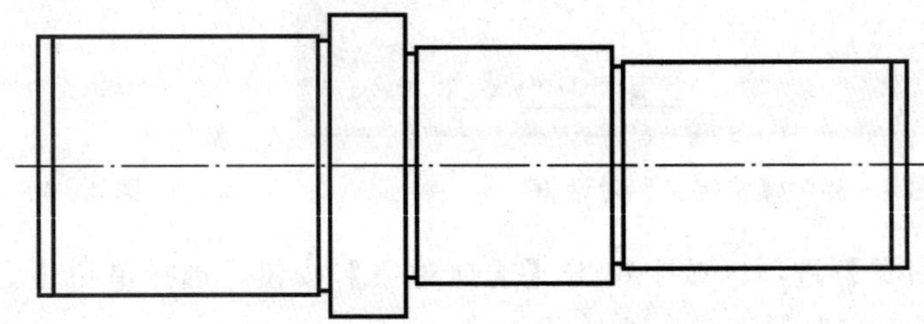

图 4-43 依次插入各个矩形

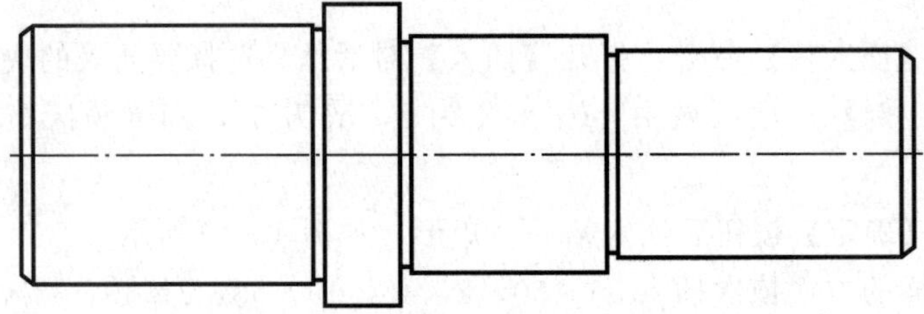

图 4-44 绘制倒角

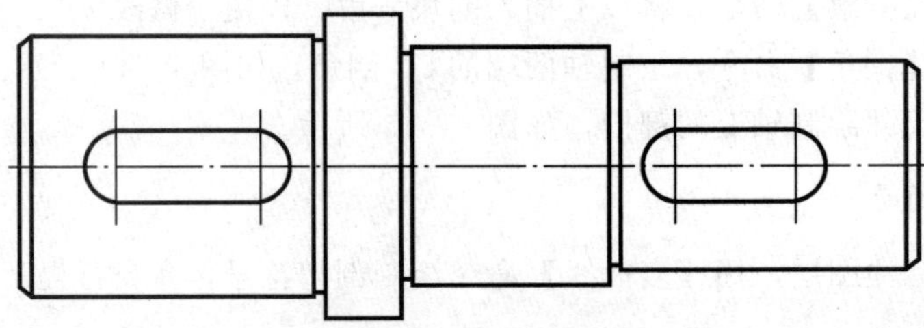

图 4-45 绘制键槽

```
命令：  PLINE
指定起点：                                     //鼠标单击剖切符号中短粗线起点位置
当前线宽为 0.0000
指定下一个点或 [圆弧(A)/半宽(H)/长度(L)/放弃(U)/宽度(W)]：w     //设置短粗线线宽
指定起点宽度<1.0000>：0.5
指定端点宽度<0.5000>：0.5
指定下一个点或 [圆弧(A)/半宽(H)/长度(L)/放弃(U)/宽度(W)]：
                                              //鼠标单击短粗线终点位置
指定下一点或 [圆弧(A)/闭合(C)/半宽(H)/长度(L)/放弃(U)/宽度(W)]：w
                                              //设置剖切符号中第二段直线线宽
指定起点宽度<0.5000>：0
指定端点宽度<0.0000>：0
指定下一点或 [圆弧(A)/闭合(C)/半宽(H)/长度(L)/放弃(U)/宽度(W)]：
                                              //鼠标单击第二段直线终点位置
指定下一点或 [圆弧(A)/闭合(C)/半宽(H)/长度(L)/放弃(U)/宽度(W)]：w
                                              //设置剖切符号中箭头线宽
指定起点宽度<0.0000>：1
指定端点宽度<1.0000>：0
指定下一点或 [圆弧(A)/闭合(C)/半宽(H)/长度(L)/放弃(U)/宽度(W)]：3
                                              //设置箭头长度为 3
指定下一点或 [圆弧(A)/闭合(C)/半宽(H)/长度(L)/放弃(U)/宽度(W)]：
                                              //按 Enter 键结束命令
```

绘制完成后如图 4-46 所示。

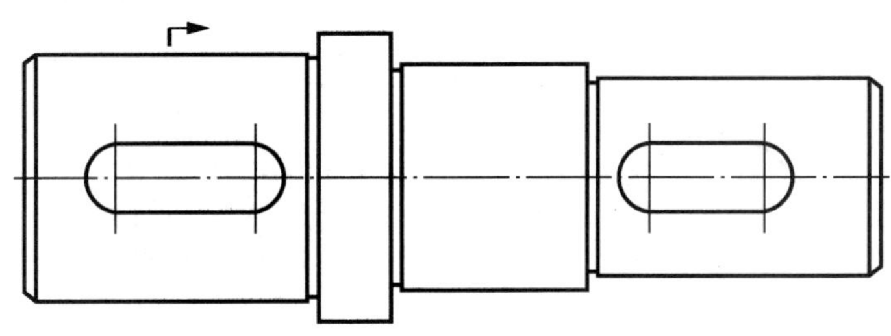

图 4-46　绘制箭头

Step2. 镜像出下半个剖切符号，并用【多行文字】命令注上字母，如图 4-47 所示。

Step3. 用【复制】命令复制整个剖切符号到第二处剖切位置，并修改标注字母，如图 4-48 所示。

4. 绘制键槽断面图

Step1. 在剖切位置下方绘制轴的截面圆，如图 4-49 所示。

Step2. 用【偏移】命令偏移出键槽位置，如图 4-50 所示。

Step3. 用【修剪】命令修剪掉多余线段，并把键槽图线改为粗实线，如图 4-51 所示。

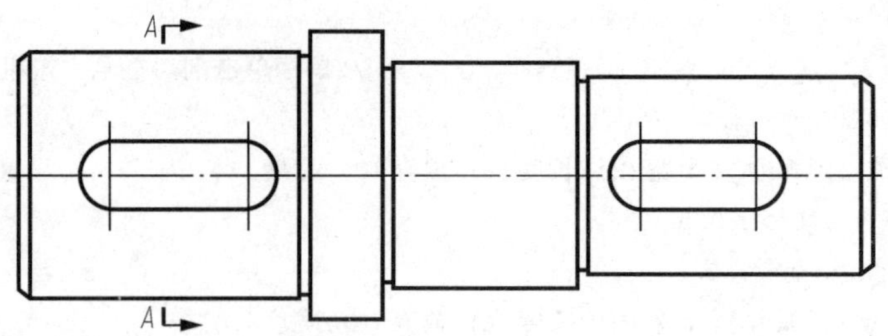

图 4-47　绘制 A 处剖切符号

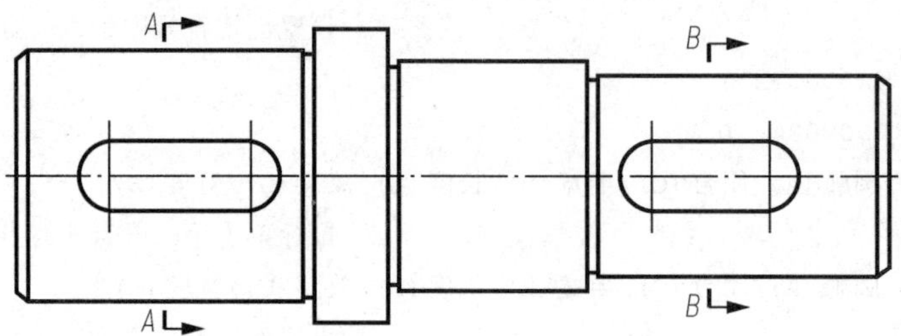

图 4-48　绘制 B 处剖切符号

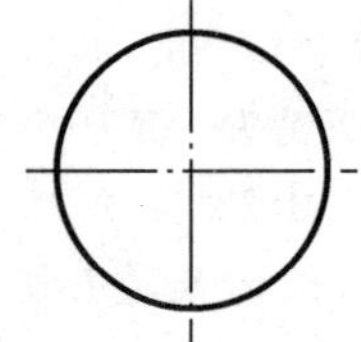

图 4-49　绘制轴截面圆

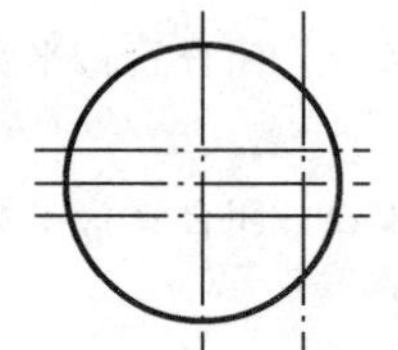

图 4-50　偏移键槽位置

Step4. 选择细实线图层，用【图案填充】命令填充剖切面，如图 4-52 所示。

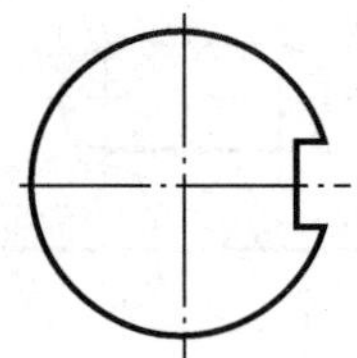

图 4-51　绘制键槽

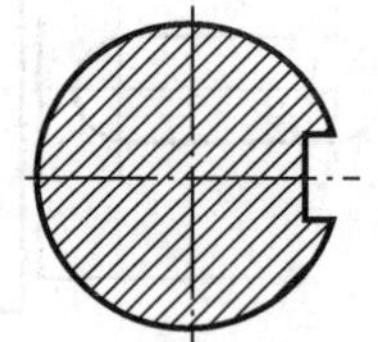

图 4-52　填充剖切面

Step5. 用同样的方法绘制另一个键槽的断面图，并标上字母，完成后如图 4-53 所示。

5. 保存文件

4.3.4　操作技巧

若需反复使用到自定义箭头，可将箭头创建为块，需要时随时插入使用。

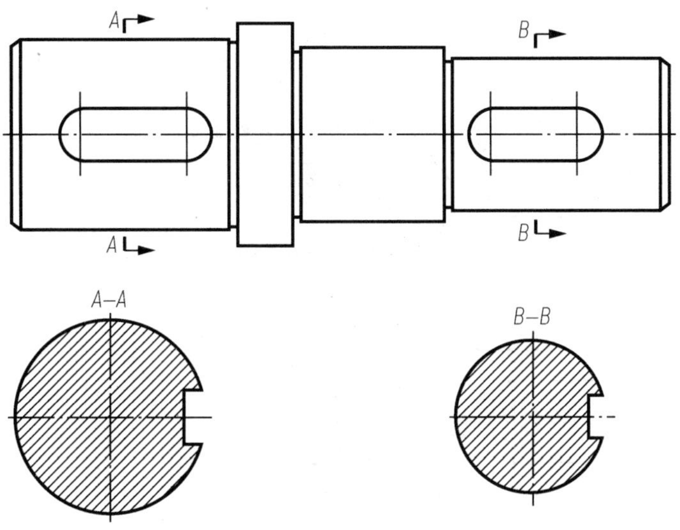

图 4 - 53　轴的零件图

4.3.5　功能详解

利用多段线绘制箭头的步骤如下。

Pline——提示指定起点(鼠标单击即可)——提示指定下一点(鼠标水平或垂直拖动出一条直线，长度随意，即为箭头直线部分)——提示指定下一点或［圆弧(A)/半宽(H)/长度(L)/放弃(U)/宽度(W)］(输入 W)——提示输入起点宽度(输入线宽 50，随意，大于零即可，即为箭头三角底边)——提示输入端点宽度(输入 0)——提示指定下一点(鼠标拖动一下试试，就可看见效果，即为箭头长度，也可以输入长度数值)。

4.3.6　试试看

(1) 用恰当的表达方法绘制轴的零件图，如图 4 - 54 所示。

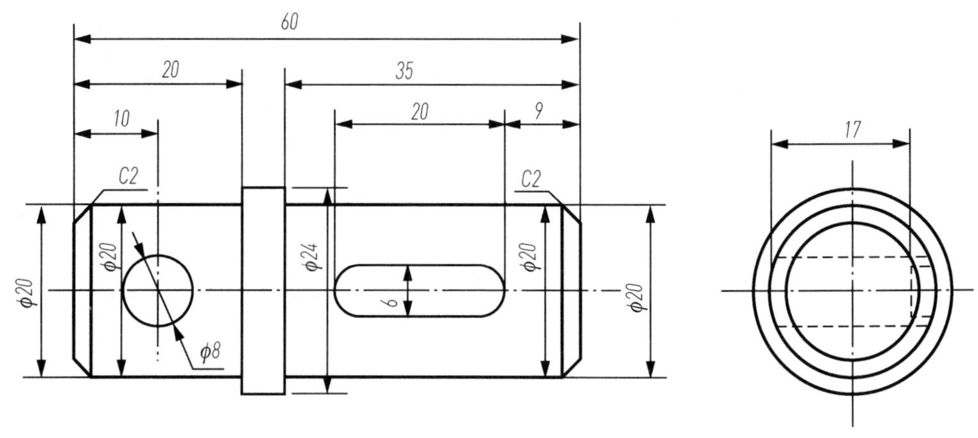

图 4 - 54　题(1)图

（2）绘制图 4－55 所示机件的零件图。

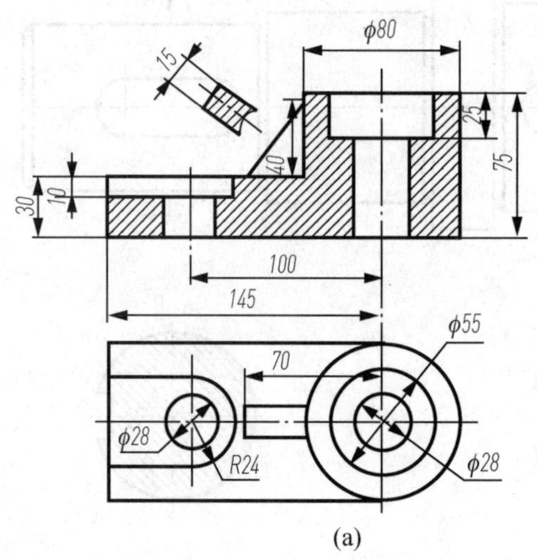

(a)

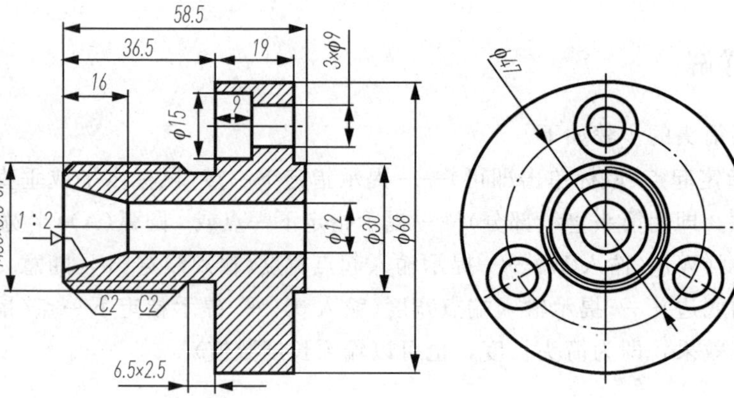

(b)

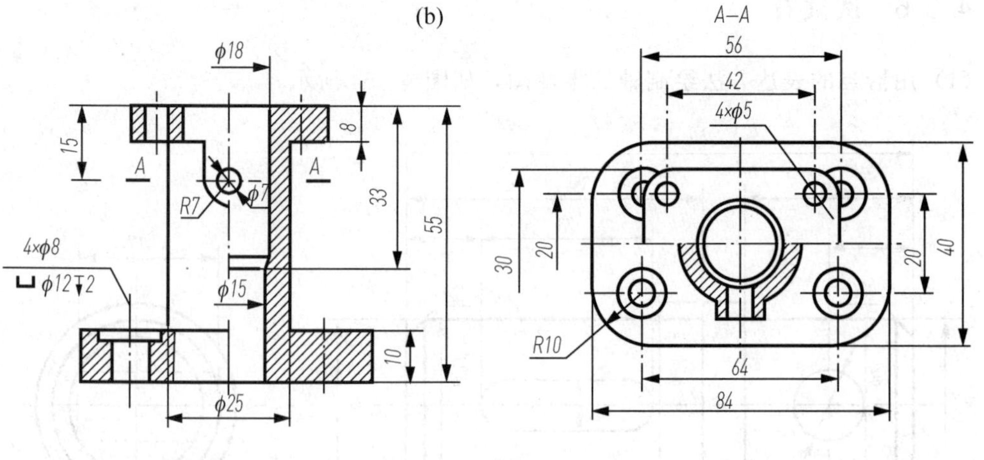

(c)

图 4－55　题(2)图

（3）图 4－56 为阀体零件，综合运用各种表达方法绘制阀体零件图。

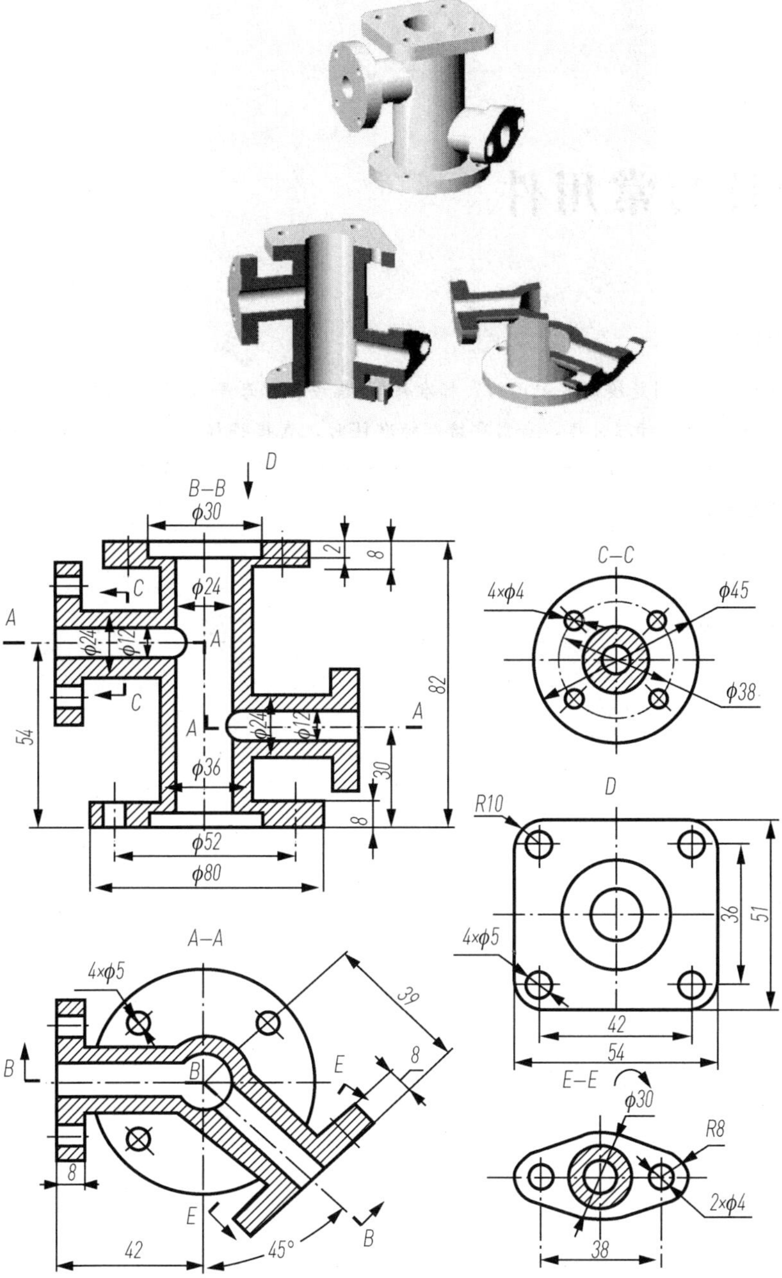

图 4－56　题(3)图

学习情境 5

标准件与常用件

当绘制机械图形，特别是绘制装配图时，标准件(如螺栓、螺母等)的绘制必不可少。如果用户使用的 AutoCAD 系统有对应的标准件库，当需要绘制标准件时，直接将标准件图形插入到图形中即可，但如果没有标准件库，则需要单独绘制它们。本情境将介绍一些典型标准件的绘制过程。

本情境知识要点包括：

1. 绘制正多边形
2. 修改线型比例
3. 标准件的比例画法

任务5.1　六角头螺栓

5.1.1　任务描述

螺栓的种类繁多，其中六角头螺栓的应用最为广泛，本任务将用比例画法绘制螺栓M10×50的零件图，如图5-1所示。

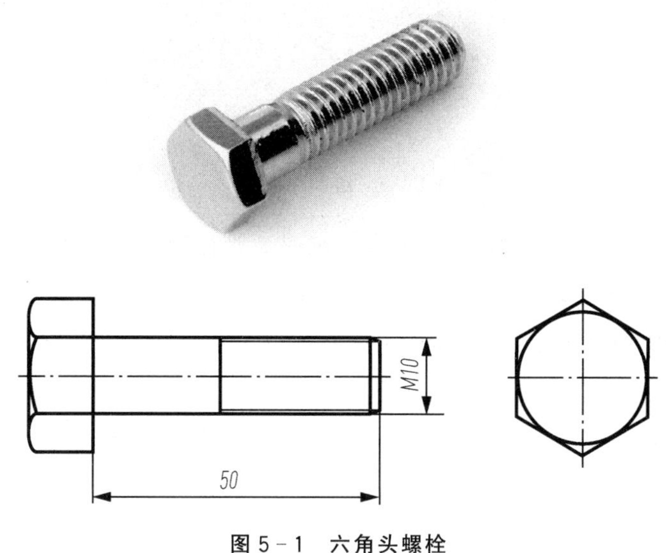

图5-1　六角头螺栓

5.1.2　思路分析

六角头螺栓的大径 $d=10$mm，公称长度 $l=50$mm。可根据螺纹 d 按比例关系计算出螺纹紧固件的各部分尺寸，近似地画出图形，尺寸关系如图5-2所示。螺栓的大径用粗实线画出，小径用细实线画出。螺栓六角头截交线用圆弧代替。

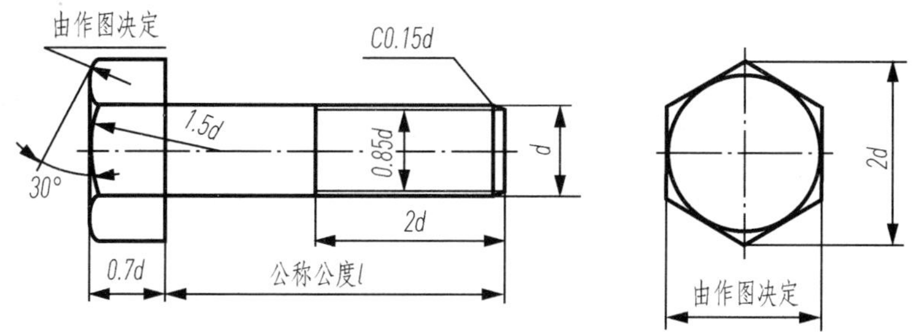

图5-2　六角头螺栓比例画法

5.1.3 设计步骤

1. 绘制螺栓中心线

Step1. 打开“A4 零件图 .dwt”样板文件。

Step2. 在【图层控制】下拉列表框中选择点划线图层，绘制合适长度的中心线(线型比例设为 0.5)，如图 5-3 所示。

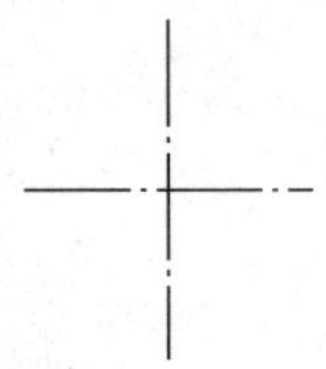

图 5-3 绘制中心线

2. 绘制螺栓左视图

Step1. 在【图层控制】下拉列表框中选择粗实线图层，并选择绘图栏中的【多边形】命令⬡，绘制正六边形，命令行提示如下。

```
命令：_ polygon
输入侧面数<4>: 6                              //输入边数为 6
指定正多边形的中心点或 [边(E)]:                 //鼠标单击六边形的中心点位置
输入选项 [内接于圆(I)/外切于圆(C)]<I>: i       //已知六边形外接圆半径为 10mm
指定圆的半径: @ 10<90                          //指定圆半径的同时指定六边形的一个顶点位置
```

绘制的正六边形如图 5-4 所示。

Step2. 选择绘图栏中的【圆】命令，用【相切、相切、相切】命令绘制正六边形的内切圆，如图 5-5 所示。

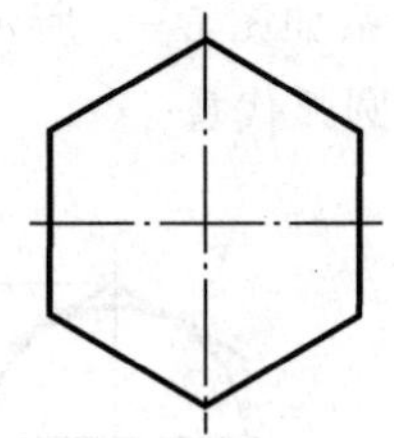

图 5-4 绘制正六边形

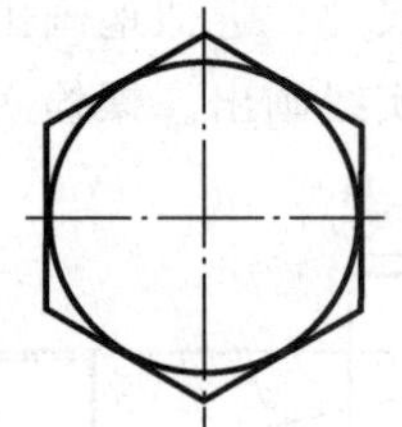

图 5-5 绘制内切圆

3. 绘制螺栓主视图

Step1. 在粗实线图层下，按比例绘制螺栓轮廓线，如图 5-6 所示。

Step2. 选择修改栏中的【倒角】命令，按 0.15d 绘制倒角，并添加倒角线。

Step3. 切换到细实线图层，按 0.85d 绘制螺栓小径线，如图 5-7 所示。

Step4. 选择粗实线图层，绘制六角头部分的圆弧。选择绘图栏中的【圆】命令，用【圆心、半径】命令绘制半径为 1.5d 的圆，如图 5-8 所示。

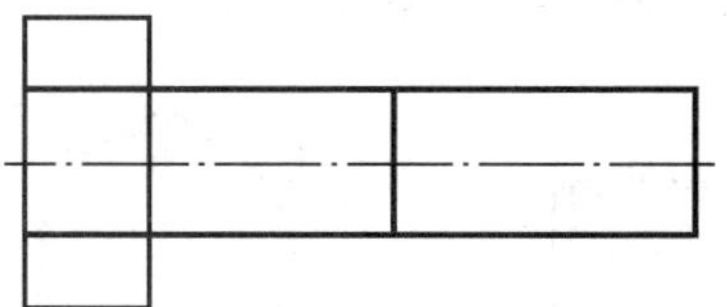
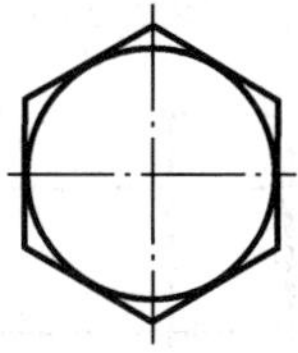

图 5-6　绘制螺栓轮廓线

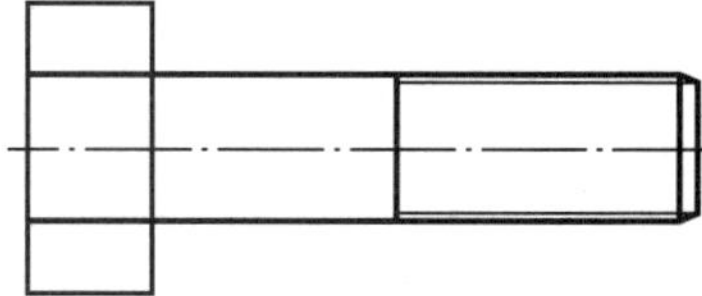
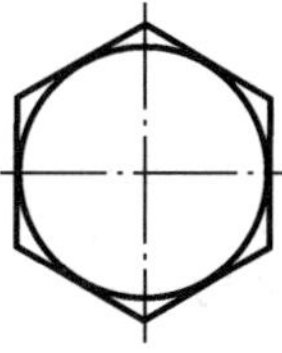

图 5-7　绘制倒角与小径线

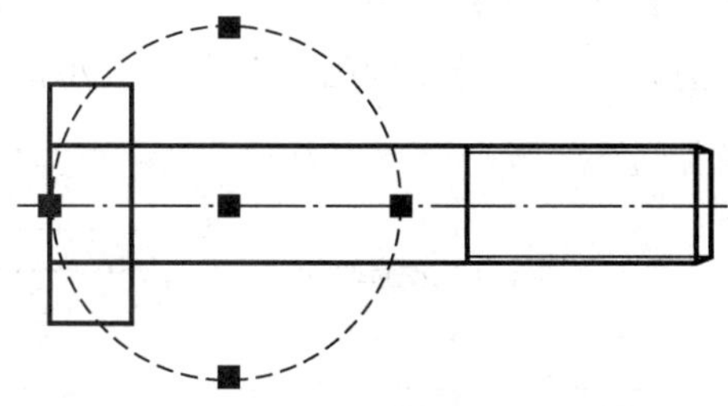

图 5-8　绘制半径为 1.5d 的圆

Step5. 过圆与棱线的交点 a 作垂直线交顶部棱线 b，过线 ab 的中点作水平线，得到交点 c，如图 5-9 所示。选择绘图栏中的【圆弧】命令，用 a、c、b 这 3 点画圆弧，如图 5-10 所示。

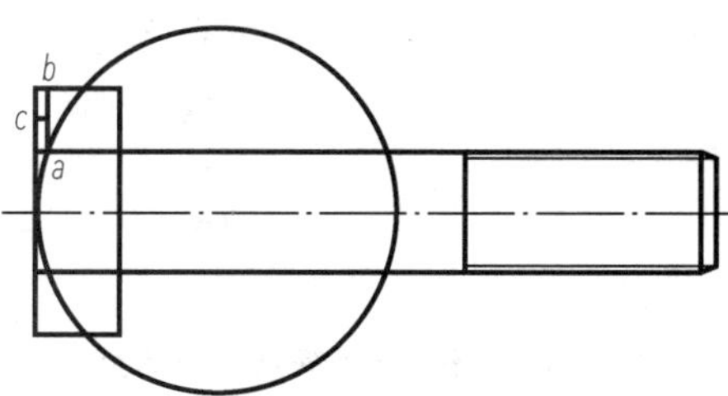

图 5-9　确定圆弧上的三个特殊点

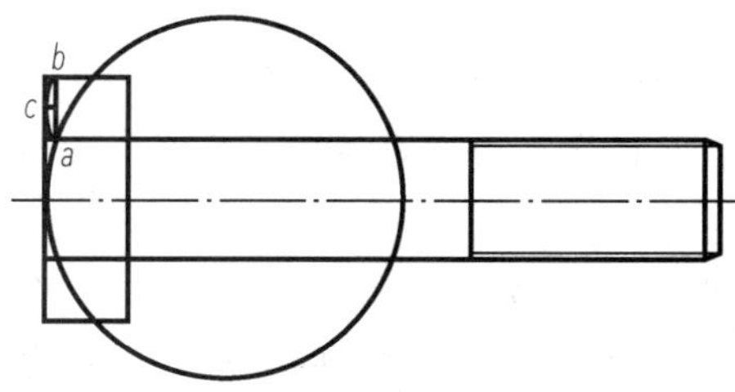

图 5-10　绘制圆弧

Step6. 镜像出另一段圆弧，修剪掉多余图线。结果如图 5－11 所示。

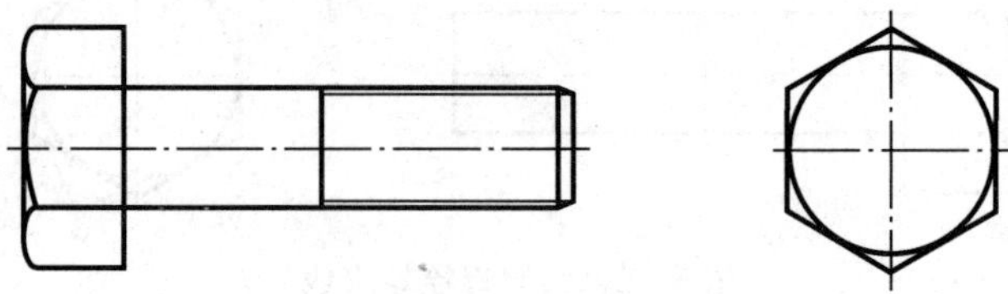

图 5－11　六角头螺栓零件图

4. 保存文件

5.1.4　操作技巧

更改线型比例：当绘制的图形尺寸较小，点划线、虚线等线型不能完全显示时，可改变线型的比例。执行【格式】|【线型】命令，打开【线型管理器】对话框，如图 5－12 所示。选中要更改比例的线型，将“全局比例因子”参数改小即可。

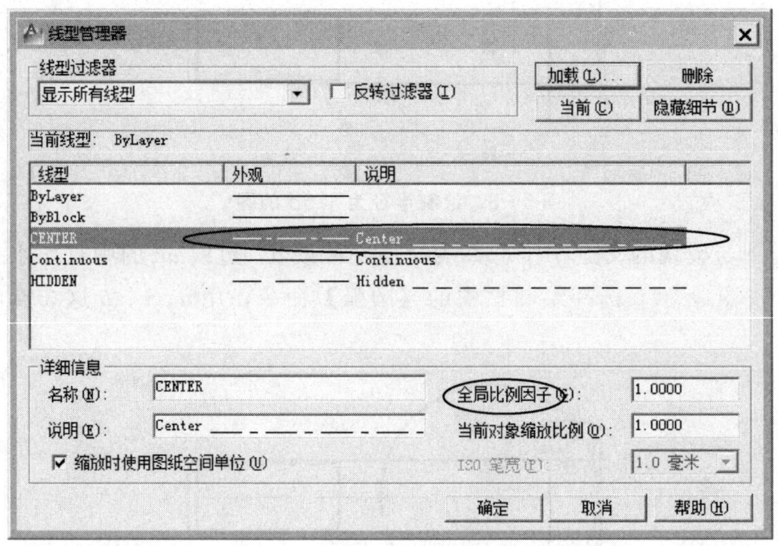

图 5－12　【线型管理器】对话框

5.1.5　功能详解

绘制正多边形的方法，如图 5－13 所示。

(1) 边长画法：边(E)。通过指定边缘第一端点及第二端点，可确定正多边形的边长和旋转角度。

(2) 内接画法：内接于圆(I)。指定外接圆的半径，即正多边形中心点到顶点的距离。

(3) 外切画法：外切于圆(C)。指定内切圆的半径，即正多边形中心点到各边中心的距离。

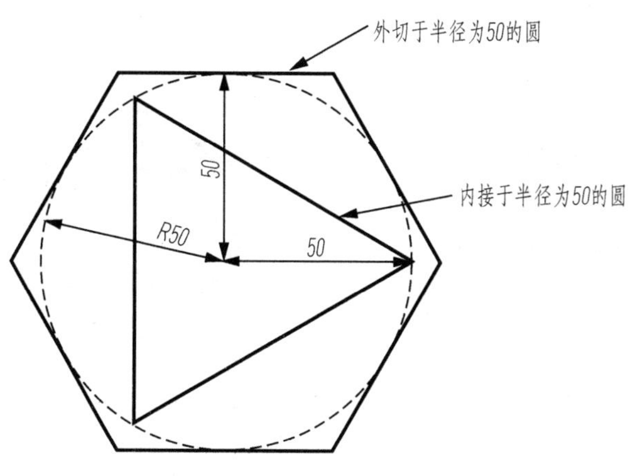

图 5－13　内接与外切画法

任务 5.2　六角螺母

5.2.1　任务描述

六角螺母与螺栓配合使用，起连接紧固机件作用。识读并绘制如图 5－14 所示的六角螺母 M10 零件图。

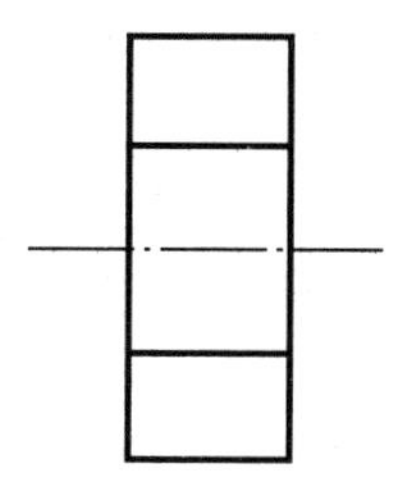

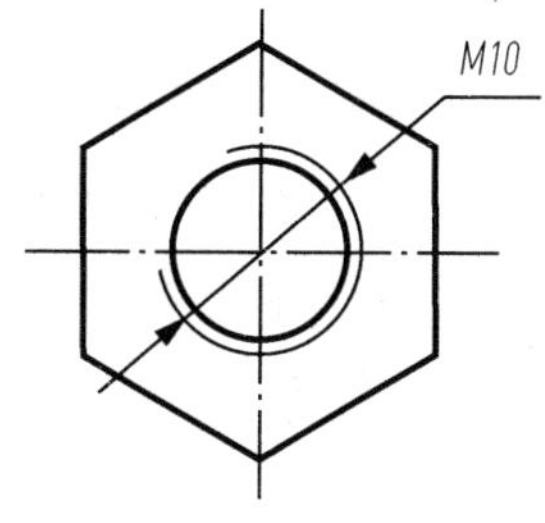

图 5－14　六角螺母

5.2.2　思路分析

六角螺母的比例关系图如图 5－15 所示，任务中省略了倒角圆弧，如需绘制，可参考六角头螺栓的绘制方法。

5.2.3　设计步骤

1. 绘制螺母中心线

Step1. 打开“A4 零件图 . dwt”样板文件。

Step2. 在【图层控制】下拉列表框中选择点划线图层，绘制合适长度的中心线。

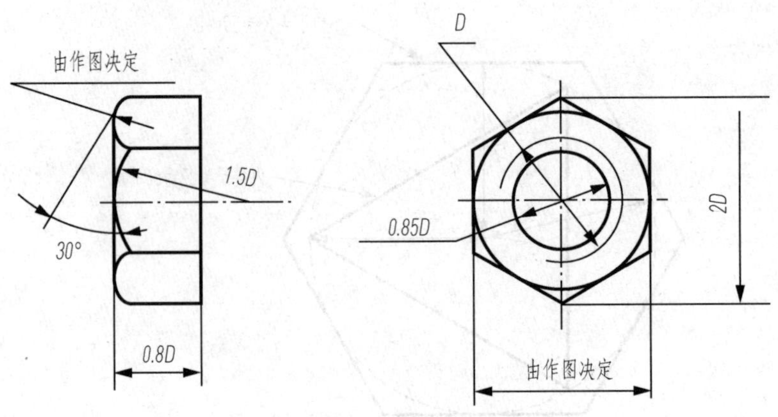

图5-15　六角螺母比例画法

中心线绘制结果如图5-16所示。

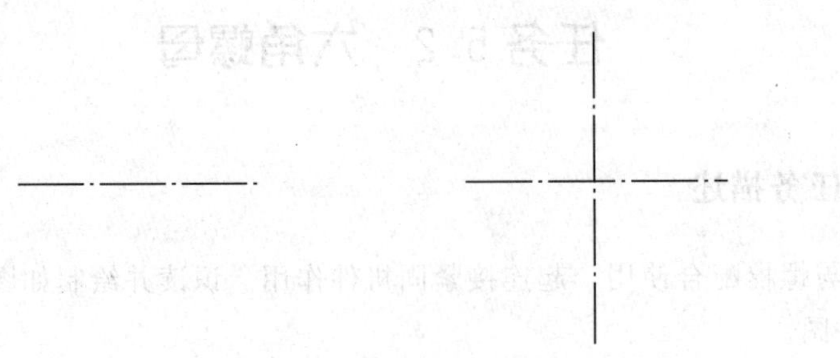

图5-16　绘制中心线

2. 绘制螺母左视图

Step1. 在【图层控制】下拉列表框中选择粗实线图层，并选择绘图栏中的【多边形】命令⬠，绘制内接于半径16的圆的正六边形，如图5-17所示。

Step2. 用粗实线绘制小径圆，直径为0.85D即8.5；用细实线绘制大径圆，再用【打断】命令修剪。绘制好的螺母左视图如图5-18所示。

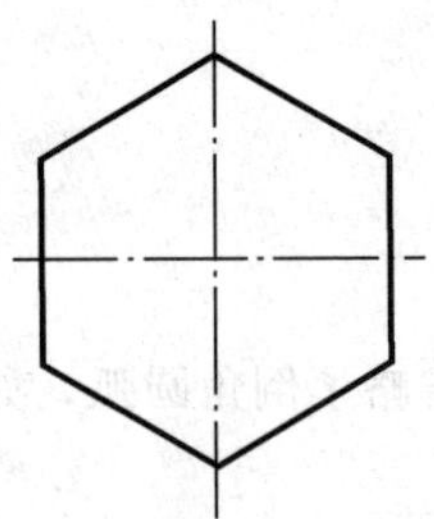

图5-17　内接法绘制正六边形

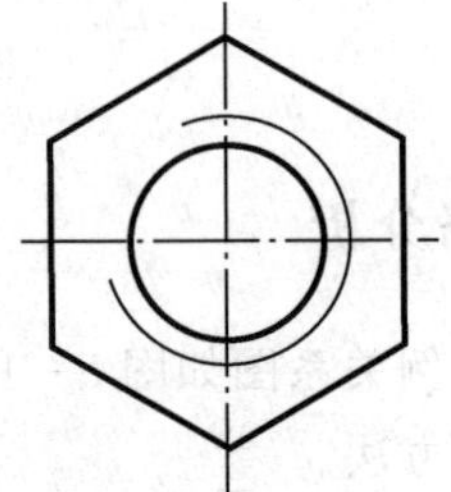

图5-18　螺母左视图

3. 绘制螺母主视图

Step1. 用【直线】命令，根据比例尺寸直接绘制出螺母主视图，绘制好的螺母零件图如图5-19所示。

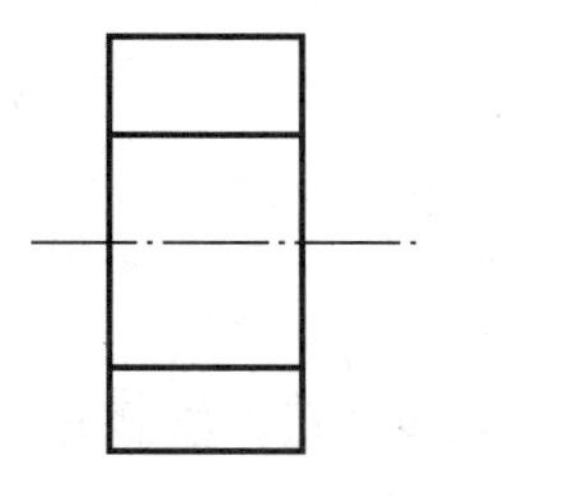

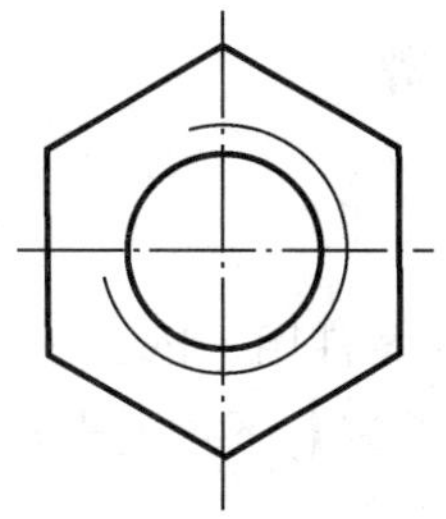

图 5-19　螺母零件图

4. 保存文件

任务 5.3　平垫圈

5.3.1　任务描述

绘制与上述螺栓、螺母配合使用的平垫圈零件图，如图 5-20 所示。

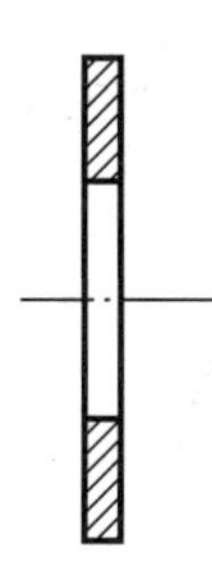

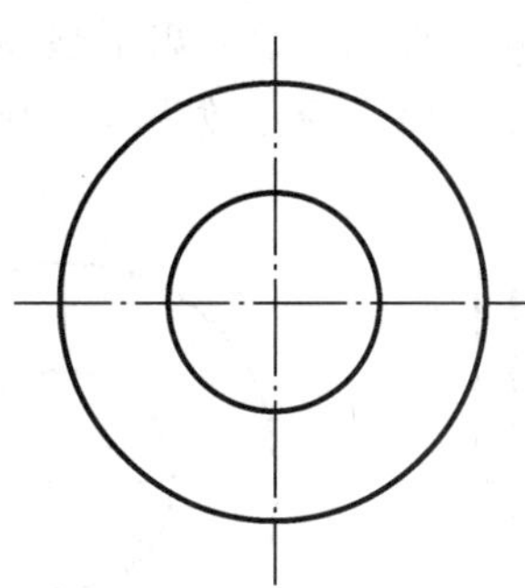

图 5-20　平垫圈

5.3.2　思路分析

平垫圈的比例关系图如图 5-21 所示，上述任务中螺栓的大径 d=10mm，由此可确定平垫圈的各项尺寸。

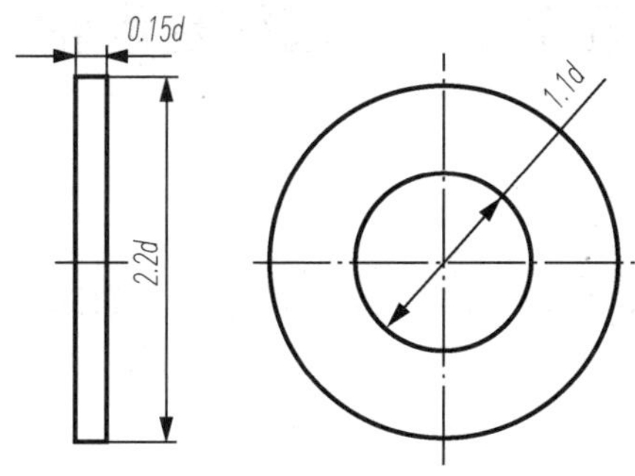

图 5-21　平垫圈比例画法

5.3.3 设计步骤

1. 绘制平垫圈

Step1. 打开“A4 零件图 . dwt”样板文件。

Step2. 在【图层控制】下拉列表框中选择点划线图层，绘制合适长度的中心线，如图 5-22 所示。

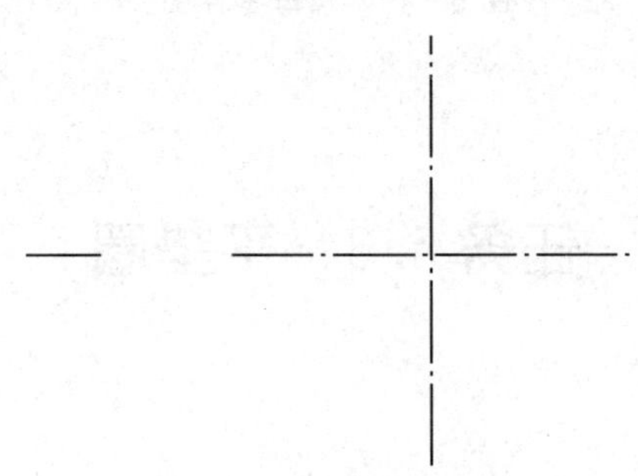

图 5-22 绘制中心线

Step3. 按比例绘制出平垫圈，如图 5-23 所示。

Step4. 将主视图改为全剖视图。绘制完成后如图 5-24 所示。

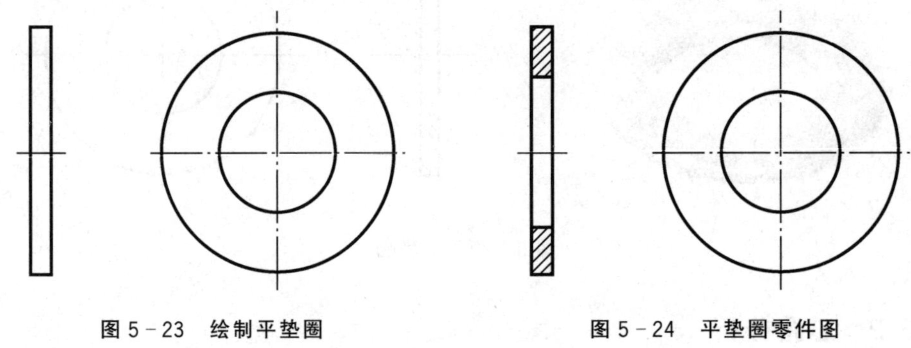

图 5-23 绘制平垫圈　　图 5-24 平垫圈零件图

2. 保存文件

任务 5.4 圆柱直齿轮

5.4.1 任务描述

圆柱直齿轮齿数 $z=25$，模数 $m=2\text{mm}$。其他尺寸如图 5-25 所示，试绘制齿轮零件图。

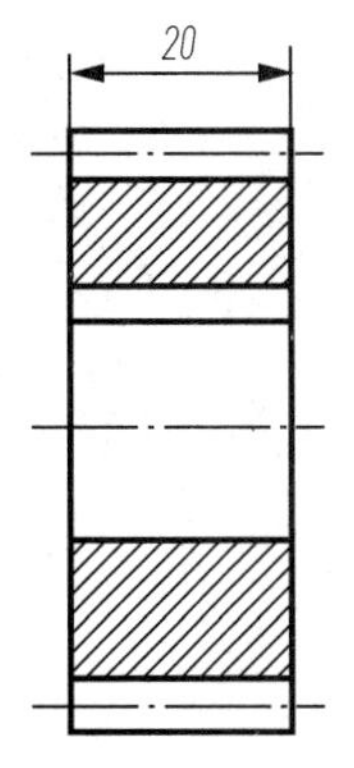

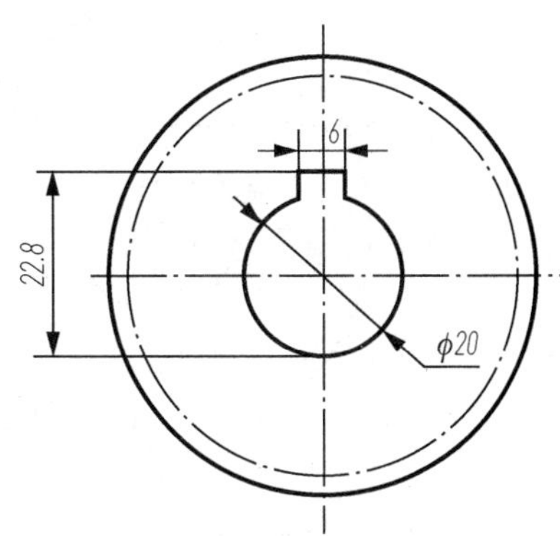

图 5-25　圆柱直齿轮

5.4.2　思路分析

首先计算出齿轮的相关参数。分度圆直径 $d=mz=50$mm；齿顶圆直径 $d_a=m(z+2)=54$mm；齿根圆直径 $d_f=m(z-2.5)=45$mm。绘图时注意这 3 个圆的线型。

5.4.3　设计步骤

1. 绘制齿轮的轮齿部分

Step1. 打开“A4 零件图 . dwt”样板文件。

Step2. 在【图层控制】下拉列表框中选择点划线图层，绘制合适长度的中心线。

Step3. 根据分度圆、齿顶圆、齿根圆直径画出轮齿部分，如图 5-26 所示。

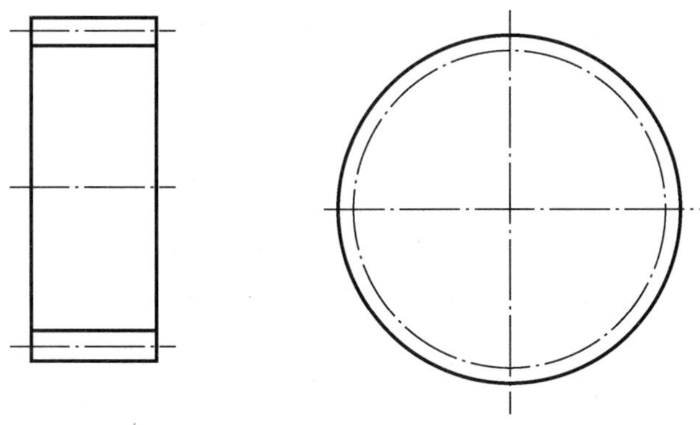

图 5-26　绘制轮齿部分

2. 绘制齿轮的轴孔部分

Step1. 用【圆】命令绘制左视图中的圆孔。

Step2. 用【偏移】命令绘制左视图中的键槽，如图 5-27 所示。用【修剪】命令修去多余的图线，并把键槽的图线线型改为粗实线(此处线宽已隐藏)，如图 5-28 所示。

Step3. 根据左视图中的键槽位置绘制主视图中键槽的图线，如图 5-29 所示。

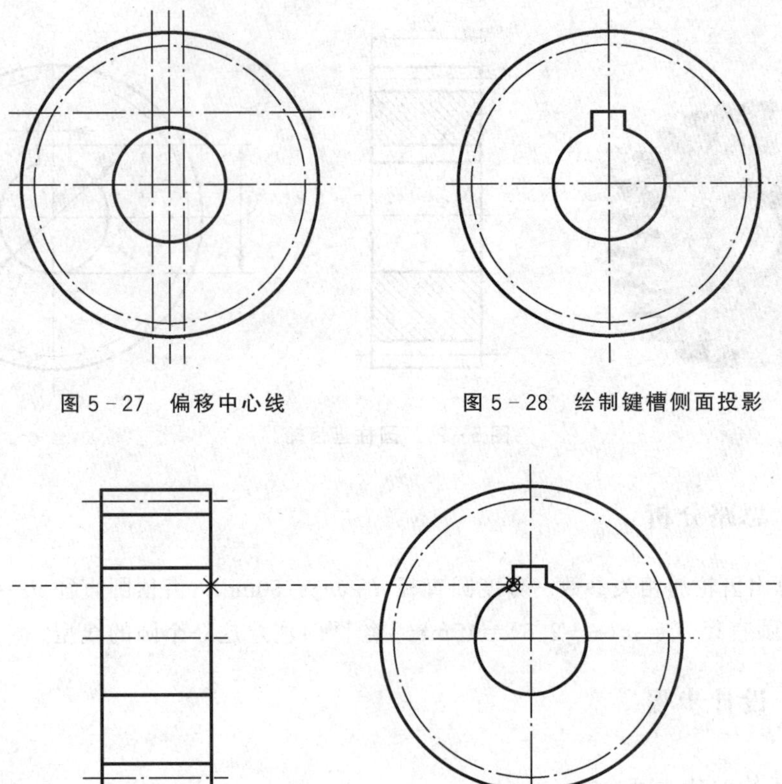

图 5-27　偏移中心线　　　　图 5-28　绘制键槽侧面投影

图 5-29　绘制键槽正面投影

Step4. 将主视图中剖面部分用【填充】命令填上剖面线，完成后的齿轮零件图如图 5-30 所示。

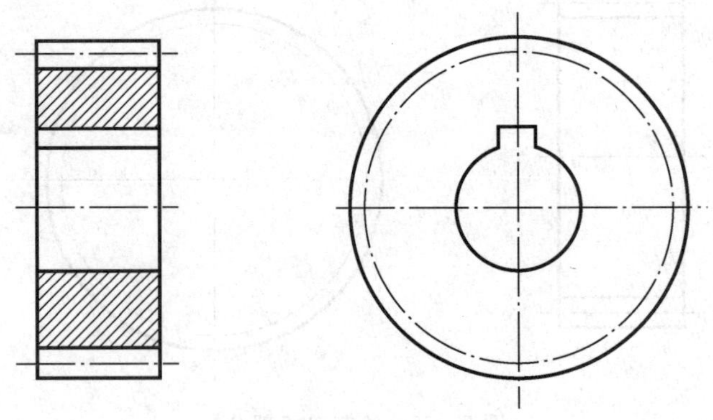

图 5-30　齿轮零件图

3. 保存文件

任务5.5 深沟球轴承

5.5.1 任务描述

轴承是一种支承旋转轴的零件。其中，深沟球轴承在机械工业中使用最为广泛，主要承受径向负荷，适用于高转速甚至极高转速的运行。图5-31所示是深沟球轴承的画法之一，本任务将绘制标号为6206的深沟球轴承。

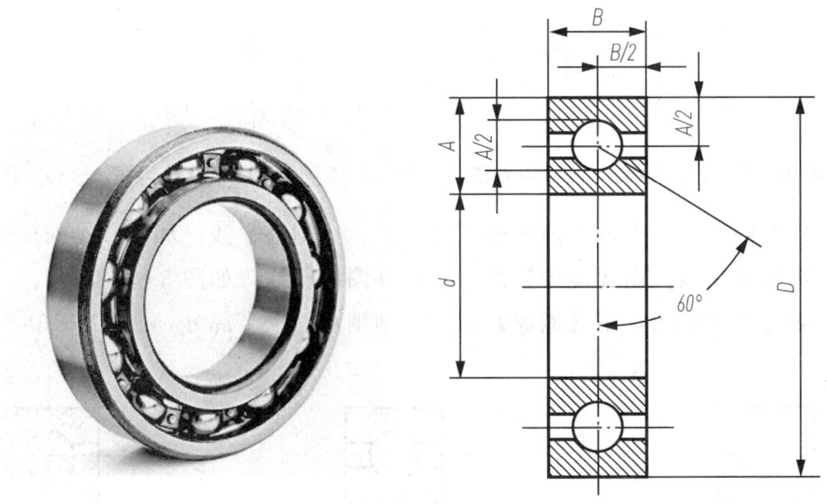

图5-31 深沟球轴承

5.5.2 思路分析

深沟球轴承只采用一个全剖视图表达，视图采用规定的简化画法。根据轴承代号可查得其主要尺寸为：$D=62$mm，$d=30$mm，$B=16$mm，并计算出$A=16$mm。然后按图中的规定画法绘制。

5.5.3 设计步骤

1. 绘制深沟球轴承

Step1. 打开“A4零件图.dwt”样板文件。

Step2. 在【图层控制】下拉列表框中选择点划线图层，绘制合适长度的中心线，如图5-32所示。

Step3. 用【偏移】命令偏移出轴承的轮廓线，先画上半部分，如图5-33所示。

Step4. 用【修剪】命令修剪掉多余的图线，如图5-34所示，并把轮廓线改到粗实线图层。

Step5. 用【圆】命令绘制直径为 4mm 的圆，并过圆心作与竖直方向成 60°角的辅助线，如图 5－35 所示。

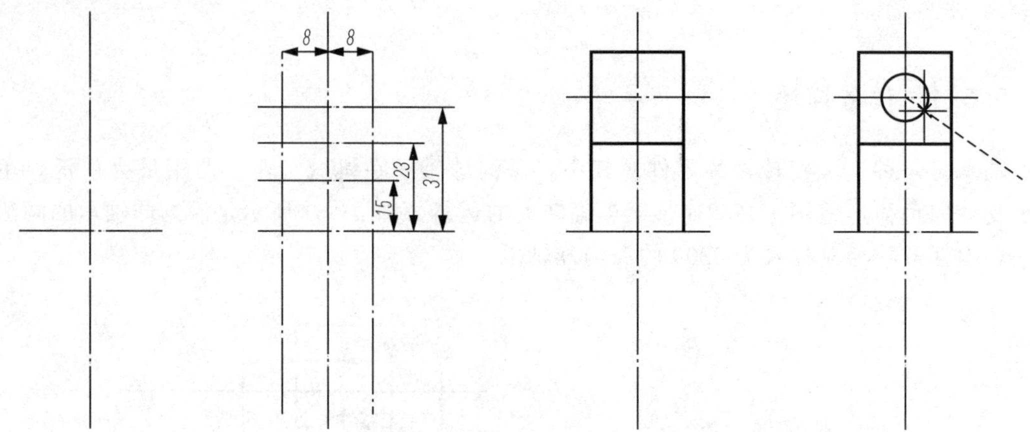

图 5－32　绘制中心线　图 5－33　偏移中心线　图 5－34　修剪轮廓线　图 5－35　作 60°辅助线

Step6. 以与圆周的交点定为内圈外径的基点，绘制外径线，如图 5－36 所示。

Step7. 删除辅助线，用【镜像】命令绘制外圈内径线，如图 5－37 所示。

Step8. 填充剖面区域，用【镜像】命令绘制轴承的下半部分，如图 5－38 所示。

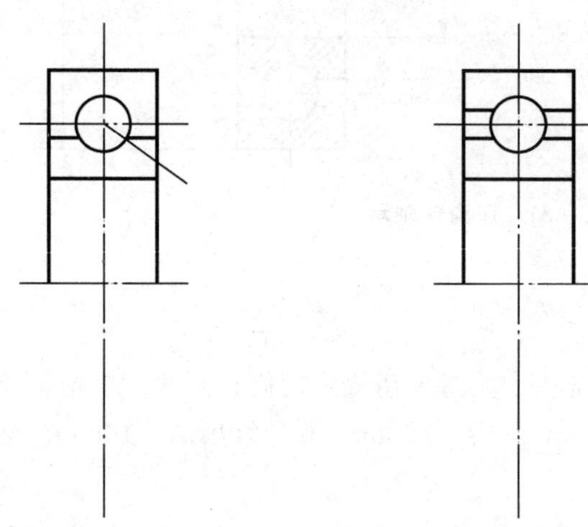
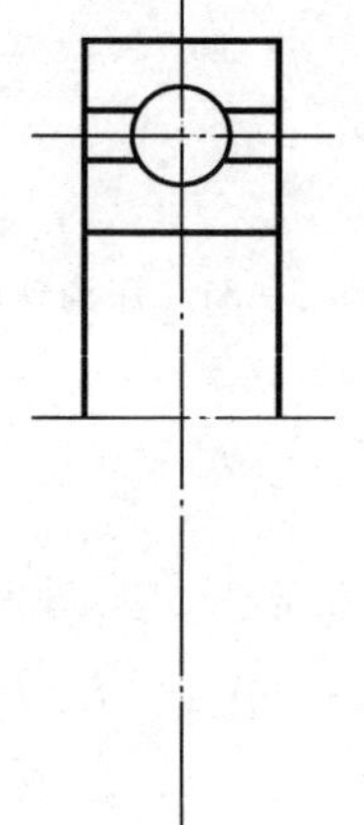
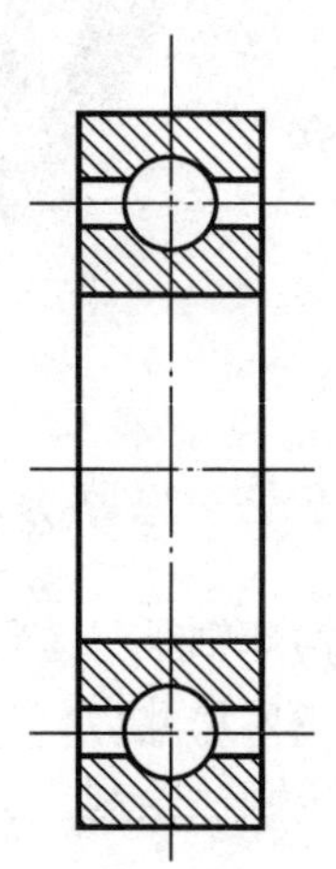

图 5－36　绘制内圈外径线　图 5－37　镜像出外圈内径线　图 5－38　轴承零件图

2. 保存文件

任务 5.6　压缩弹簧

5.6.1　任务描述

弹簧是一种利用弹性来工作的机械零件。可用来减震、夹紧、贮蓄能量、测量力的大小等。本任务将绘制如图 5－39 所示圆柱压缩弹簧的剖视图。

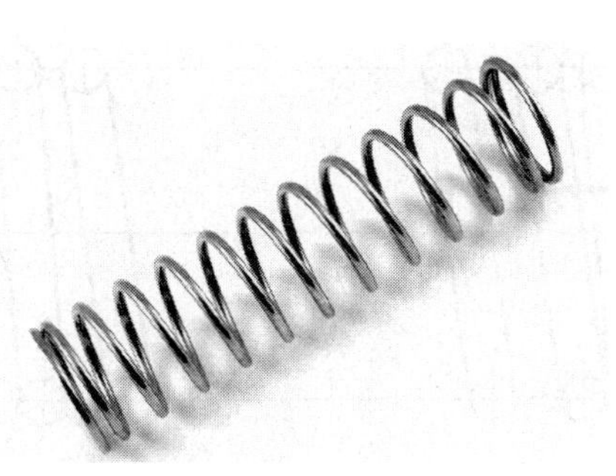

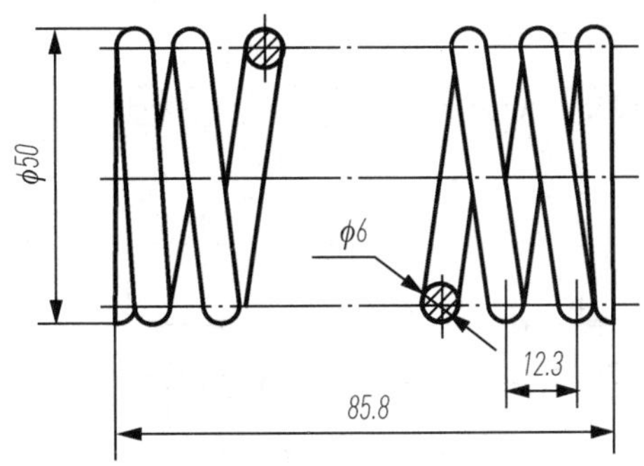

图 5-39　压缩弹簧

5.6.2　思路分析

由图可知压缩弹簧的主要参数：簧丝直径 $d=6$mm；外径 $D=50$mm；内径 $D_1=D-2d=38$mm；中径 $D_2=D-d=44$mm；节距 $t=12.3$mm；自由长度 $H_0=85.8$mm。根据国家标准规定，支撑圈按 2.5 圈形式绘制。

5.6.3　设计步骤

1. 绘制压缩弹簧的中心线

Step1. 打开 A4 零件图模板，在点划线图层下，根据 D_2、H_0 绘制出图形的中心线，确定自由长度和中径，如图 5-40 所示。

Step2. 确定支撑圈部分的簧丝断面圆中心线，使用【圆】命令画出支撑圈，如图 5-41 所示。

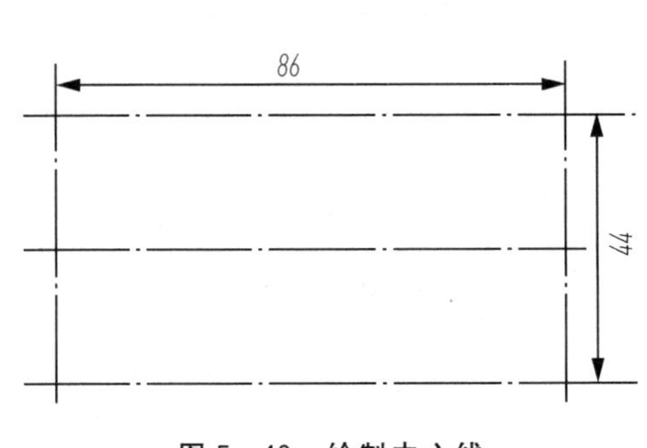

图 5-40　绘制中心线

图 5-41　绘制支撑圈

Step3. 根据节距作簧丝剖面，如图 5-42 所示。

Step4. 在【对象捕捉】右键快捷菜单中选中【切点】选项，按右旋方向作簧丝，如图 5-43 所示。

Step5. 用【图案填充】命令，将被剖切的簧丝断面打上剖面线。绘制完成的弹簧剖视图如图 5-44 所示。

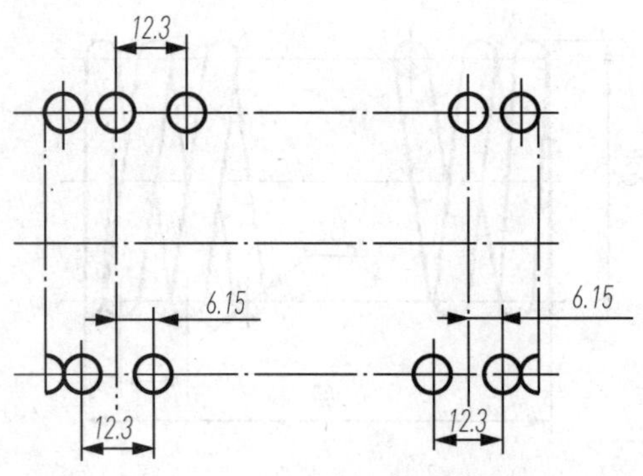

图 5-42 绘制有效圈

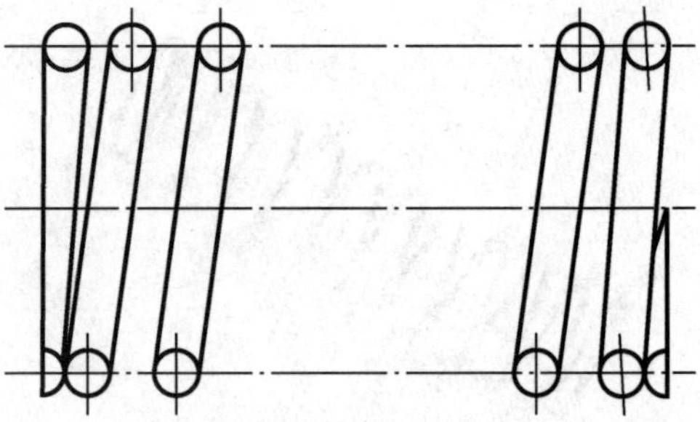

图 5-43 绘制切线

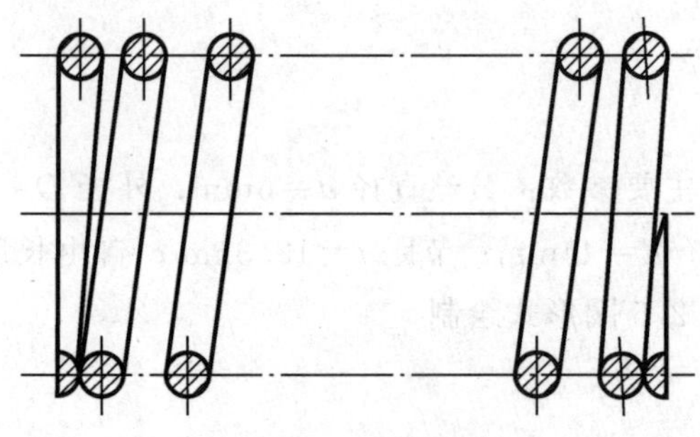

图 5-44 弹簧零件图

2. 保存文件

5.6.4 试试看

(1) 绘制开槽圆柱头螺钉 M8×20 的零件图，比例画法如图 5-45 所示。

(2) 绘制标号为 30206 的圆锥滚子轴承，其主要尺寸为：D=62mm，d=30mm，T=17.25mm，B=16mm，C=14mm，A=16mm。比例画法如图 5-46 所示。

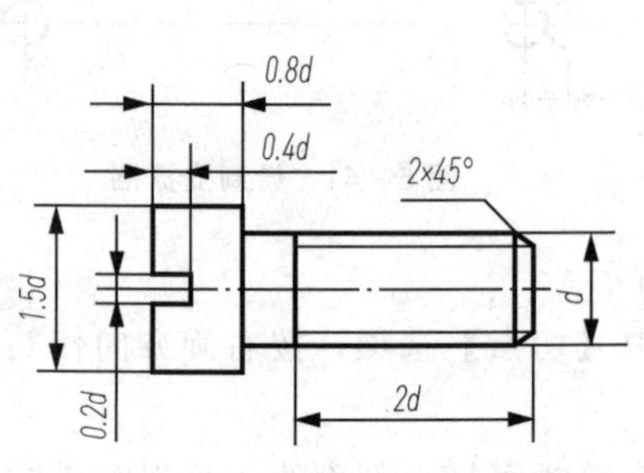

图 5-45 开槽圆柱头螺钉

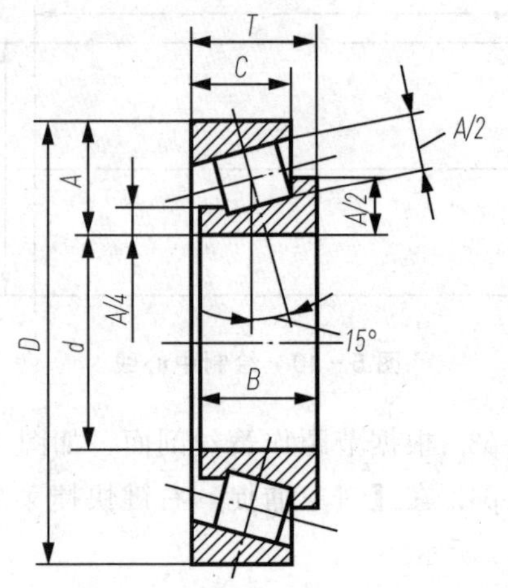

图 5-46 圆锥滚子轴承

（3）根据图 5－47 中所给出的皮带轮的视图和尺寸绘制皮带轮。

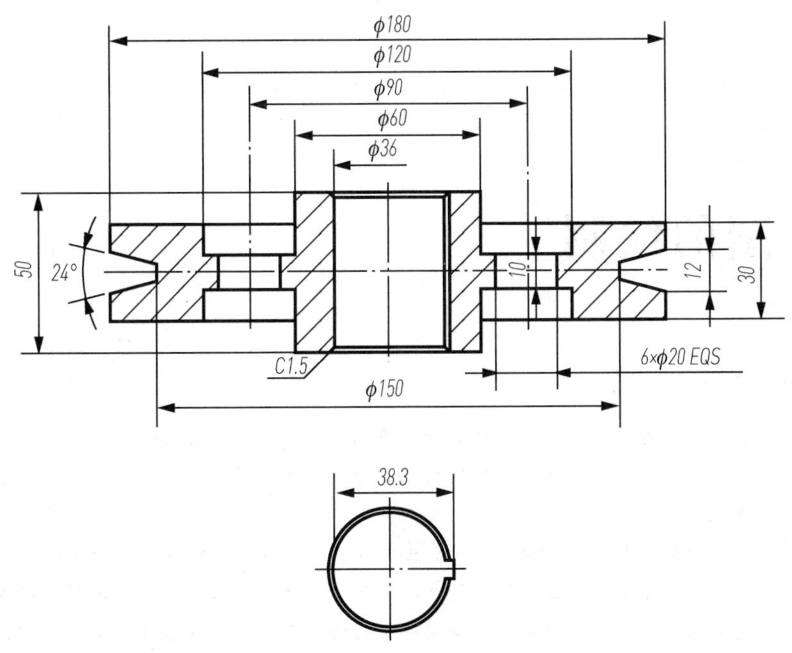

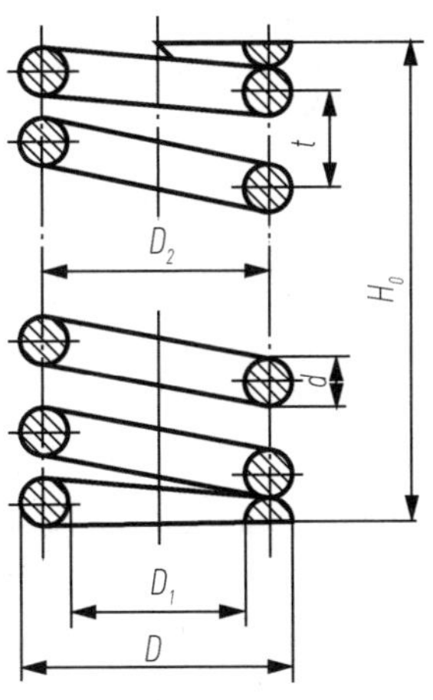

图 5－47　皮带轮

（4）绘制螺旋压缩弹簧，d=7mm，D=60mm，t=12.3mm，H_0=80mm，右旋，其零件图如图 5－48 所示。

D_2 H_0 t d D_1 D

图 5－48　压缩弹簧

学习情境 6

零件图的绘制

学习目标

零件图是制造和检验零件的主要依据，机器和部件都是由许多零件装配而成的，零件图是设计部门提交给生产部门的重要技术文件，也是进行交流的重要资料。

零件图是生产中指导制造和检验该零件的主要图样，不仅仅是把零件的内、外结构形状和大小表达清楚，还需要对零件的材料、加工、检验、测量提出必要的技术要求。零件图必须包括制造和检验零件的全部技术资料。因此，一张完整的零件图一般包括图形、尺寸、技术要求和标题栏几项内容。根据零件在结构形状、表达方法上的某些共同特点，将零件分为四大类：轴套类零件、轮盘类零件、叉架类零件、箱体类零件。

本学习情境要求学生在掌握机械制图中零件图的基本知识和绘制规范的情况下，掌握基本的零件图绘制方法。本情境知识要点包括：

1. 零件图的绘图步骤
2. 典型零件的绘制
3. 零件图的保存
4. 零件图块的制作

任务 6.1　轴套类零件的绘制

6.1.1　任务描述

每种类型的零件都有自己的特点，但绘制图形的步骤基本一样。

轴类零件的结构特点是轴的主体多数由几段直径不同的圆柱、圆锥体组成，构成阶梯状。轴上加工有键槽、螺纹、挡圈槽、倒角、退刀槽、中心孔等结构。这类零件主要在车床或磨床上加工。轴类零件主视图按加工位置选择，一般水平放置。

对于零件上的键槽、孔等结构，一般可采用局部视图、局部剖视图、移出断面和局部放大图。

6.1.2　思路分析

轴套类零件图的绘图步骤如下。

(1) 建立绘图环境。

① 设定工作区域大小，作图区域大小根据图形的大小来设置。

② 创建图层。

③ 使用绘图辅助工具，包括极轴追踪、对象捕捉等多个辅助绘图工具。

④ 根据图纸幅面大小可分别建立若干样板图，作为模板。

(2) 绘制图形。

(3) 标注图形。

(4) 填写标题栏。

(5) 保存图形。

6.1.3　设计步骤

下面以图 6-1 所示的阶梯轴为例，介绍轴类零件图的创建过程。

1. 设置绘图环境

Step1. 启动 AutoCAD 2012 后，使用前面已经创建的样板，或自己创建合适的图框。

Step2. 打开样板，确认图幅、标题栏、图层、标注样式和文字样式。

2. 创建主视图

Step1. 绘图之前，先定位，绘制中心线。将图层切换至中心线图层，确认辅助绘图工具按钮处于激活状态，在命令行输入【直线】命令(L)，绘制中心线，如图 6-2 所示。

Step2. 将图层切换至轮廓线图层，使用【直线】命令(L)，按图 6-3 所示的尺寸绘制轴轮廓线。

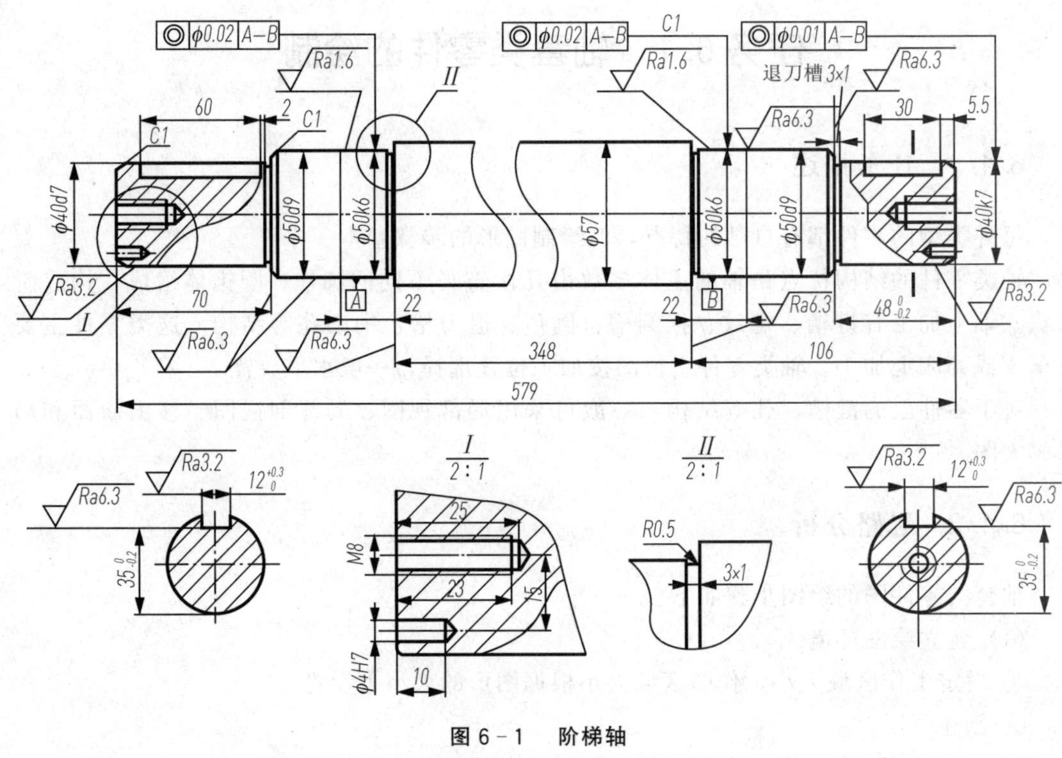

图 6 - 1　阶梯轴

图 6 - 2　绘制中心线

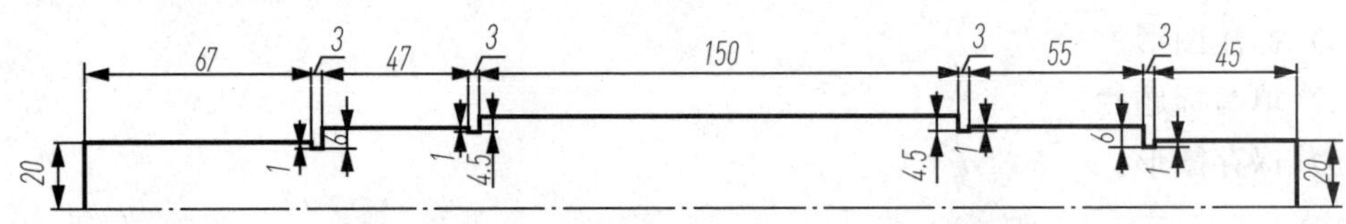

图 6 - 3　绘制轴轮廓线

Step3. 使用【延伸】命令(EX)，使垂直直线依次延伸，如图 6 - 4 所示。

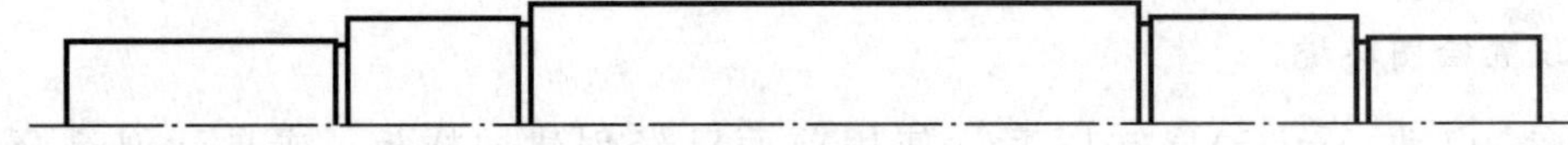

图 6 - 4　绘制延伸图形

Step4. 绘制两条细实线。使用【偏移】命令(O)，输入偏移距离值 22，按 Enter 键，选取图 6 - 5(a)所示直线 1、2，在其一侧任意位置单击，按 Enter 键结束。使用【修剪】命令(TR)修剪，将偏移的直线转移至细实线图层，如图 6 - 5(b)所示。

Step5. 使用【镜像】命令(MI)，以水平中心线作为镜像线，镜像结果如图 6 - 6 所示。

Step6. 执行【直线】命令(L)、【偏移】命令(O)，调用【修剪】命令(TR)，绘制左右两个键槽，位置和尺寸如图 6 - 7 所示。

Step7. 创建螺纹孔和端面定位孔。

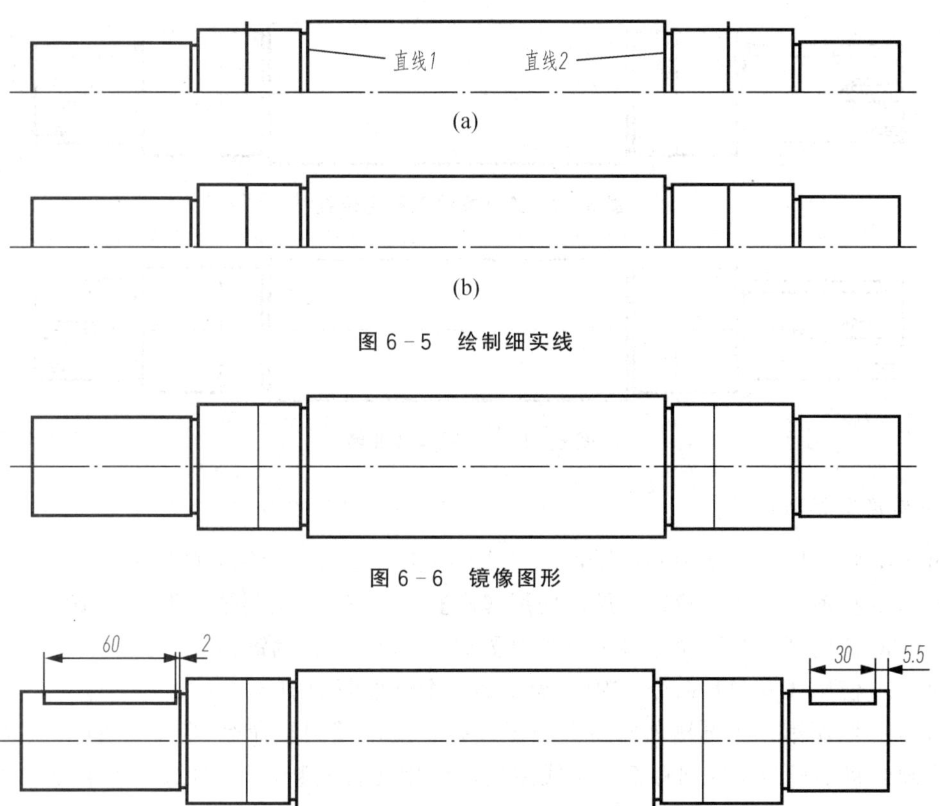

(a)

(b)

图6-5　绘制细实线

图6-6　镜像图形

图6-7　绘制键槽

(1) 使用【构造线】命令(XL)，在命令行输入字母O，按空格键(或Enter键)，输入偏移距离3并按空格键，选取水平中心线作为偏移对象；再次使用【构造线】命令(XL)，在命令行输入字母O，按空格键(或Enter键)，输入偏移距离3.5，并按空格键，选取水平中心线作为偏移对象，在中心线上、下方任意单击。同样，选最左和最右的竖直线，输入偏移距离23和25，把水平上下两条构造线转移至细实线图层。绘制结果如图6-8所示。

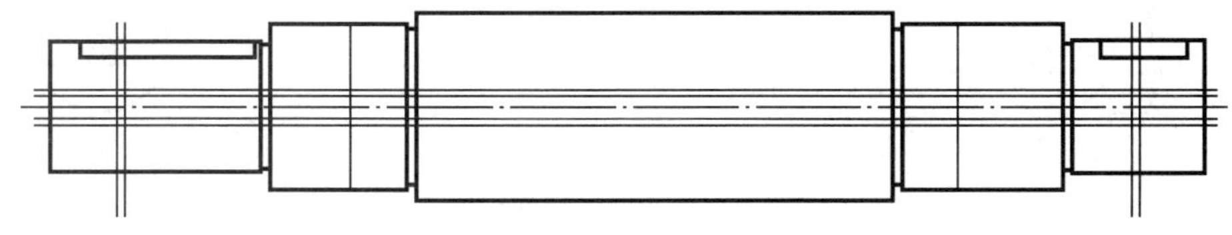

图6-8　绘制构造线

(2) 使用【修剪】命令(TR)，对创建的构造线进行修剪。

(3) 使用【直线】命令(L)，绘制端面定位孔，如图6-9所示。

Step8. 创建局部剖视图。

切换到剖面线图层，使用【样条曲线】命令(SPL)，依次选择样条曲线通过点，按Enter键结束操作。使用【修剪】命令(TR)进行修剪，如图6-10所示。

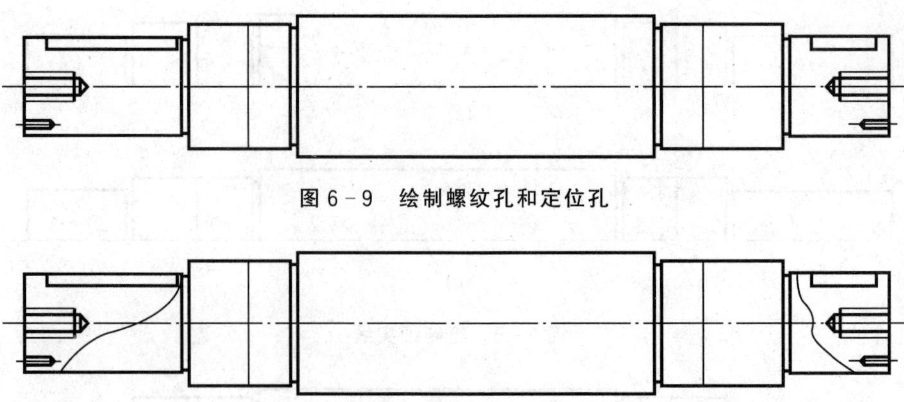

图 6-9　绘制螺纹孔和定位孔

图 6-10　绘制样条曲线

3. 创建键槽断面图

Step1. 将图层切换至中心线层，使用【直线】命令(L)，绘制中心线。

Step2. 将图层切换至轮廓线层，使用【圆】命令(C)，绘制半径为 20 的圆。

Step3. 使用【直线】命令(L)、【修剪】命令(TR)，绘制键槽。

Step4. 使用【复制】命令(CP)，绘制第二个键槽断面图。

Step5. 绘制第二个键槽断面图中的螺纹孔。使用【圆】命令(C)，绘制半径为 3、4 的两个圆。将半径为 4 的圆移至细实线图层，使用【打断】命令(BR)，将半径 4 的圆打断为圆弧，结果如图 6-11 所示。

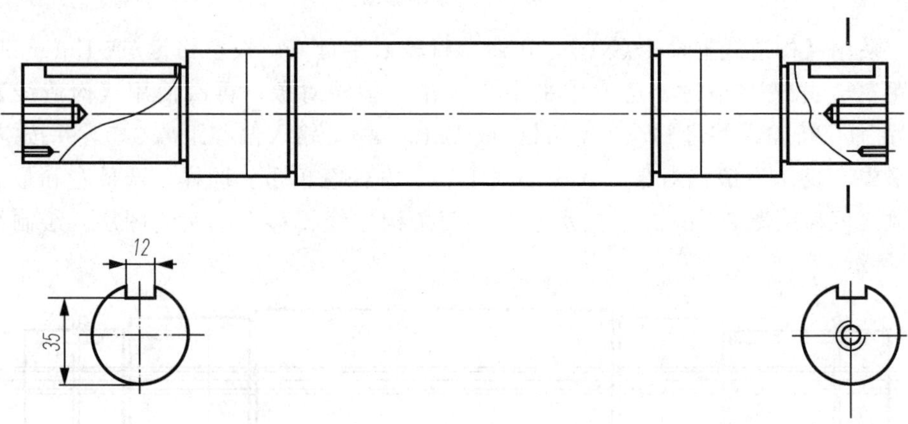

图 6-11　绘制键槽断面图

4. 创建局部放大图

将机件的部分结构用大于原图形所采用的比例画出的图形，称为局部放大图。

Step1. 使用【倒角】命令(CHA)，创建倒角距离是 1 的直倒角，倒角位置如图 6-12 所示。

Step2. 使用【倒圆角】命令(F)，创建半径为 0.5 的圆角，圆角位置如图 6-13 所示。

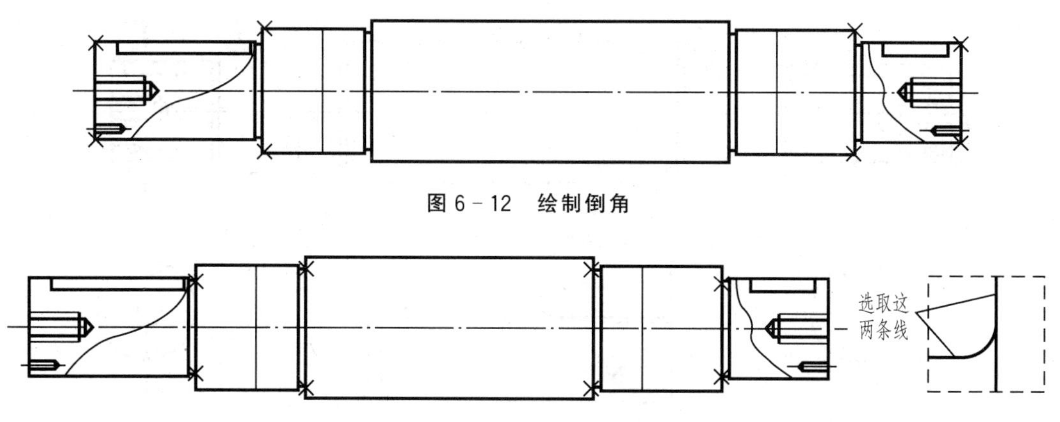

图6-12　绘制倒角

图6-13　绘制圆角

Step3. 将图层切换至细实线层，绘制图6-14所示的圆。

Step4. 将图层切换至轮廓线层，使用【复制】命令(CP)，复制放大部位的局部视图，放在合适的位置。

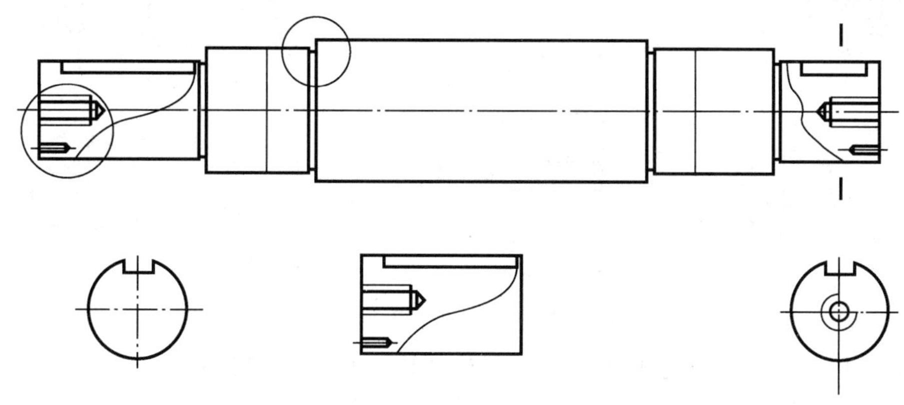

图6-14　复制局部放大结构

Step5. 使用【样条曲线】命令(SPL)、【修剪】命令(TR)，绘制出局部图形。

Step6. 使用【比例缩放】命令(SC)，比例因子输入2，结果如图6-15所示。

5. 图案填充

切换到剖面线图层，使用【图案填充】命令(H)，选择“ANSI31”图案作为填充图案，比例为2，选择指定的区域，局部放大图比例为4，创建如图6-16所示的图案填充。

6. 创建尺寸标注

Step1. 将图层切换至标注图层。

Step2. 使用【线性标注】命令(DLI)、【编辑标注】命令(DED)，进行尺寸标注。

Step3. 对于有公差的尺寸值，也可通过尺寸特性进行修改。以尺寸35为例，双击尺寸35线性标注，系统弹出【特性】对话框。在【公差】选项区域【显示公差】下拉列表中选择【极限偏差】选项，分别填写上偏差0，下偏差0.2数值，【公差文字高度】输入0.7，完成公差标注。

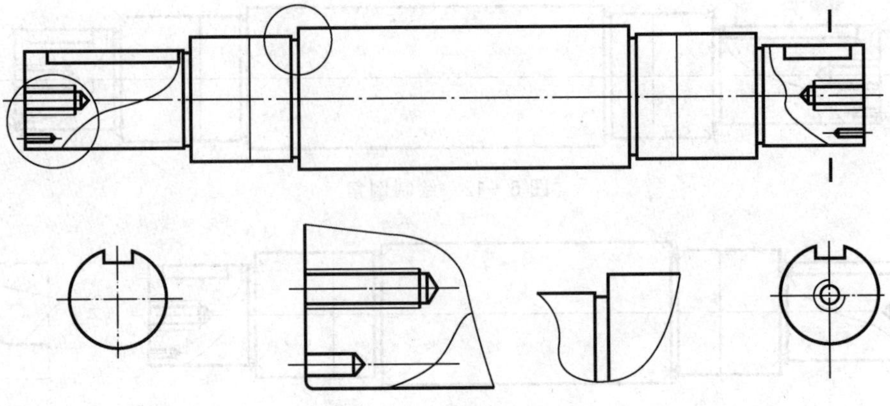

图 6－15 绘制局部放大图

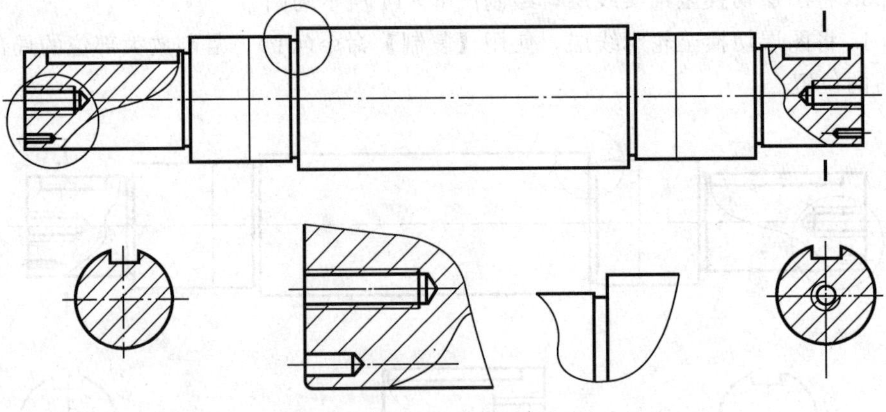

图 6－16 图案填充

Step4. 用同样的方法完成其他有公差尺寸值的标注(也可用格式刷)，如图 6－17 所示。

Step5. 执行【插入】命令(I)，将粗糙度图块插入到指定位置，结果如图 6－18 所示。

Step6. 使用【快速引线】命令(QLEADER)，按空格键，系统弹出【引线设置】对话框，选中【公差】单选按钮，选取三点确定引线的形状与放置位置，系统弹出【形位公差】对话框，设置形位公差。

Step7. 使用【多行文字】命令(MT)，创建比例说明文字。

Step8. 使用【快速引线】命令(QLEADER)，按空格键，系统弹出【引线设置】对话框，选中【多行文字】单选按钮，创建倒角标注。结果如图 6－19 所示。

7. 保存文件

选择【文件】下拉菜单，单击【另存为】命令，将图形命名为“阶梯轴 .dwg”，保存文件。

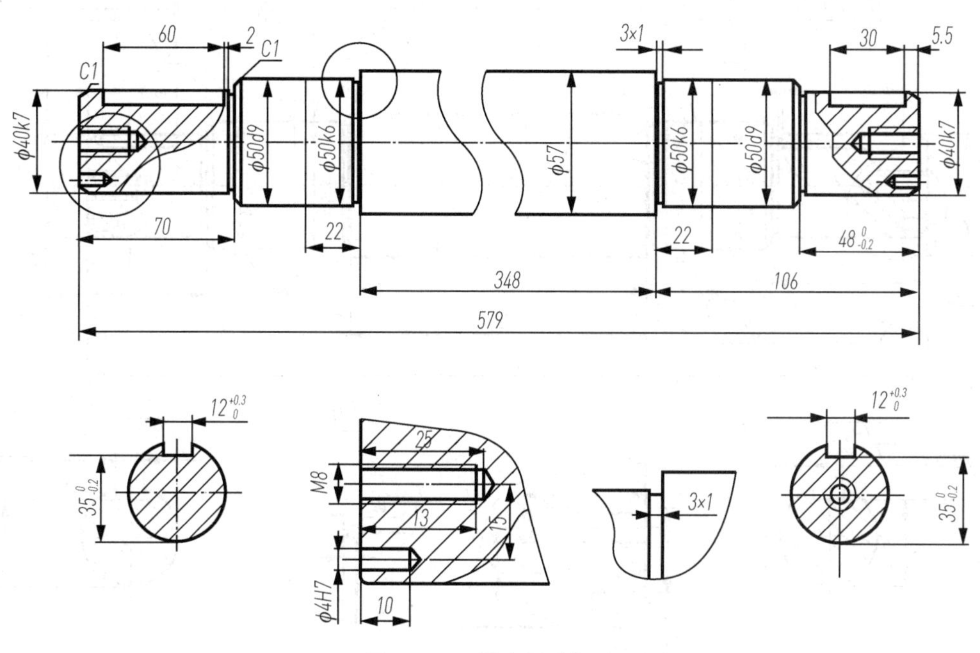

图 6－17　创建尺寸标注

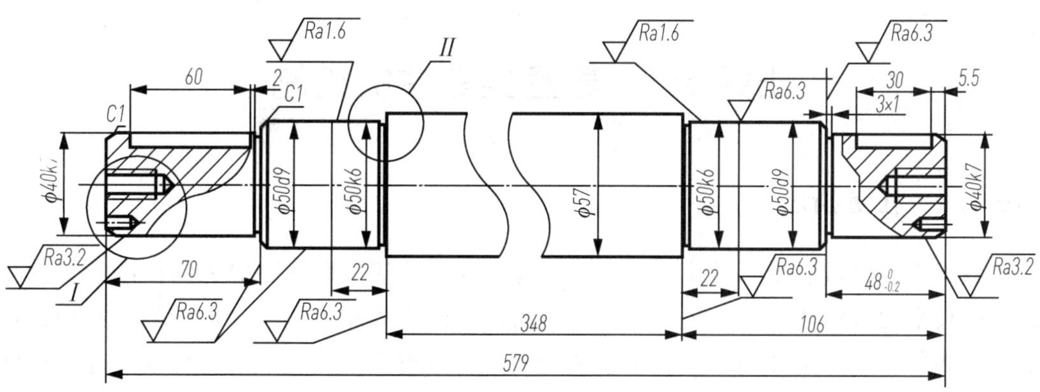

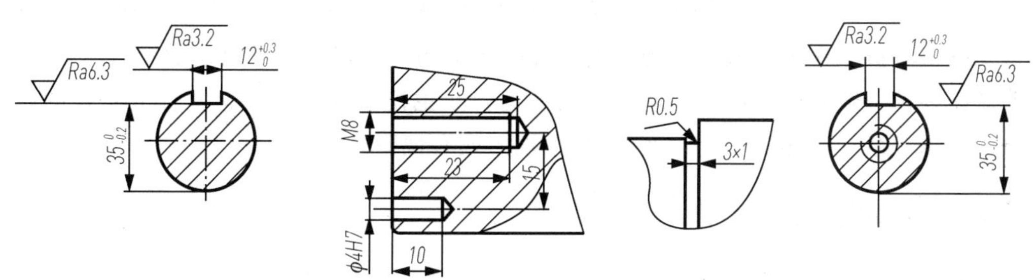

图 6－18　标注粗糙度

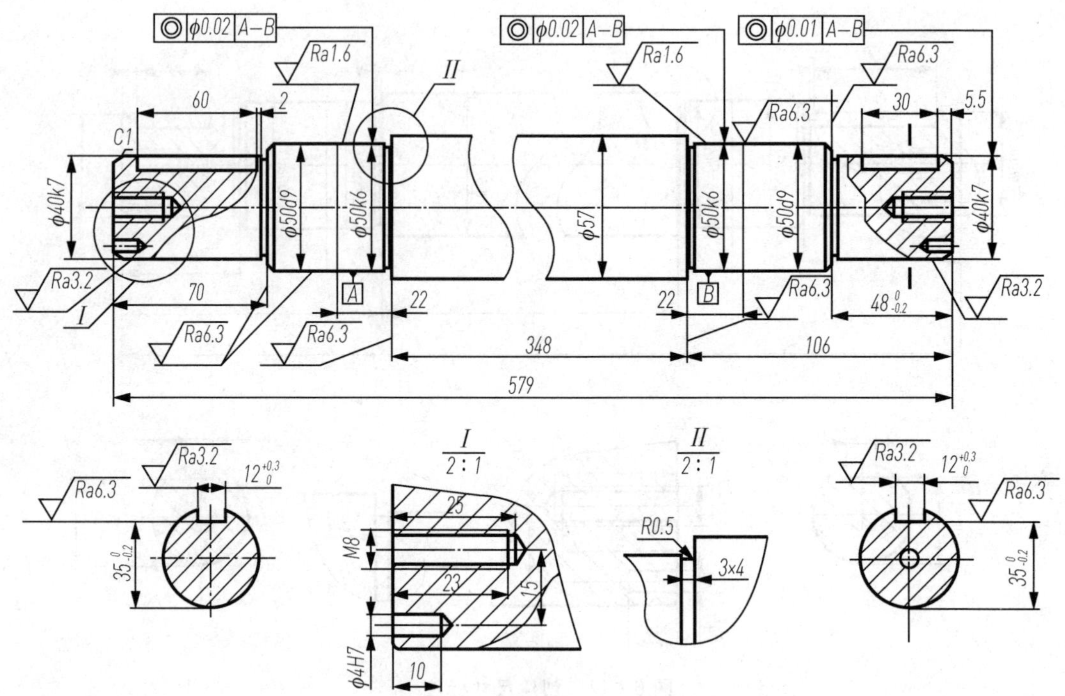

图 6－19 创建形位公差、倒角、比例说明文字标注

任务 6.2 轮盘类零件的绘制

6.2.1 任务描述

轮盘类零件包括端盖、阀盖、齿轮等，这类零件的基本形体一般为回转体或其他几何形状的扁平的盘状体，通常还带有各种形状的凸缘、均布的圆孔和肋等局部结构。轮盘类零件的作用主要是轴向定位、防尘和密封，轮盘类零件的毛坯有铸件或锻件，机械加工以车削为主，主视图一般按加工位置水平放置，但有些较复杂的盘盖因加工工序较多，主视图也可按工作位置放置。为表达零件内部结构，主视图通常取全剖视。

轮盘类零件一般需两个以上的基本视图表达，除主视图外，为表达零件上布置的孔、槽、肋、轮辐等结构，还需一个端面视图(左视图或右视图)。

6.2.2 思路分析

轮盘类零件图的绘图步骤如下。

(1) 建立绘图环境。

① 设定工作区域大小，作图区域大小根据图形的大小来设置。

② 创建图层。

③ 使用绘图辅助工具，包括极轴追踪、对象捕捉等多个辅助绘图工具。

④ 根据图纸幅面大小可分别建立若干样板图，作为模板。

（2）绘制图形。

（3）标注图形。

（4）填写标题栏。

（5）保存图形。

6.2.3　设计步骤

1. 铣刀盘零件图的创建过程

铣刀盘零件图如图 6－20 所示。

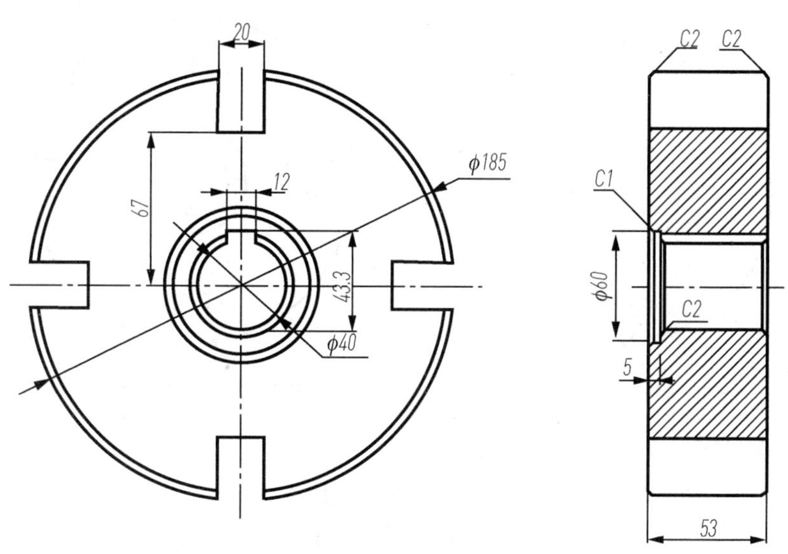

图 6－20　铣刀盘

1）选择样板文件

Step1. 选择已经创建的 A3 样板图。

Step2. 打开样板文件，确认图幅、标题栏、图层、标注样式和文字样式。

2）创建主视图

Step1. 绘图之前，先定位，绘制中心线。将图层切换至中心线图层，确认辅助绘图工具按钮处于激活状态，在命令行输入【直线】命令(L)，绘制中心线，如图 6－21 所示。

Step2. 将图层切换至轮廓线图层，使用【圆】命令(C)，绘制直径为 185、60、40 的 3 个同心圆。

Step3. 使用【偏移】命令(O)，将竖直中心线分别向左、右偏移，偏移距离为 6 和 10。将水平中心线向上偏移，偏移距离为 23.3 和 67，如图 6－22 所示。

Step4. 使用【直线】命令(L)绘制键槽和盘缘的槽，如图 6－23 所示。

Step5. 使用【修剪】命令(TR)、【删除】命令(E)、【阵列】命令(AR)绘制主视图，如图 6－24 所示。

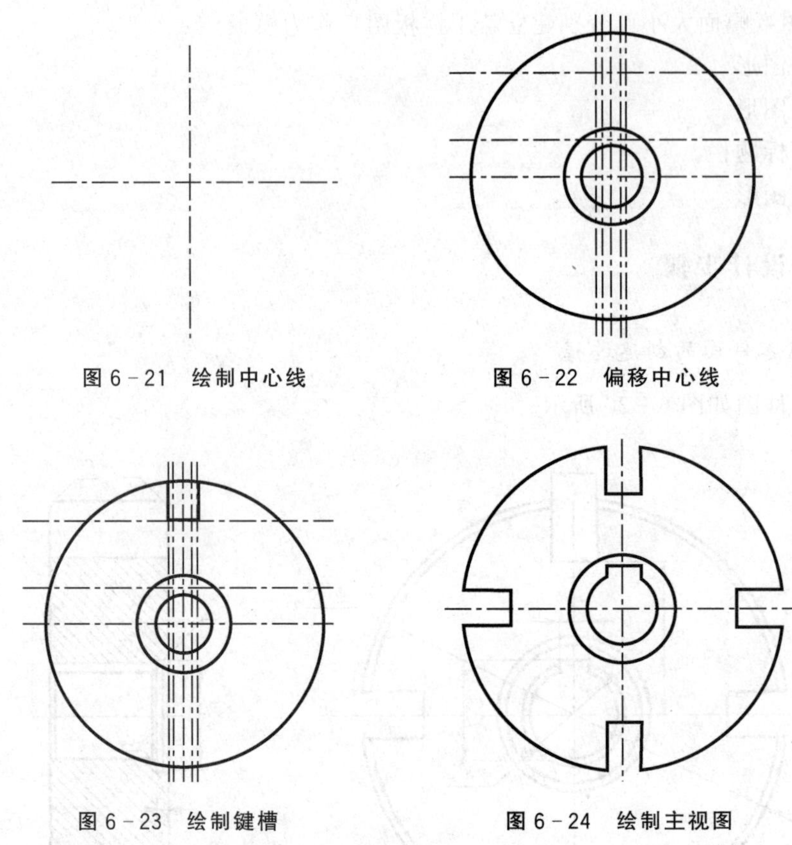

图 6-21 绘制中心线　　图 6-22 偏移中心线

图 6-23 绘制键槽　　图 6-24 绘制主视图

3）创建剖视图

Step1. 将图层切换至中心线图层，使用【直线】命令(L)绘制中心线。

Step2. 将图层切换至轮廓线图层，使用【直线】命令(L)，绘制长为 53，高与端面视图高对应的矩形。

Step3. 使用【偏移】命令(O)，将矩形最左端竖线向右偏移 5；使用【直线】命令(L)分别画出剖视图中对应孔和轮毂上键槽的位置，如图 6-25 所示。

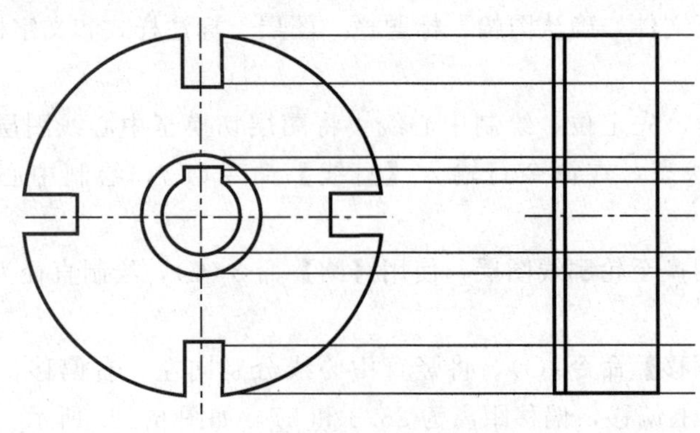

图 6-25 确定孔对应位置图

Step4. 使用【直线】命令(L)、【删除】命令(E)，绘制剖视图，如图 6-26 所示。

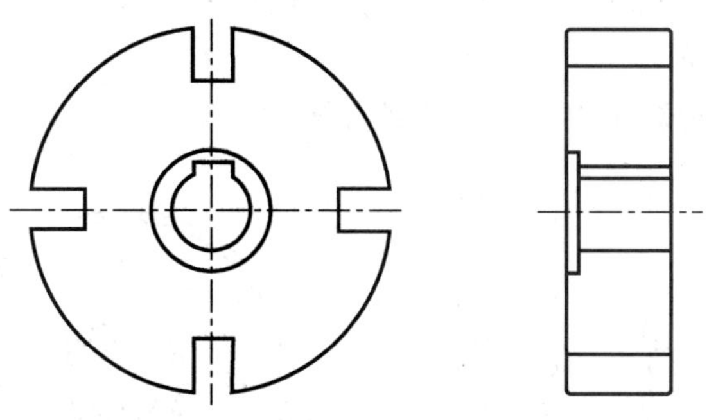

图 6－26　绘制剖视图

Step5. 使用【倒角】命令(CHA)，选择“修剪模式”，绘制倒角距离为 2、角度 45°的倒角，选取倒角的边线，如图 6－27 所示。

Step6. 使用【倒角】命令(CHA)，选择“不修剪”，绘制倒角距离为 2、角度 45°的倒角，选取倒角的边线，如图 6－28 所示。

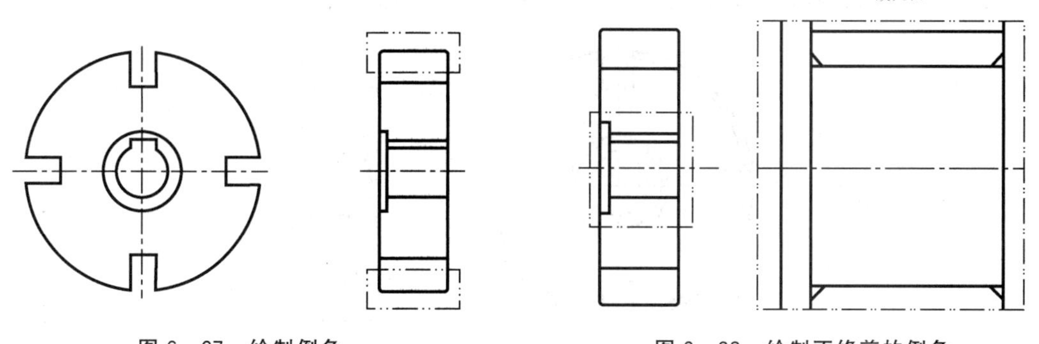

图 6－27　绘制倒角

图 6－28　绘制不修剪的倒角

Step7. 使用【倒角】命令(CHA)，选择“不修剪”，绘制倒角距离为 1、角度 45°的倒角，选取倒角的边线，如图 6－29 所示。

Step8. 使用【直线】命令(L)、【修剪】命令(TR)绘制直线，如图 6－30 所示。

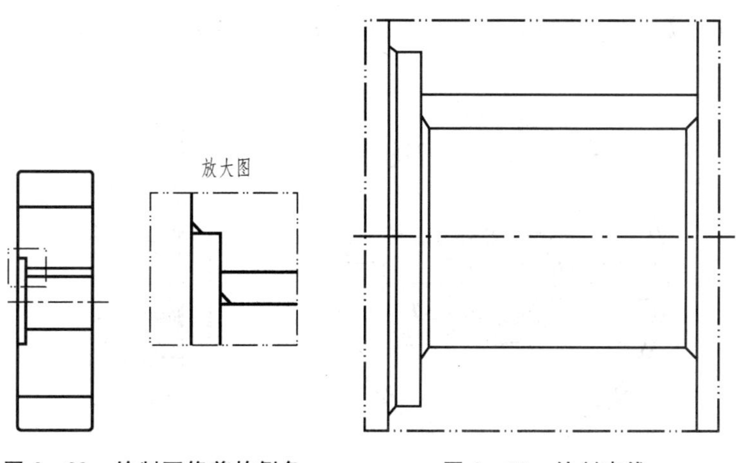

图 6－29　绘制不修剪的倒角

图 6－30　绘制直线

Step9. 使用【圆】命令(C)，以中心线交点为圆心，绘制直径为 44、62、181 的 3 个同心圆，如图 6－31 所示。

Step10. 使用【修剪】命令(TR)对圆进行修改，如图 6－32 所示。

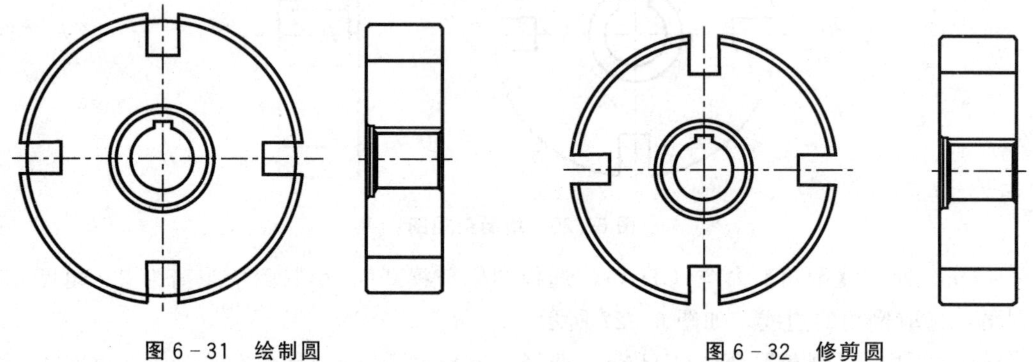

图 6－31　绘制圆　　　　图 6－32　修剪圆

4）图案填充

将图层切换至剖面线图层，使用【图案填充】命令(L)进行填充，如图 6－33 所示。

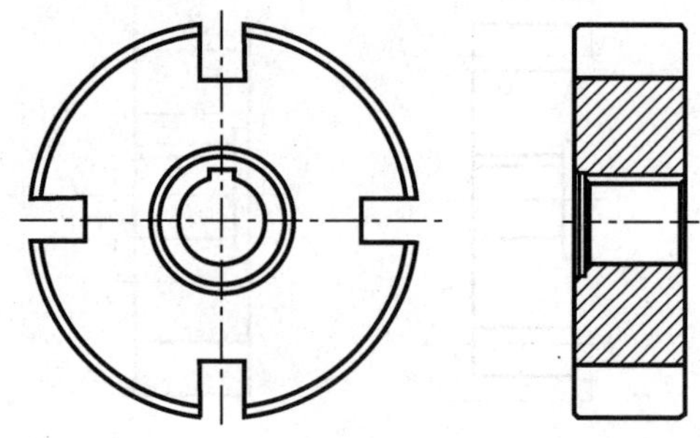

图 6－33　图案填充

5）创建尺寸标注

Step1. 将图层切换至标注图层。

Step2. 使用【线性标注】命令(DLI)、【直径标注】命令(DDI)、【编辑标注】命令(DED)、【快速引线】命令(QLEADER)进行尺寸标注，结果如图 6－34 所示。

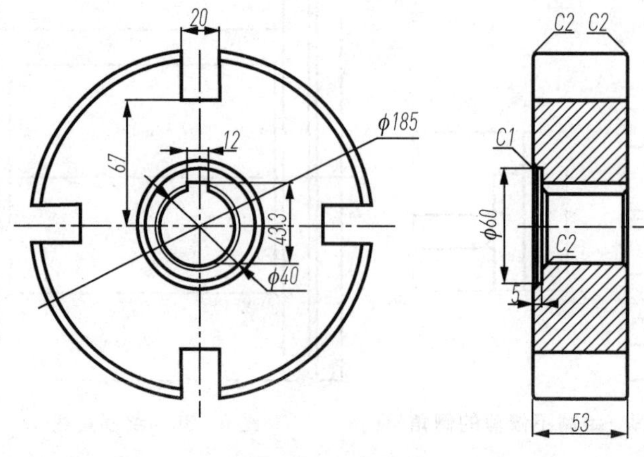

图 6－34　标注尺寸

6）保存文件

选择【文件】下拉菜单，单击【另存为】命令，将图形命名为“铣刀盘.dwg”，保存文件。

2. 压板零件图的创建过程

压板零件图如图6－35所示。

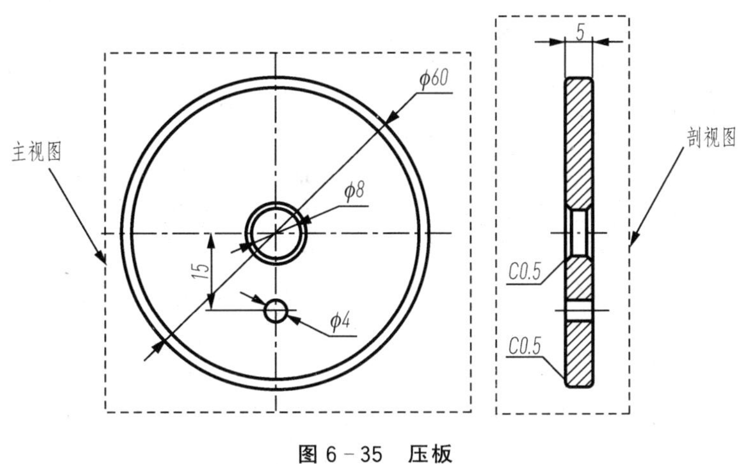

图6－35　压板

1）选择样板文件

Step1. 选择已经创建的A4样板图。

Step2. 打开样板文件，确认图幅、标题栏、图层、标注样式和文字样式。

2）创建主视图

Step1. 绘图之前，先定位，绘制中心线。将图层切换至中心线图层，确认辅助绘图工具按钮处于激活状态，在命令行输入【直线】命令(L)，绘制中心线，如图6－36所示。

Step2. 将图层切换至轮廓线图层，使用【圆】命令(C)，绘制直径为60、59、9、8、4的圆，如图6－37所示。

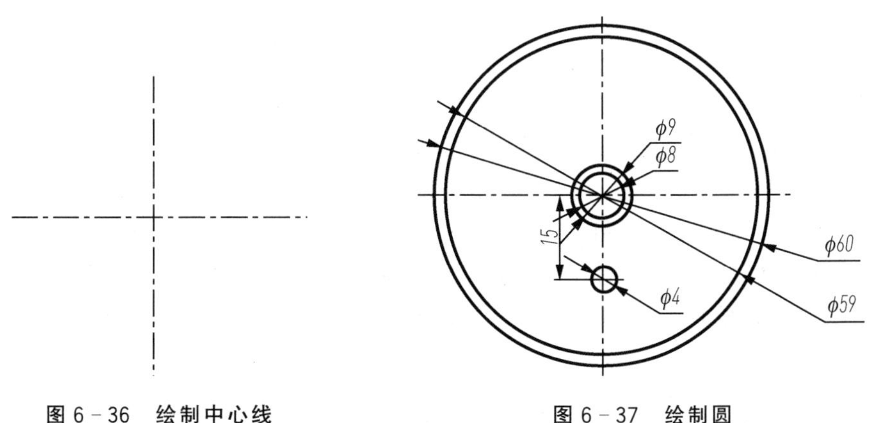

图6－36　绘制中心线　　**图6－37　绘制圆**

3）创建剖视图

Step1. 将图层切换至中心线图层，使用【直线】命令(L)绘制中心线。

Step2. 将图层切换至轮廓线图层，使用【直线】命令(L)，绘制长为 5，高为 60 的矩形。

Step3. 使用【直线】命令(L)，分别画出剖视图中对应孔的位置，如图 6－38 所示。

Step4. 使用【倒角】命令(CHA)，选择“修剪模式”，绘制倒角距离为 0.5、角度 45°的倒角，选取倒角的边线，如图 6－39 所示。

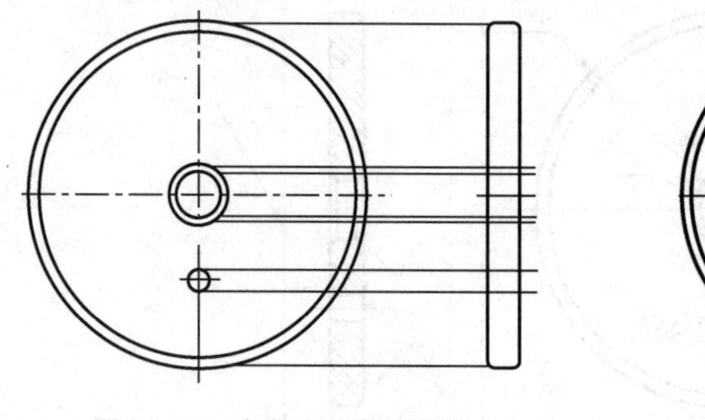

图 6－38　确定孔对应位置图

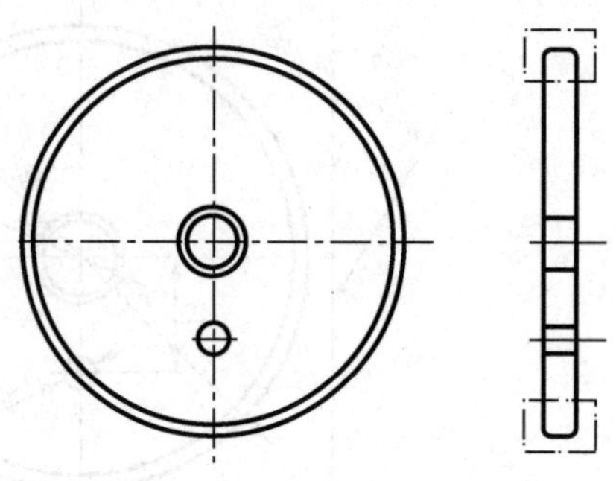

图 6－39　绘制倒角

Step5. 使用【倒角】命令(CHA)，选择“不修剪”，绘制倒角距离为 0.5、角度 45°的倒角，选取倒角的边线，如图 6－40 所示。

Step6. 使用【修剪】命令(TR)、【直线】命令(L)绘制直线，如图 6－41 所示。

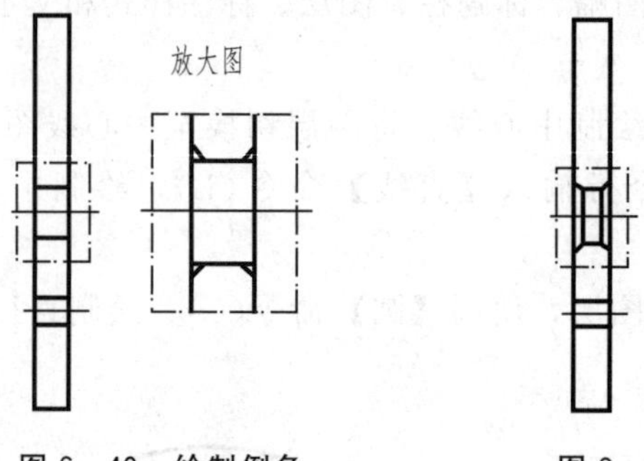

图 6－40　绘制倒角　　图 6－41　绘制直线

4）图案填充

将图层切换至剖面线图层，使用【图案填充】命令(L)进行填充，如图 6－42 所示。

5）创建尺寸标注

Step1. 将图层切换至标注图层。

Step2. 使用【线性标注】命令(DLI)、【直径标注】命令(DDI)、【快速引线】命令(QLEADER)进行尺寸标注，结果如图 6－43 所示。

6）保存文件

选择【文件】下拉菜单，单击【另存为】命令，将图形命名为“压板 .dwg”，保存文件。

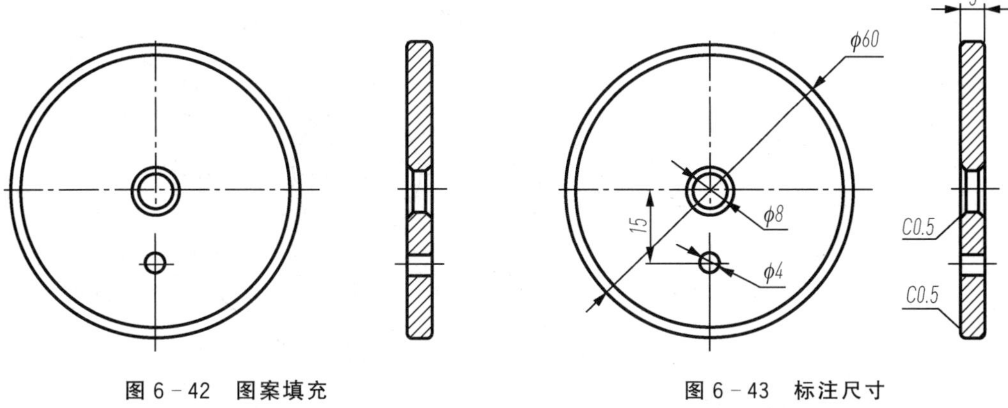

图 6 - 42　图案填充　　　　图 6 - 43　标注尺寸

3. 轴承端盖零件图的创建过程

轴承端盖零件图如图 6 - 44 所示。

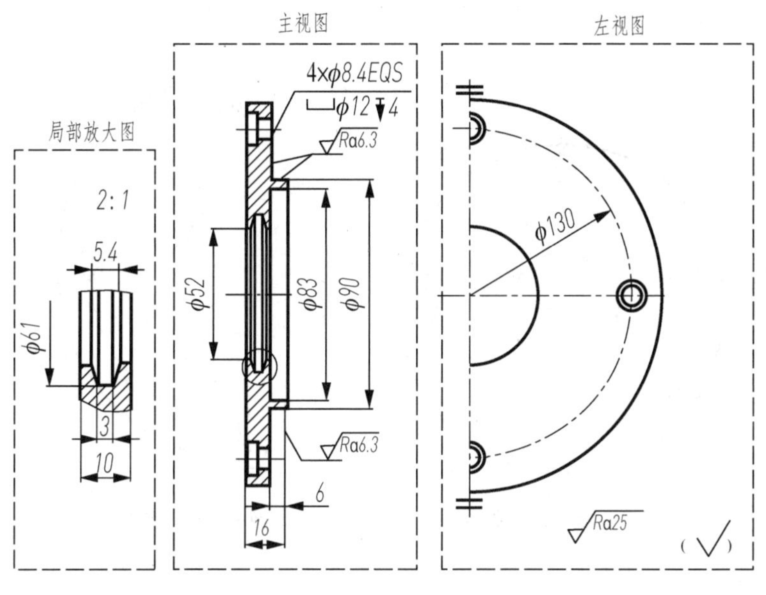

图 6 - 44　轴承端盖

1) 选择样板文件

Step1. 选择已经创建的 A3 样板图。

Step2. 打开样板文件，确认图幅、标题栏、图层、标注样式和文字样式。

2) 创建左视图

Step1. 绘图之前，先定位，绘制中心线。将图层切换至中心线图层，确认辅助绘图工具按钮处于激活状态，在命令行输入【直线】命令(L)，绘制中心线，如图 6 - 45 所示。

Step2. 将图层切换至轮廓线图层，使用【圆】命令(C)，绘制直径为 150、130、52 的圆，选中直径 130 的圆，将其移动到中心线图层，如图 6 - 46 所示。

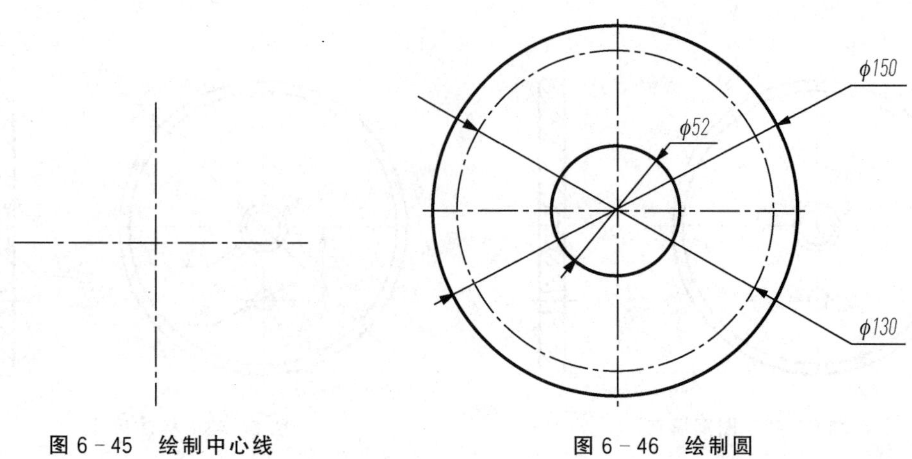

图 6-45　绘制中心线　　　　图 6-46　绘制圆

Step3. 使用【圆】命令(C)，绘制直径 12 和 8.4 的圆；使用【复制】命令(CO)绘制圆孔，如图 6-47 所示。

Step4. 使用【修剪】命令(TR)对图形进行修改，体现对称性，如图 6-48 所示。

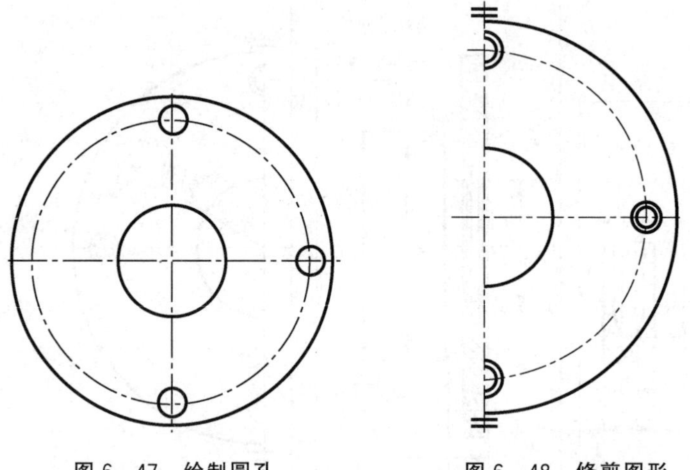

图 6-47　绘制圆孔　　　　图 6-48　修剪图形

3）创建主视图

Step1. 将图层切换至中心线图层，使用【直线】命令(L)绘制中心线。

Step2. 将图层切换至轮廓线图层，使用【直线】命令(L)、【修剪】命令(TR)绘制主视图轮廓，如图 6-49 所示。

Step3. 使用【直线】命令(L)，分别画出剖视图中对应孔的位置，如图 6-50 所示。

Step4. 使用【直线】命令(L)，绘制剖视图中的孔，如图 6-51 所示。

Step5. 使用【偏移】命令(O)，将竖线分别向左偏移 2.3、3.5、6.5 和 7.7；将中心线向上、下偏移 30.5；将偏移后的上下中心线转至轮廓线层，如图 6-52 所示

Step6. 使用【直线】命令(L)、【修剪】命令(TR)、【删除】命令(E)绘制如图 6-53 所示的结构。

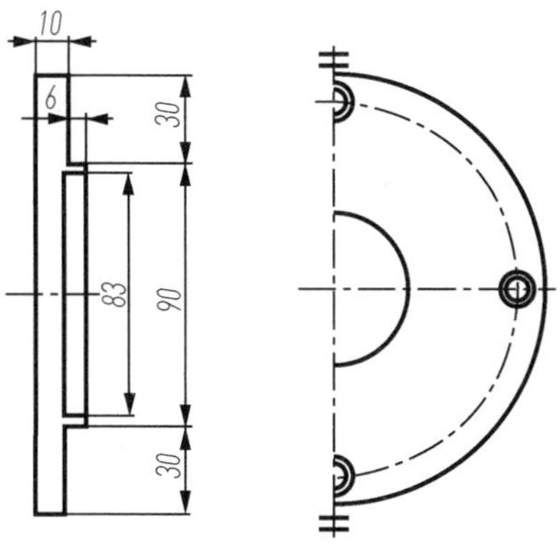

图 6－49　绘制轮廓

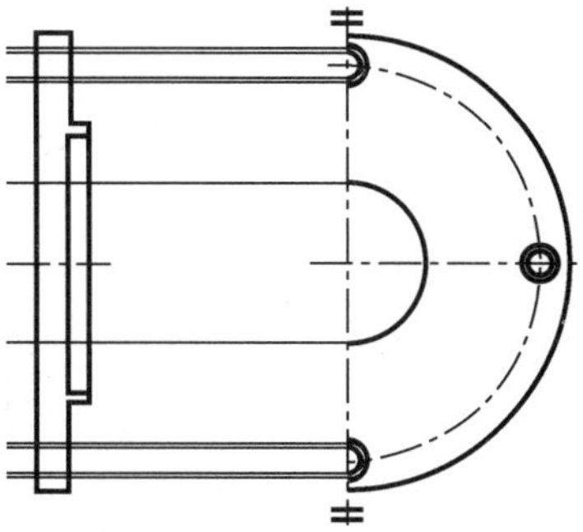

图 6－50　孔对应位置

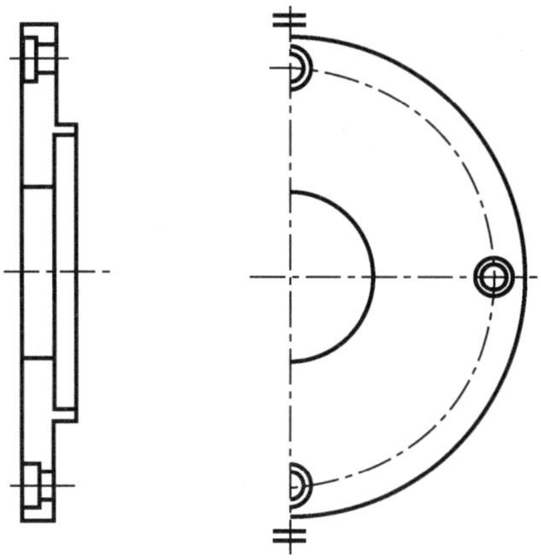

图 6－51　确定孔对应位置图

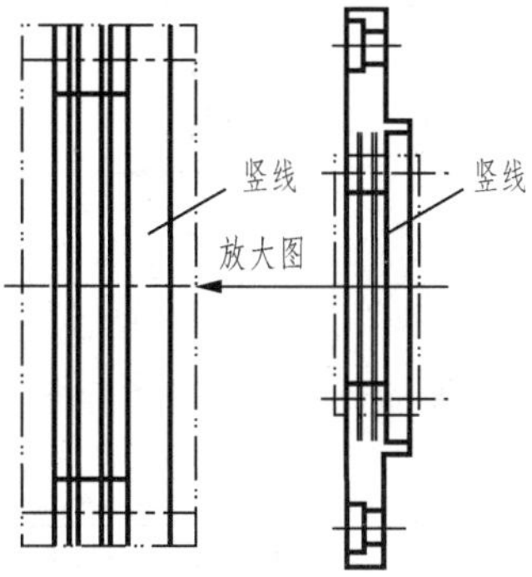

图 6－52　偏移图线

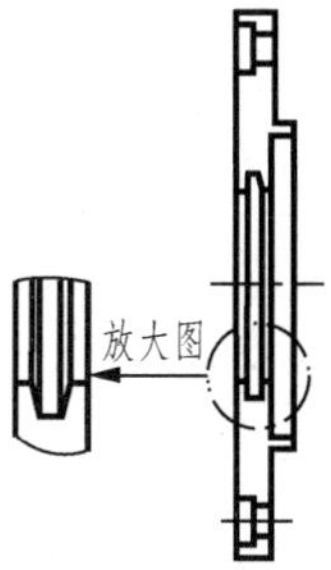

图 6－53　绘制槽

4）创建局部放大图

Step1. 使用【圆】命令(C)，在细实线图层确定放大的区域。

Step2. 使用【修剪】命令(TR)、【删除】命令(E)绘制放大区域，使用【比例缩放】命令(SC)，基点选取图上任一点，比例因子为 2，进行缩放，如图 6－54 所示。

5）图案填充

将图层切换至剖面线图层，使用【图案填充】命令(L)进行填充，如图 6－55 所示。

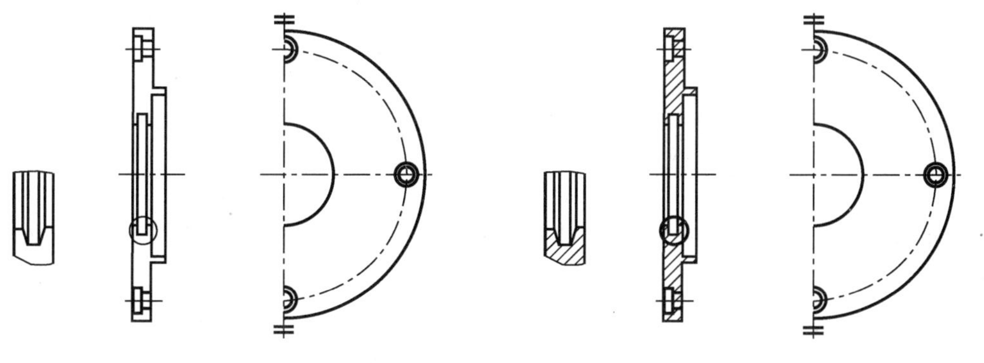

图 6－54　局部放大图　　　　图 6－55　图案填充

6）创建尺寸标注

Step1. 将图层切换至标注图层。

Step2. 使用【线性标注】命令(DLI)、【直径标注】命令(DDI)、【编辑标注】命令(DED)、【多行文字】命令(T)进行尺寸标注，结果如图 6－56 所示。

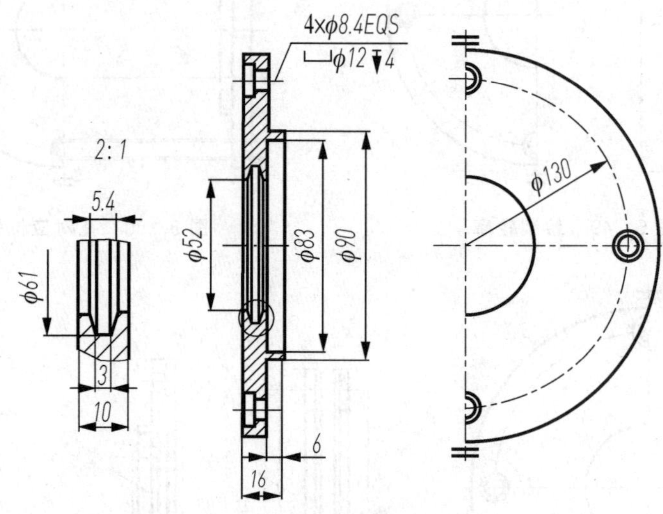

图 6－56　标注尺寸

Step3. 使用【插入块】命令(I)，标注粗糙度符号，如图 6－57 所示。

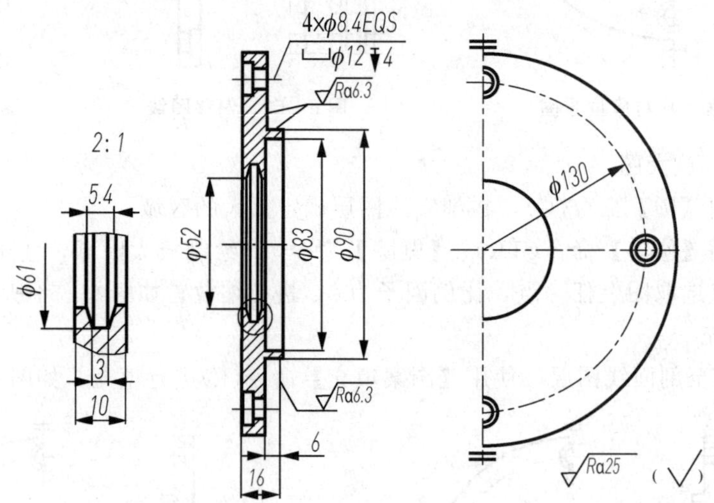

图 6－57　标注粗糙度

7）保存文件

选择【文件】下拉菜单，单击【另存为】命令，将图形命名为“轴承端盖.dwg”，保存文件。

4. 带轮零件图的创建过程

带轮零件图如图 6－58 所示。

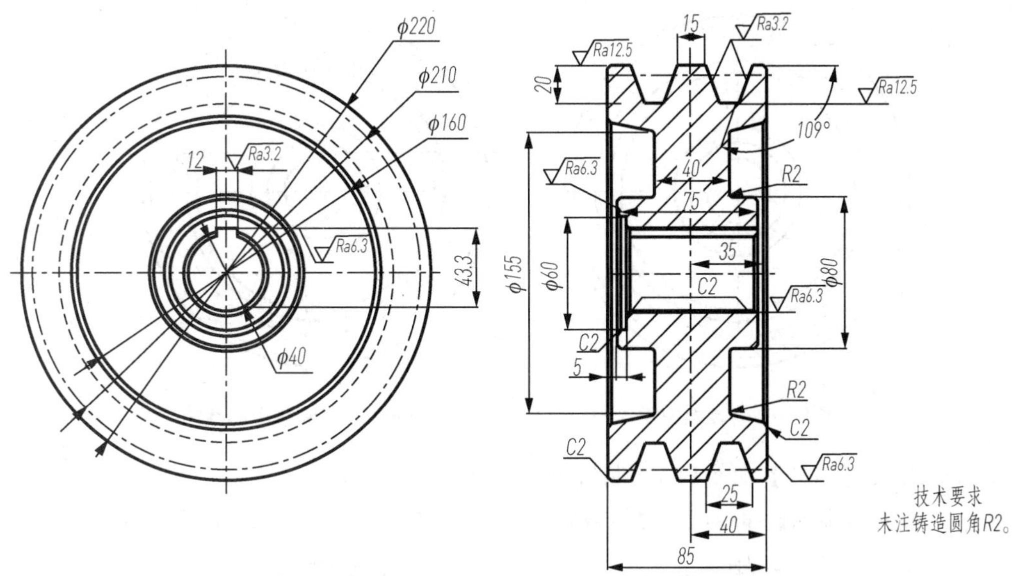

图 6 - 58　带轮

1）选择样板文件

Step1. 选择已经创建的 A3 样板图。

Step2. 打开样板文件，确认图幅、标题栏、图层、标注样式和文字样式。

2）创建主视图

Step1. 绘图之前，先定位，绘制中心线。将图层切换至中心线图层，确认辅助绘图工具按钮处于激活状态，在命令行输入【直线】命令(L)，绘制中心线，如图 6 - 59 所示。

Step2. 将图层切换至轮廓线图层，使用【圆】命令(C)，绘制直径为 40、60、80、155、160、180、210 和 220 的圆，如图 6 - 60 所示。

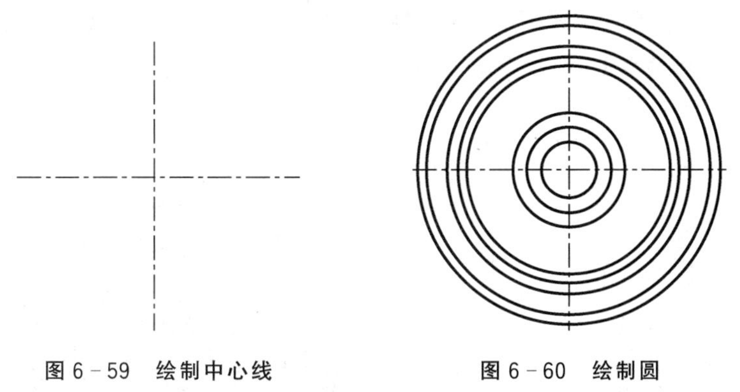

图 6 - 59　绘制中心线　　图 6 - 60　绘制圆

Step3. 将直径为 180 的圆移至虚线图层，将直径为 210 的圆移至中心线图层，如图 6 - 61 所示。

Step4. 使用【偏移】命令(O)，选中水平中心线为偏移对象，向上偏移 23.3；选中竖直中心线为偏移对象，向左、向右偏移 6，如图 6 - 62 所示。

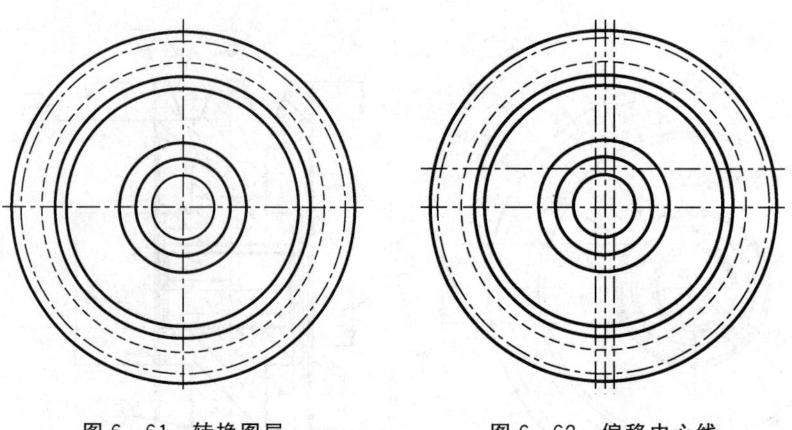

图 6-61　转换图层　　　　图 6-62　偏移中心线

Step5. 使用【直线】命令(L)绘制键槽，如图 6-63 所示。

Step6. 使用【删除】命令(E)、【修剪】命令(TR)对图形进行修剪，如图 6-64 所示。

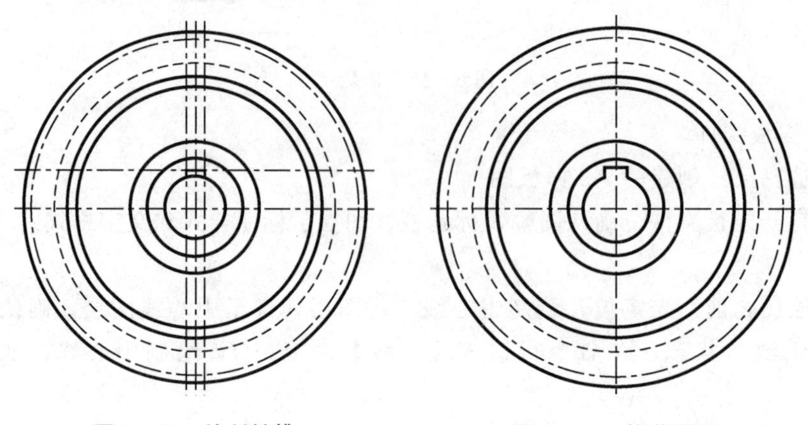

图 6-63　绘制键槽　　　　图 6-64　修剪图形

3）创建剖视图

Step1. 将图层切换至中心线图层，使用【直线】命令(L)绘制中心线，如图 6-65 所示。

Step2. 使用【构造线】命令(XL)，在命令行输入“O”并按空格键，将剖视图竖直中心线分别向左、向右偏移 20、37.5 和 40；再将剖视图的竖直中心线向左偏移 45，如图 6-66 所示。

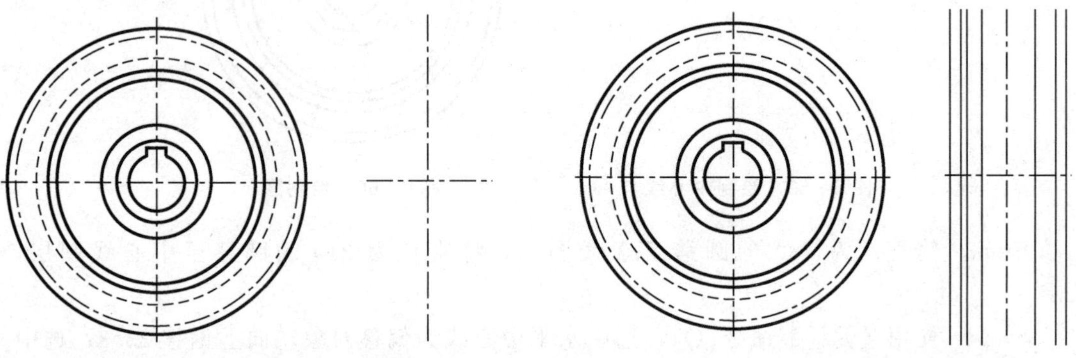

图 6-65　绘制剖视图中心线　　　　图 6-66　创建竖直构造线

Step3. 使用【构造线】命令(XL)，在命令行输入“H”并按空格键，依次捕捉如图 6－67 所示的交点，绘制水平构造线。

Step4. 使用【偏移】命令(O)，将水平剖视图水平中心线向上、下偏移 105。

Step5. 将图层切换至轮廓线图层，使用【直线】命令(L)绘制剖面图轮廓，如图 6－68 所示。

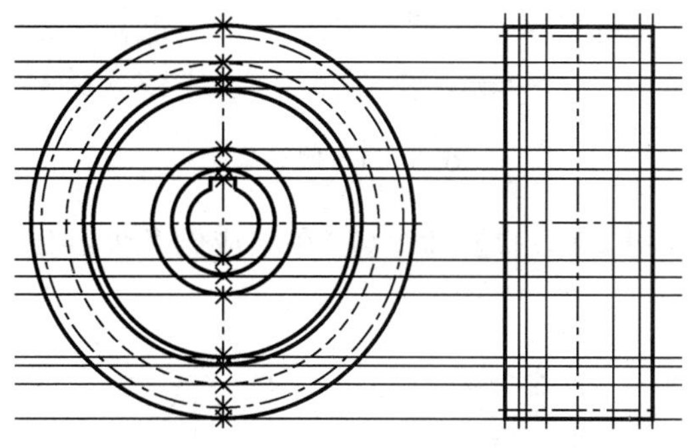

图 6－67　创建水平构造线

图 6－68　绘制轮廓图

Step6. 使用“直线”命令(L)，以图示位置 A 为起点，绘制长度 7.5 的水平线段，得到 B 点，然后输入“<109”后按空格键，移动光标至 C 点单击，按空格键结束命令。使用【镜像】命令(MI)，将 BC 线段镜像，结果如图 6－69 所示。

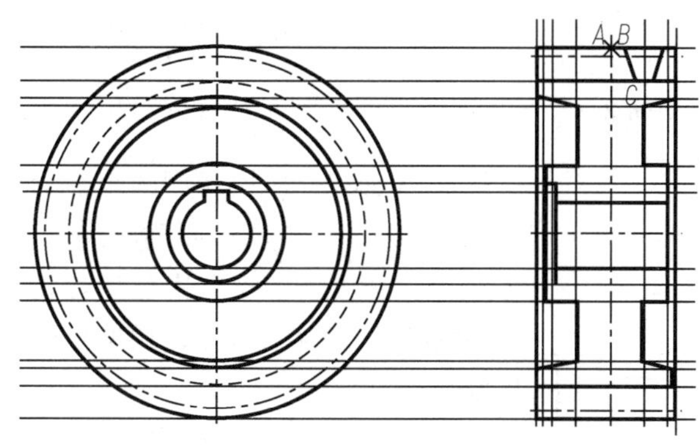

图 6－69　绘制细部轮廓

Step7. 使用【删除】命令(E)将构造线和多余线条删除；使用【修剪】命令(TR)修剪出完整的带轮轮槽；使用【镜像】命令(MI)将带轮轮槽以水平中心线为镜像线镜像，结果如图 6－70 所示。

Step8. 使用【倒角】命令(CHA)倒直角，在命令行里输入“T”，设置“修剪模式”，再输入“T”选择“修剪”，按空格键后，在命令行里输入“D”，设置倒角距离为 2、倒角角度 45°，选取要进行倒角的两条直线，结果如图 6－71 所示。

Step9. 使用【倒角】命令(CHA)倒直角，在命令行里输入“T”，设置“修剪模式”，输入“N”选择“不修剪”，按空格键后，在命令行里输入“D”，设置倒角距离为 2、倒角角度 45°，选取要进行倒角的两条直线，结果如图 6－72 所示。

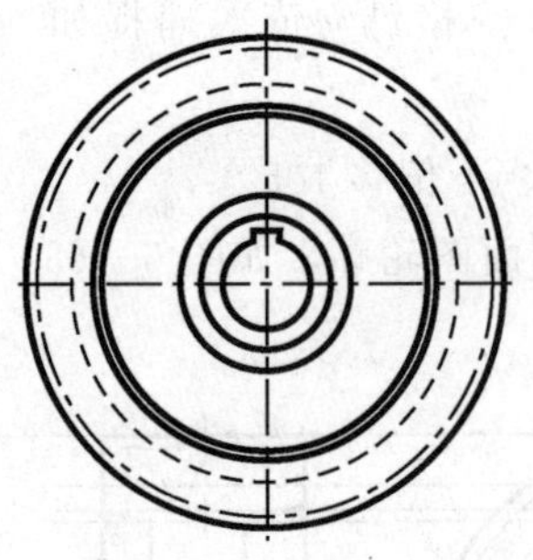
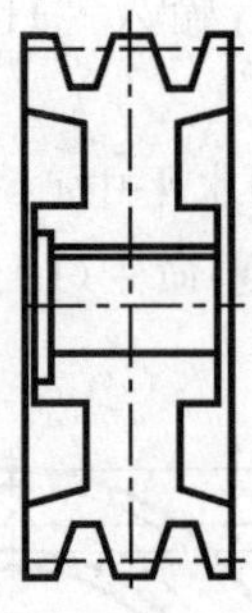

图 6-70　绘制带轮轮槽

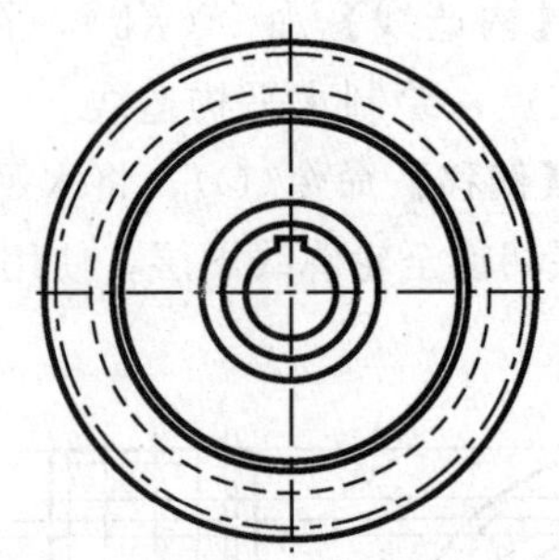
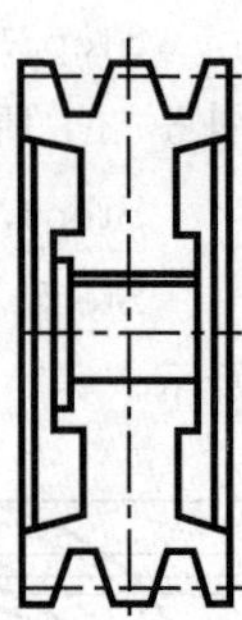

图 6-71　倒直角 1

Step10. 使用【修剪】命令(TR)修剪图形，使用【直线】命令(L)在相应倒角处绘制垂直直线，如图 6-73 所示。

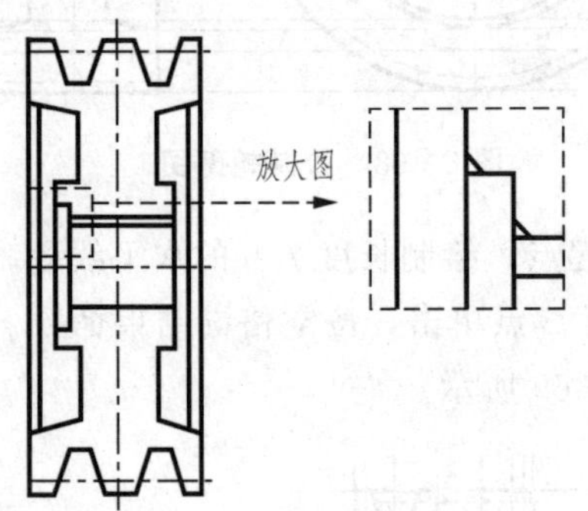

图 6-72　倒直角 2

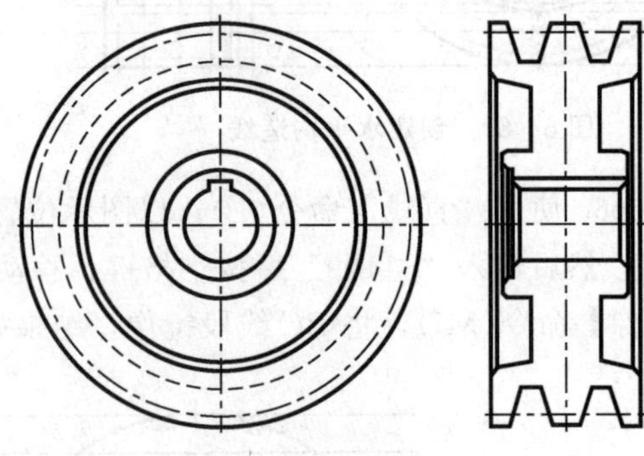

图 6-73　修剪图形

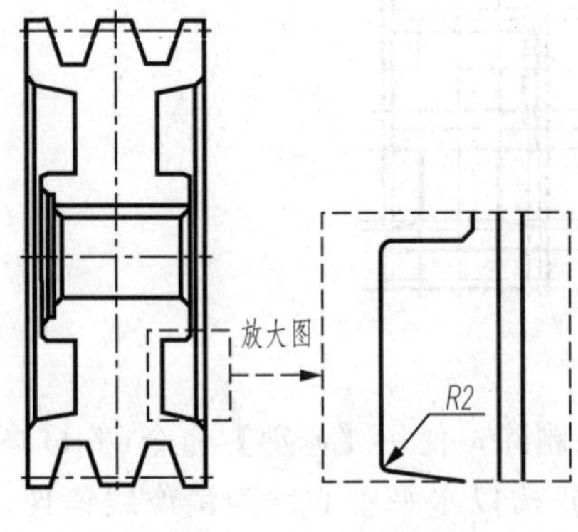

图 6-74　绘制圆角

Step11. 使用【倒圆角】命令(F)倒圆角，在命令行里输入“T”，设置“修剪模式”，再输入“T”选择“修剪”，按空格键后，在命令行里输入“R”，设置倒圆角半径为 2，选取要倒圆角的两条直线，结果如图 6-74 所示。

Step12. 使用【圆】命令(C)，绘制倒角产生的圆，直径分别为 44、64、76、164 和 216。在主视图中，由于倒圆角的因素，图中直径为 155 的圆无法再看到，所以要删除。再使用【修剪】命令(TR)对直径 44 的圆进行修剪，结果如图 6-75 所示。

4）图案填充

将图层切换至剖面线图层，对图形进行图案填充，如图 6-76 所示。

5）创建尺寸标注 、

Step1. 将图层切换至标注图层。

Step2. 使用【线性标注】命令(DLI)、【直径标注】命令(DDI)、【半径标注】命令(DRA)、【编辑标注】命令(DED)和【引线标注】命令进行尺寸标注，结果如图 6-77 所示。

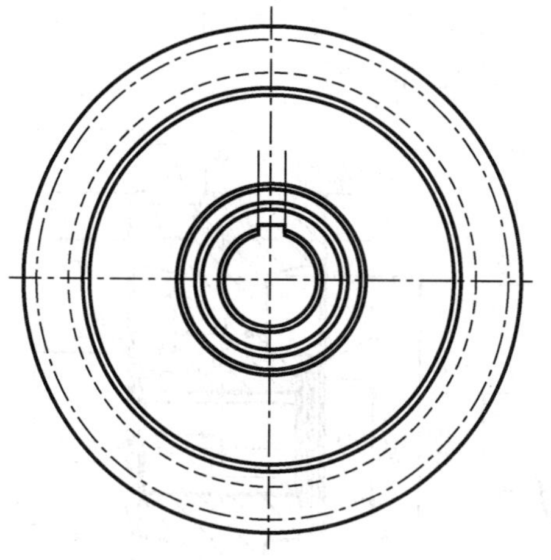

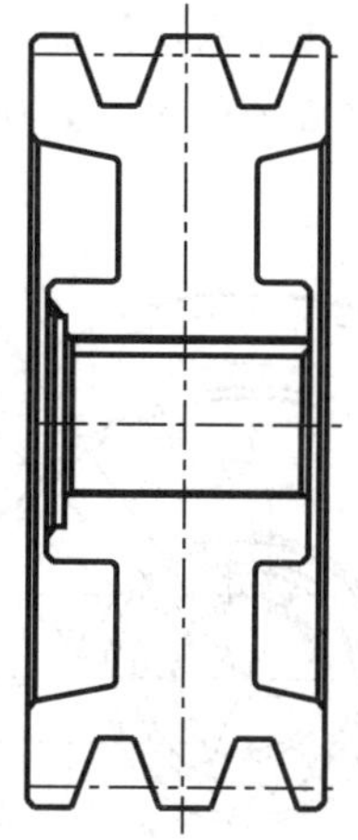

图 6－75　绘制同心圆

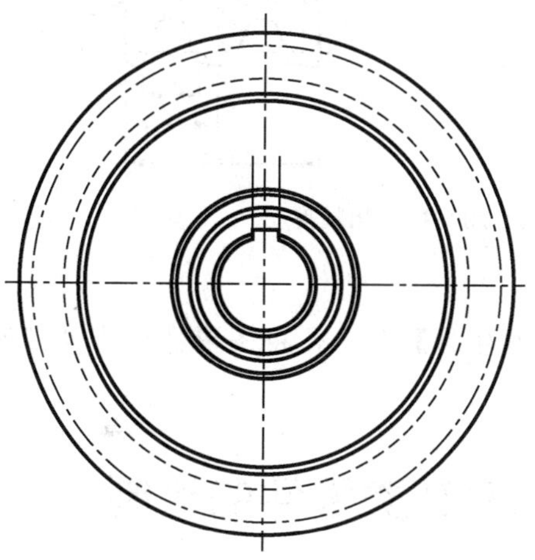

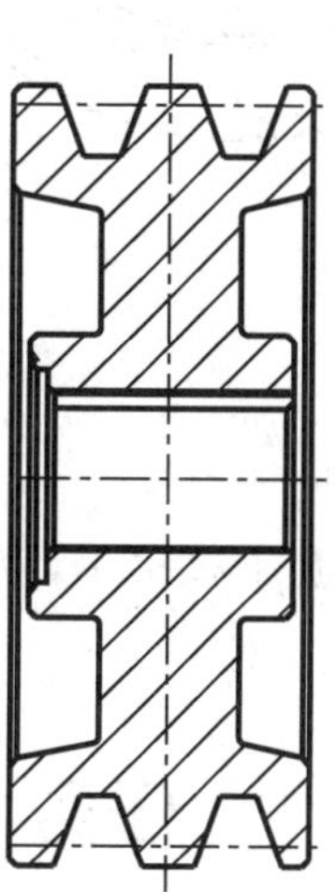

图 6－76　图案填充

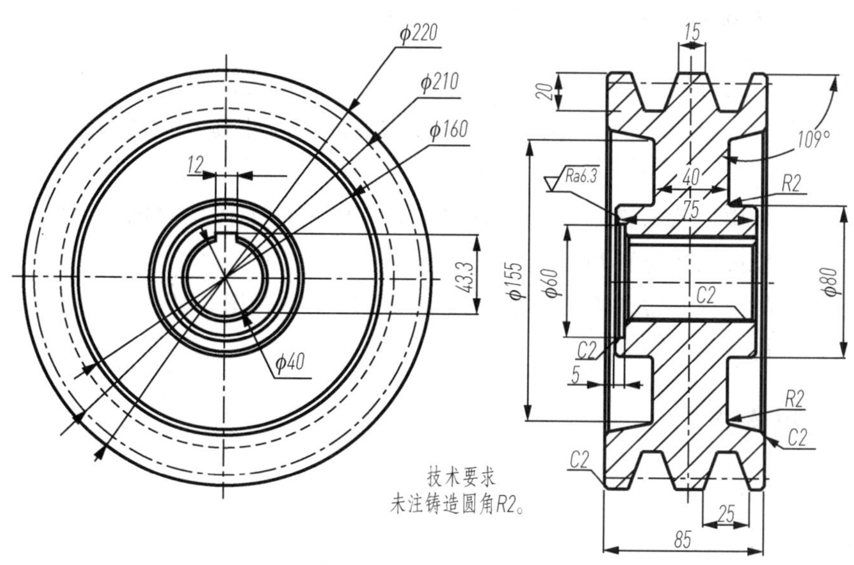

图 6－77　尺寸标注

Step3. 使用【插入块】命令(I)，标注粗糙度符号，如图 6－78 所示。

Step4. 使用【多行文字】命令(T)书写技术说明。

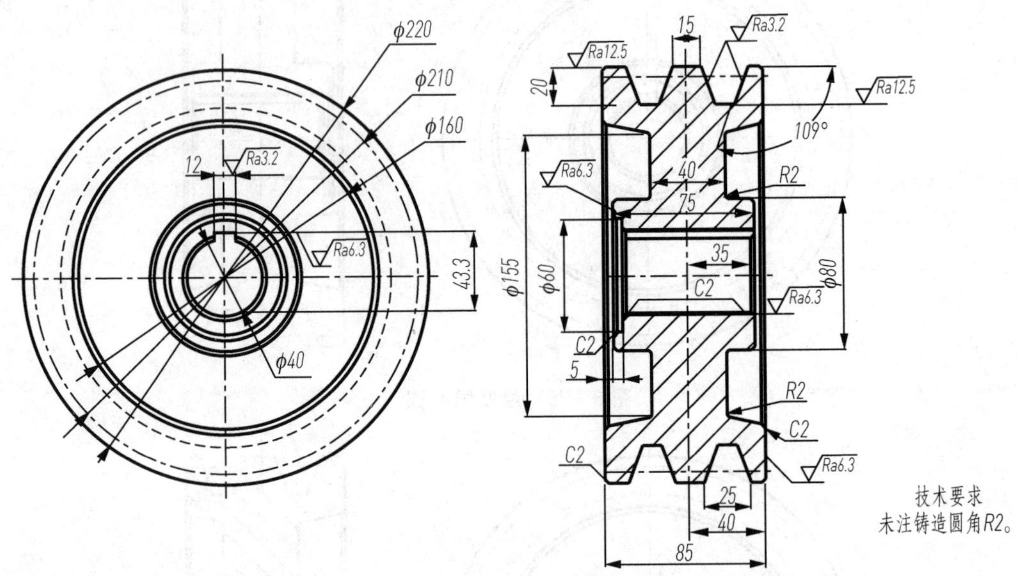

图 6－78　标注粗糙度

6）保存文件

选择【文件】下拉菜单，单击【另存为】命令，将图形命名为“带轮 .dwg”，保存文件。

任务 6.3　叉架类零件的绘制

6.3.1　任务描述

叉架类零件一般有拨叉、连杆、支座等。此类零件常用倾斜或弯曲的结构连接零件的工作部分和安装部分。叉架类零件多为铸件或锻件，因此具有铸造圆角、凸台、凹坑等常见结构。

叉架类零件结构形状复杂，加工位置多变，有的零件工作位置也不固定，所以这类零件的主视图一般按工作位置和形状特征选择。

对其他视图的选择，常常需要两个或两个以上的基本视图，还要用适当的局部视图、断面图等表达结构。

6.3.2　思路分析

叉架类零件图的绘图步骤如下。

(1）建立绘图环境。

① 设定工作区域大小，作图区域大小根据图形的大小来设置。

② 创建图层。

③ 使用绘图辅助工具，包括极轴追踪、对象捕捉等多个辅助绘图工具。

④ 根据图纸幅面大小可分别建立若干样板图，作为模板。

(2) 绘制图形。

(3) 标注图形。

(4) 填写标题栏。

(5) 保存图形。

6.3.3 设计步骤

下面以图 6－79 所示的脚踏板零件图为例，介绍其创建过程。

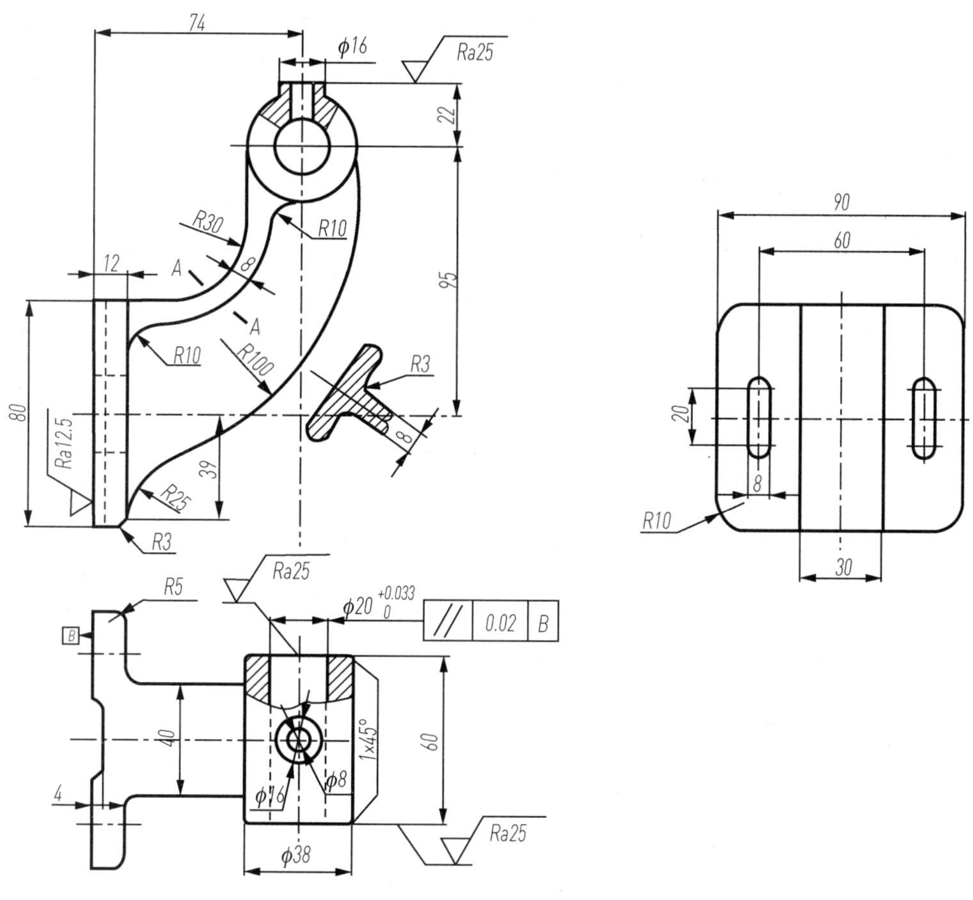

图 6－79　脚踏板

1. 选择样板文件

Step1. 选择已经创建的 A4 样板图。

Step2. 打开样板文件，确认图幅、标题栏、图层、标注样式和文字样式。

2. 创建主视图

Step1. 绘图之前，先定位，绘制中心线。将图层切换至中心线图层，确认辅助绘图工具按钮处于激活状态，在命令行输入【直线】命令(L)，绘制中心线，如图 6－80 所示。

Step2. 将图层切换至轮廓线图层，使用【圆】命令(C)绘制直径为 20、38 的圆。

Step3. 使用【偏移】命令(O)，选中水平中心线为偏移对象，向上偏移 22，向下分别偏移 55、95 和 135；选竖直中心线为偏移对象，向左分别偏移 4、8、62 和 74，向右分别偏移 4、8，如图 6－81 所示。

Step4. 使用【直线】命令(L)绘制外形，如图 6－82 所示。

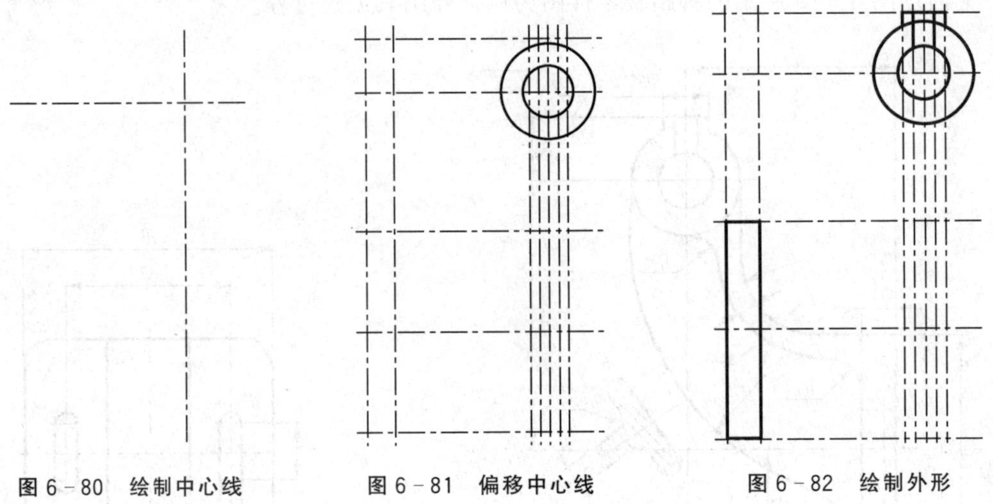

图 6－80　绘制中心线　　图 6－81　偏移中心线　　图 6－82　绘制外形

Step5. 使用【直线】命令(L)，通过矩形端点绘制一段直线，再使用【圆】命令(C)，选择"相切、相切、半径"，绘制半径 30 的圆，如图 6－83 所示。

Step6. 使用【修剪】命令(TR)，对图形进行修改，如图 6－84 所示。

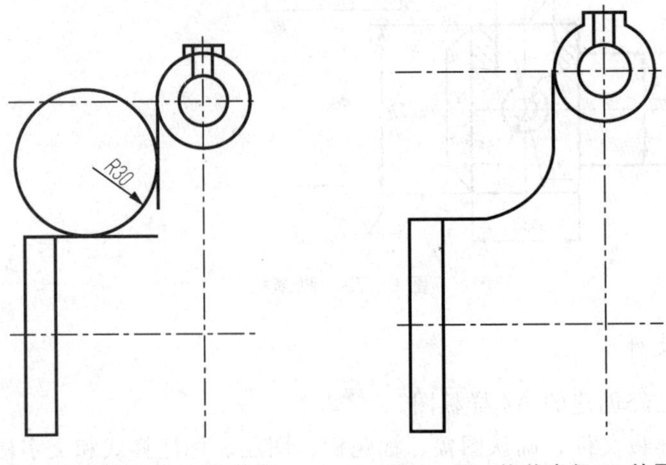

图 6－83　绘制半径 30 的圆　　图 6－84　修剪半径 30 的圆

Step7. 执行【修改】|【对象】|【多段线】命令，将刚绘制的线段转换为多段线；使

用【偏移】命令(O)将其向右偏移 8mm；使用【圆角】命令(F)，进行半径为 10 的圆角处理，使用【修剪】命令(TR)对图形进行修改，如图 6－85 所示。

Step8. 使用【偏移】命令(O)，将直线 1 向下偏移距离 14mm；使用【圆】命令(C)，选择“相切、相切、半径”，绘制半径为 25 和 100 的圆，使用【修剪】命令(TR)对图形进行修改，如图 6－86 所示。

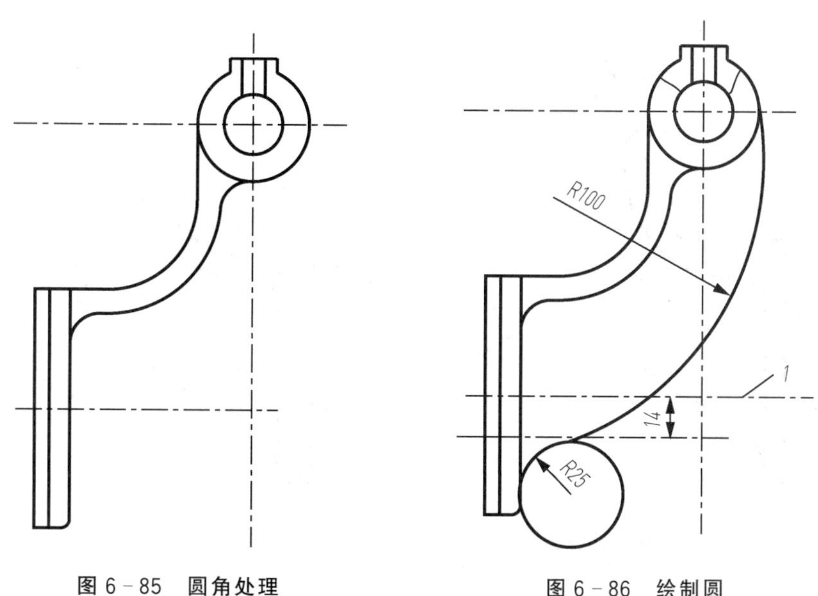

图 6－85　圆角处理

图 6－86　绘制圆

Step9. 将图层切换至轮廓线层，使用【直线】命令(L)，绘制剖切符号 A—A；沿着剖切符号位置绘制两条互相垂直的直线，并使用【偏移】命令(O)进行偏移；再使用【直线】命令(L)绘制移出断面图，如图 6－87 所示。

Step10. 将图层切换至细实线层，使用【样条曲线】命令(SPL)，绘制局部剖区域，如图 6－88 所示。

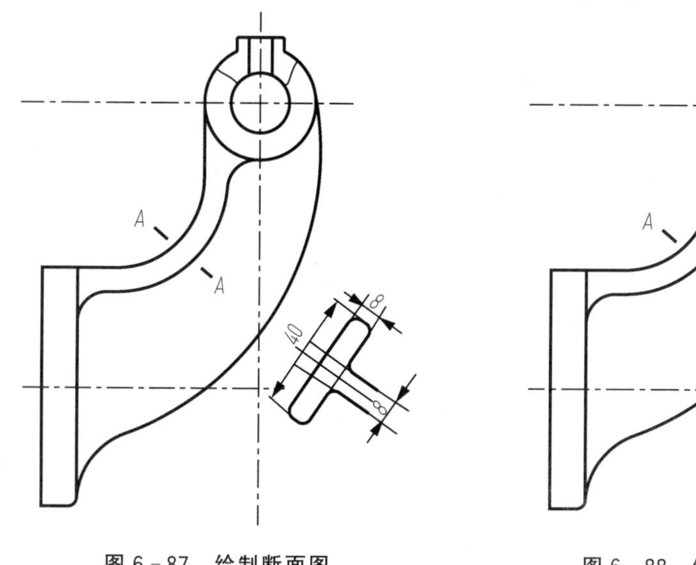

图 6－87　绘制断面图

图 6－88　绘制样条曲线

Step11. 将图层切换至轮廓线层，使用【圆角】命令(F)，进行半径为 3 的圆角处理。

Step12. 使用【偏移】命令(O)，将直线 1 向上、向下偏移 14mm；最左端直线向右偏移 4mm，如图 6－89 所示。

Step13. 使用【修剪】命令(TR)、【删除】命令(E)进行修改，将槽的线型转换至虚线层，如图 6－90 所示。

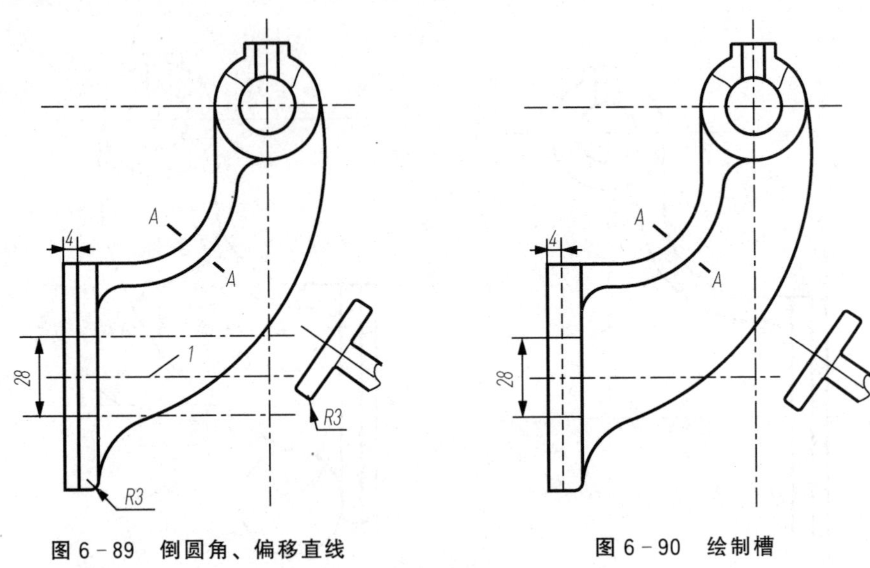

图 6－89　倒圆角、偏移直线　　　图 6－90　绘制槽

3. 创建局部视图

Step1. 使用【复制】命令(CO)，将主视图的中心线复制到右侧，如图 6－91 所示。

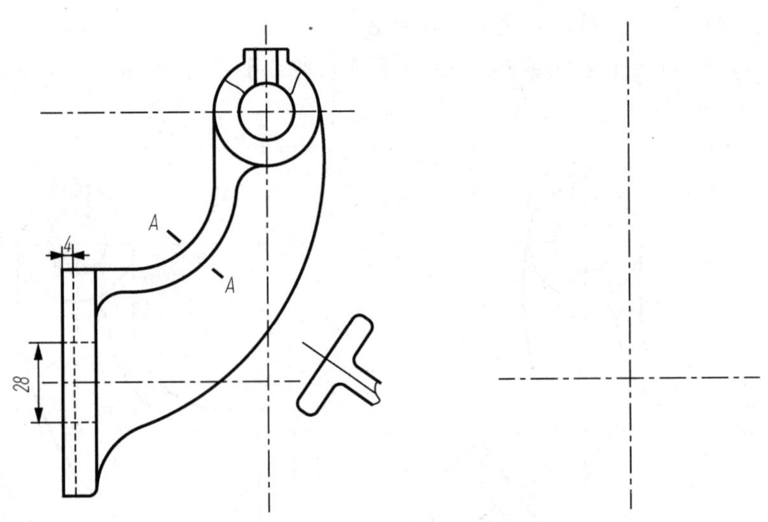

图 6－91　局部视图中心线

Step2. 使用【矩形】命令(REC)绘制一个圆角半径为 10mm 的 90mm×80mm 的矩形，如图 6－92 所示。

Step3. 使用【偏移】命令(O)，将水平中心线向上、向下偏移 10mm；将竖直中心线

向左、向右偏移 15、30mm。

Step4. 使用【直线】命令(L)、【圆】命令(C)、【修剪】命令(TR)和【删除】命令(E)绘制两个腰形槽，如图 6-93 所示。

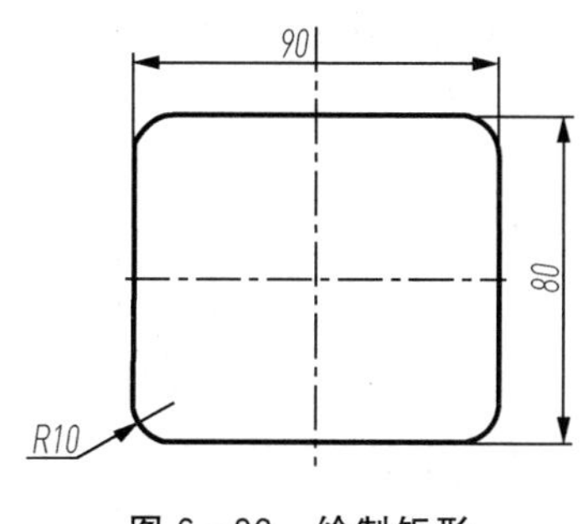

图 6-92　绘制矩形

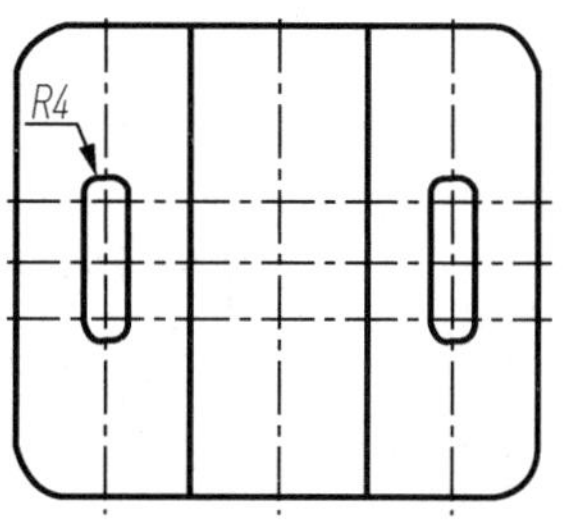

图 6-93　绘制腰形槽

4. 创建俯视图

Step1. 使用【直线】命令(L)绘制中心线，如图 6-94 所示。

Step2. 使用【偏移】命令(O)，对中心线进行偏移，偏移距离如图 6-95 所示。

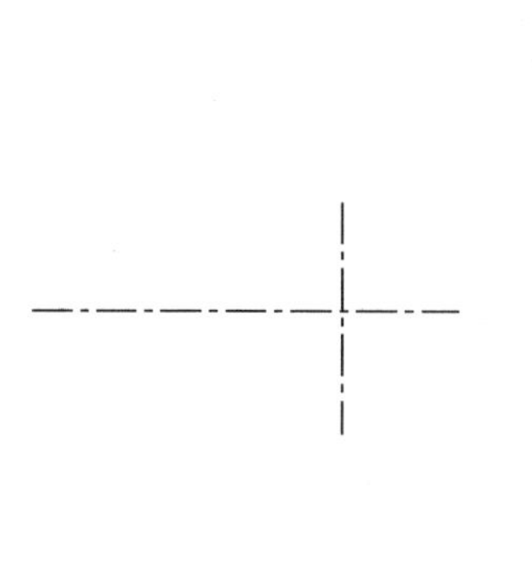

图 6-94　绘制中心线

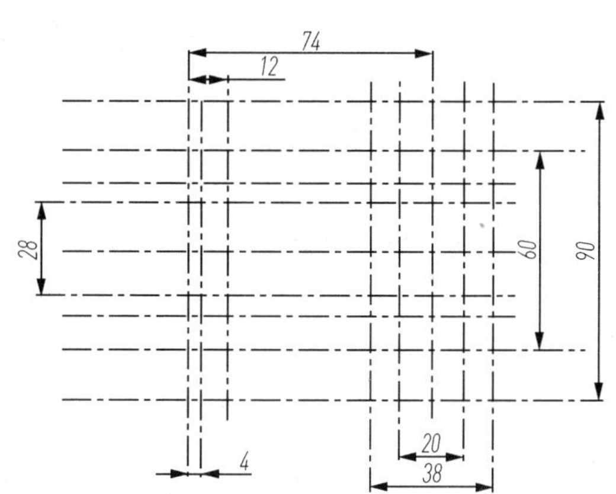

图 6-95　偏移中心线

Step3. 使用【直线】命令(L)，绘制轮廓，如图 6-96 所示。

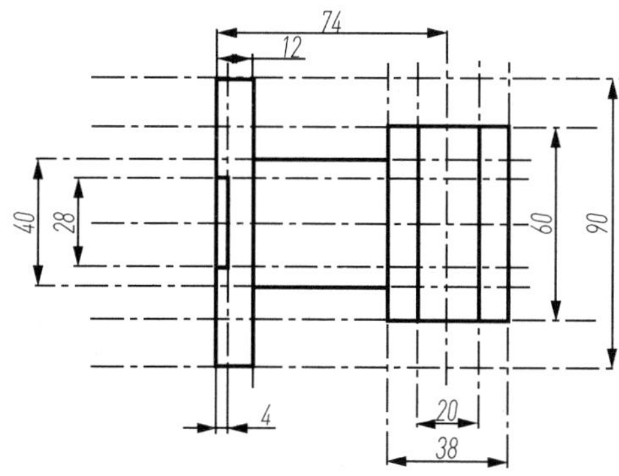

图 6-96　绘制俯视图轮廓线

Step4. 使用【样条曲线】命令(SPL)绘制局部剖位置；使用【圆】命令(C)绘制直径为 8 和 16 的圆，使用【删除】命令(E)删除多余线条。把样条曲线转至细实线层，如图 6－97 所示。

Step5. 使用【圆角】命令(F)，进行半径为 3mm 和 5mm 的倒圆角处理；使用【倒角】命令(CHA)，按照 1×45°的倒角处理，如图 6－98 所示。

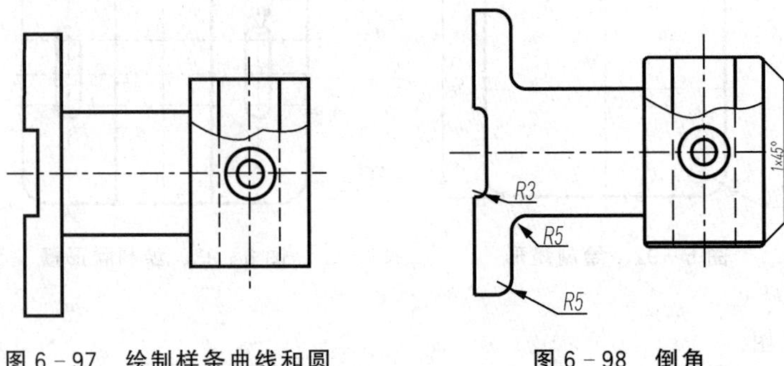

图 6－97 绘制样条曲线和圆　　图 6－98 倒角

5. 图案填充

把图层切换至剖面线图层，使用【填充】命令(H)进行图案填充，如图 6－99 所示。

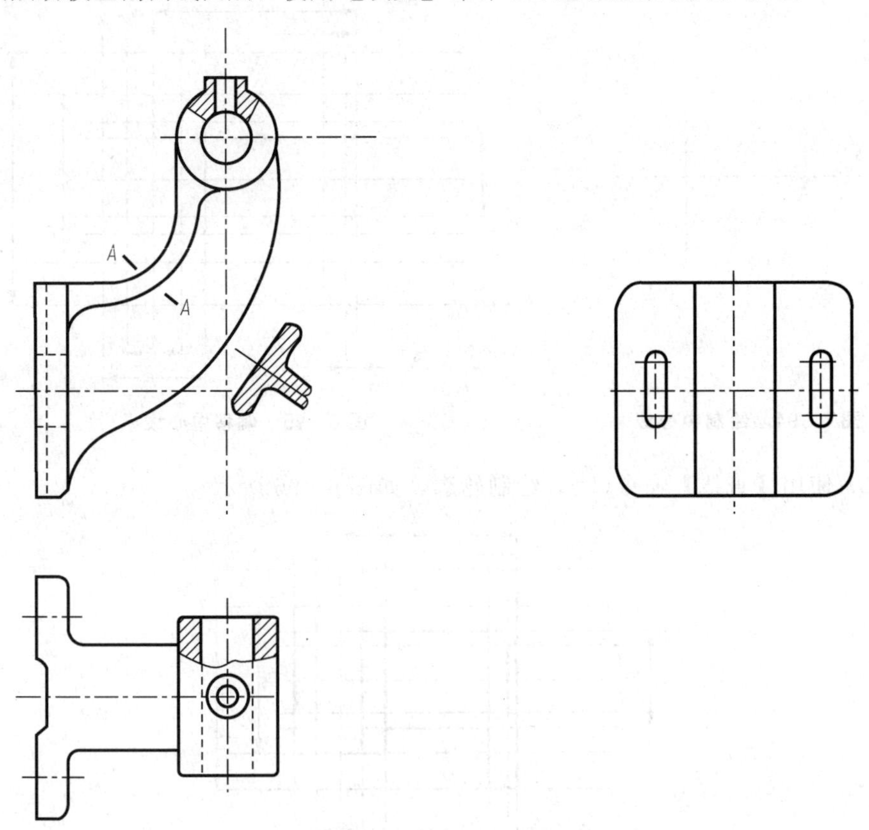

图 6－99 图案填充

6. 创建尺寸标注

Step1. 将图层切换至标注图层。

Step2. 使用【线性标注】命令(DLI)、【直径标注】命令(DDI)、【半径标注】命令(DRA)、【引线标注】命令、【角度标注】命令(DNA)和【编辑标注】命令(DED)进行尺寸标注。

Step3. 使用【插入块】命令(I)，标注粗糙度符号，如图6－100所示。

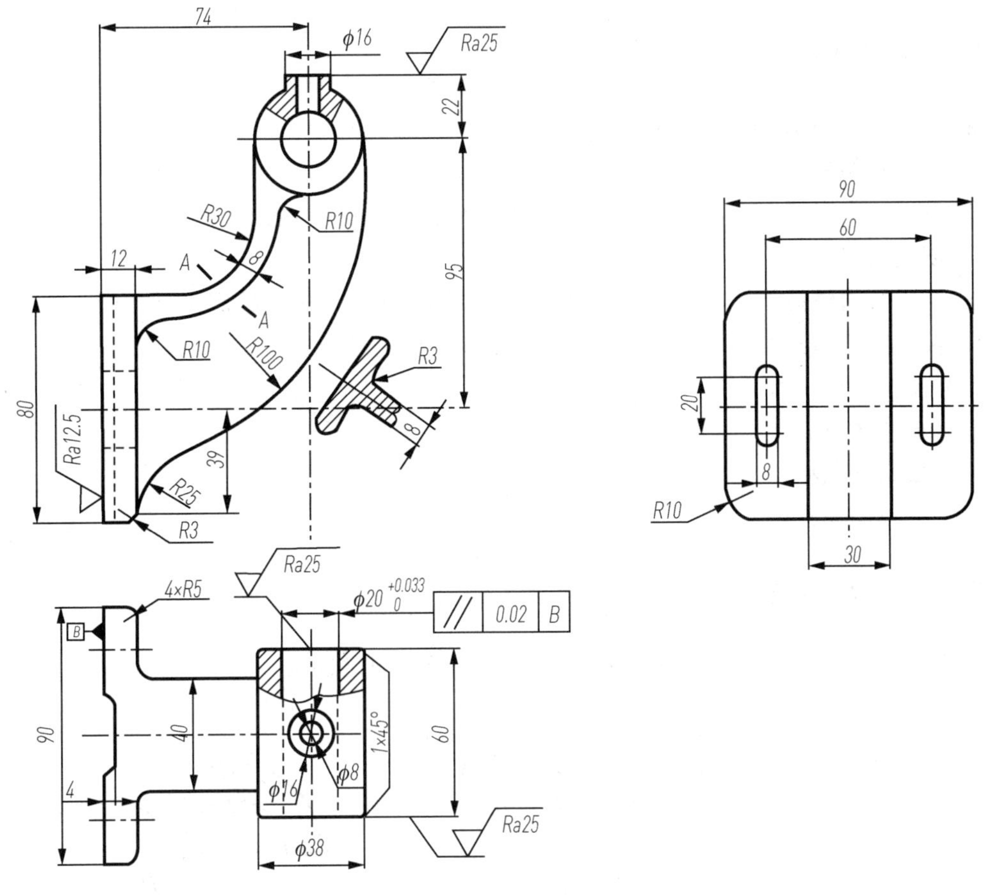

图6－100　尺寸标注

7. 保存文件

选择【文件】下拉菜单，单击【另存为】命令，将图形命名为"脚踏板 .dwg"，保存文件。

任务6.4　箱体类零件的绘制

6.4.1　任务描述

箱体类零件主要用来支承和包容其他零件，这类零件有复杂的内腔和外形结构，并

带有轴承孔、凸台、肋板，此外还有安装孔、螺孔等结构。如泵体、阀体、减速器的箱体等都属于这类零件。

箱体类零件形状复杂，加工工序较多，加工位置不尽相同，但箱体在机器中工作位置是固定的。因此，箱体主视图常常按工作位置及形状特征来选择，为了清晰地表达内部结构，常采用剖视的方法。

为了表达箱体类零件的内外结构，一般要用 3 个或 3 个以上的基本视图，并根据结构特点在基本视图上取剖视，还可采用局部视图、斜视图及规定画法等表达外形。

6.4.2 思路分析

箱体类零件图的绘图步骤如下。

(1) 建立绘图环境。

① 设定工作区域大小，作图区域大小根据图形的大小来设置。

② 创建图层。

③ 使用绘图辅助工具，包括极轴追踪、对象捕捉等多个辅助绘图工具。

④ 根据图纸幅面大小可分别建立若干样板图，作为模板。

(2) 绘制图形。

(3) 标注图形。

(4) 填写标题栏。

(5) 保存图形。

6.4.3 设计步骤

下面以图 6-101 所示的底座零件图为例，介绍其创建过程。

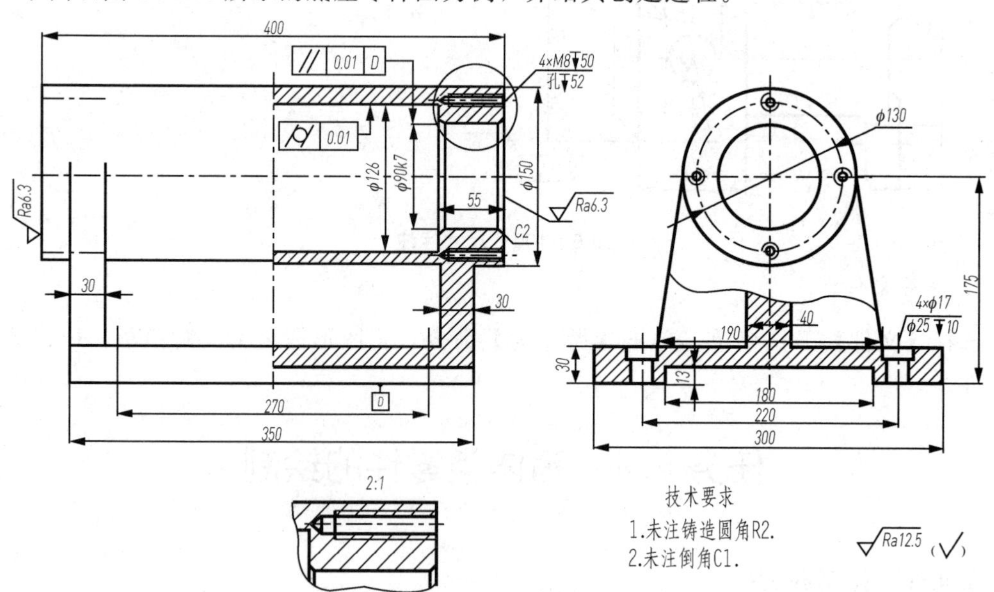

图 6-101 底座

1. 选择样板文件

Step1. 选择已经创建的 A1 样板图。

Step2. 打开样板文件，确认图幅、标题栏、图层、标注样式和文字样式。

2. 创建左视图

Step1. 绘图之前，先定位，绘制中心线。将图层切换至中心线图层，确认辅助绘图工具按钮处于激活状态，在命令行输入【直线】命令(L)，绘制中心线，如图 6－102 所示。

Step2. 将图层切换至轮廓线图层，使用【圆】命令(C)，绘制直径为 90、130 和 150 的圆。将直径为 130 的圆转至中心线图层，如图 6－103 所示。

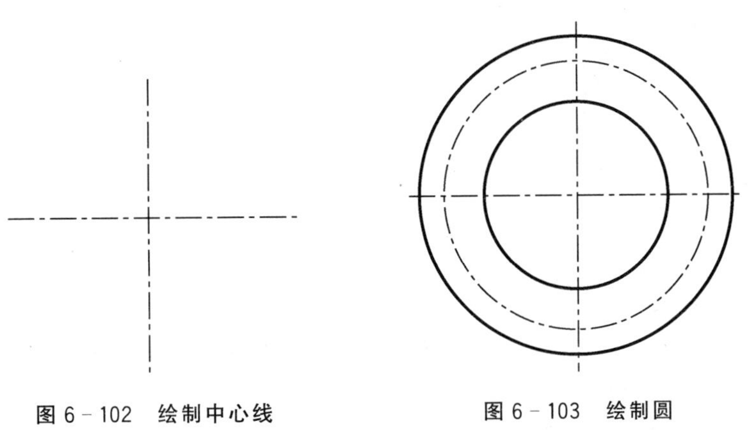

图 6－102　绘制中心线　　图 6－103　绘制圆

Step3. 创建螺纹孔。

(1) 将图层切换至细实线层，使用【圆】命令(C)，选取中心线和点划线圆的一个交点为圆心，绘制直径为 8 的圆。

(2) 将图层切换至轮廓线层，用同样的方法绘制步骤(1)中圆的同心圆，直径为 6。

(3) 使用【打断】命令(BR)，将细实线圆打断 1/4。

(4) 使用【阵列】命令(AR)，选取绘制的两个圆为阵列对象，选取直径 150 的圆的圆心为阵列中心点进行阵列，结果如图 6－104 所示。

Step4. 创建构造线。

(1) 使用【偏移】命令(O)，将竖直中心线向左、向右偏移 110mm，完成底座上孔的中心线绘制。

(2) 使用【构造线】命令(XL)，在命令行里输入“O”后按空格键，将竖直中心线向左偏移，创建偏移距离依次为 20、90、95、150 的竖直构造线。

(3) 重复使用【构造线】命令，将步骤(1)中的孔的中心线向左偏移，创建偏移距离为 12.75 和 8.5 的竖直构造线。

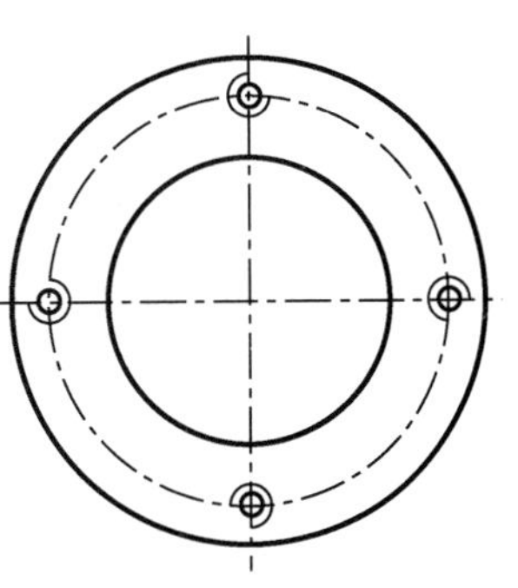

图 6－104　绘制螺纹孔

(4) 用同样的方法，选取水平中心线为偏移对象，分别创建偏移距离为 145、155、162 和 175 的水平构造线，如图 6－105 所示。

Step5. 绘制底座。

(1) 使用【直线】命令(L)，根据构造线的交点，以 A 为起点，绘制底座轮廓线。

(2) 重复【直线】命令(L)，以图示点为起点，按住 Shift 键同时单击鼠标右键，在弹出的快捷菜单中选择【切点】选项，单击直径为 150 的圆周，绘制圆的切线。

(3) 重复【直线】命令(L)，绘制阶梯孔和壁厚，如图 6－106 所示。

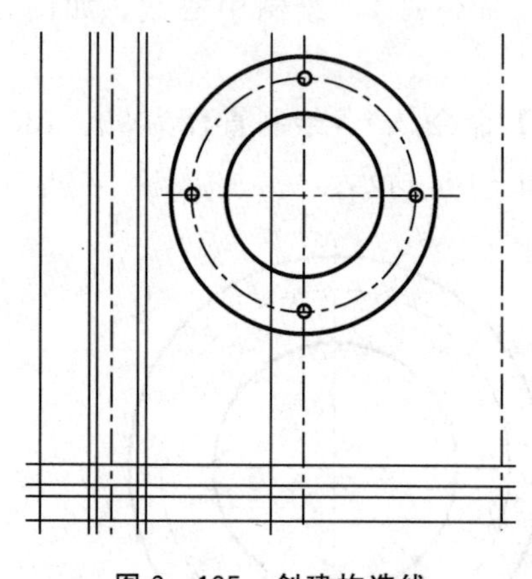

图 6－105 创建构造线

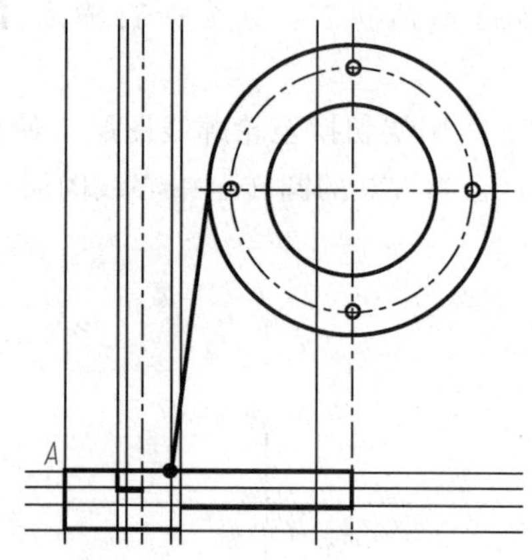

图 6－106 绘制底座

(4) 使用【删除】命令(E)和【镜像】命令(MI)完成底座的绘制，如图 6－107 所示。

(5) 使用【样条曲线】命令(SPL)绘制局部剖位置，如图 6－108 所示。将图层切换至剖面线图层，使用【填充】命令(H)，进行图案填充，如图 6－109 所示。

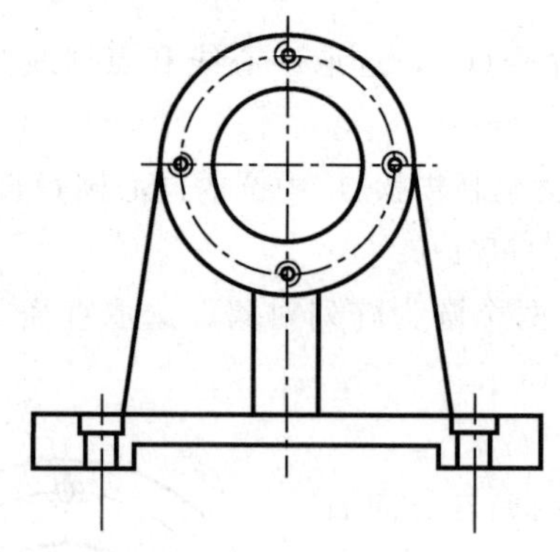

图 6－107 绘制底座

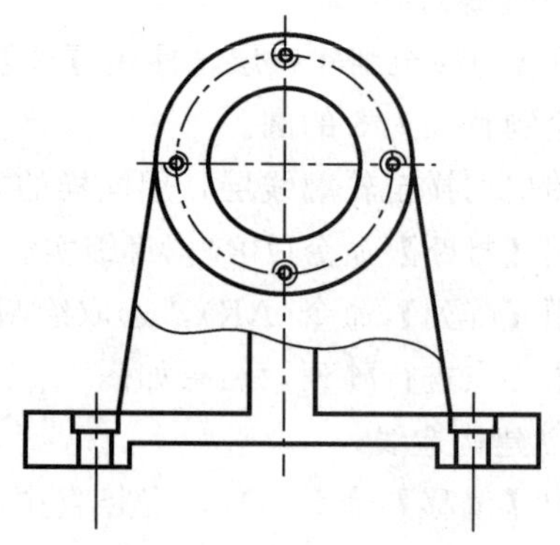

图 6－108 局部剖位置

3. 创建主视图

Step1. 将图层切换至中心线图层，使用【直线】命令(L)绘制中心线，如图 6－110 所示。

Step2. 创建构造线。

(1) 将图层切换至轮廓线图层，使用【构造线】命令(XL)，在命令行输入“O”并按空格键，选中竖直中心线分别向左、向右偏移 200、175 和 145。

(2) 使用【构造线】命令(XL)，在命令行输入“H”，通过点分别选取左视图中的点

创建平行的构造线，结果如图 6－111 所示。

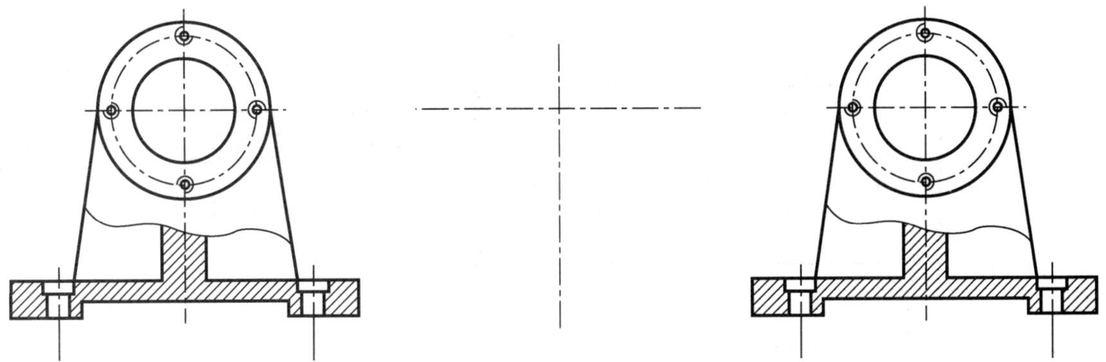

图 6－109 图案填充　　　　图 6－110 绘制剖视图中心线

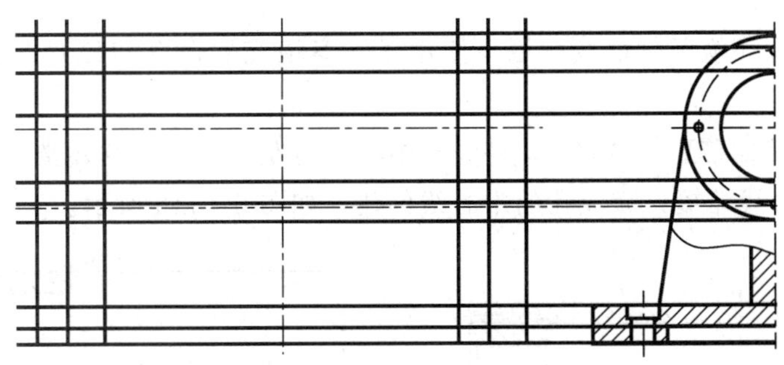

图 6－111 创建构造线

（3）把孔对应的构造线转换至中心线层。

（4）使用【构造线】命令(XL)，在命令行输入“O”，将水平中心线向上、向下偏移距离 63，结果如图 6－111 所示。

Step3. 使用【修剪】命令(TR)和【删除】命令(E)，对图形进行修改，结果如图 6－112 所示。

Step4. 使用【倒角】命令(CHA)倒直角，倒角距离为 2；使用【直线】命令(L)和【修剪】命令(TR)绘制直线，如图 6－113 所示。

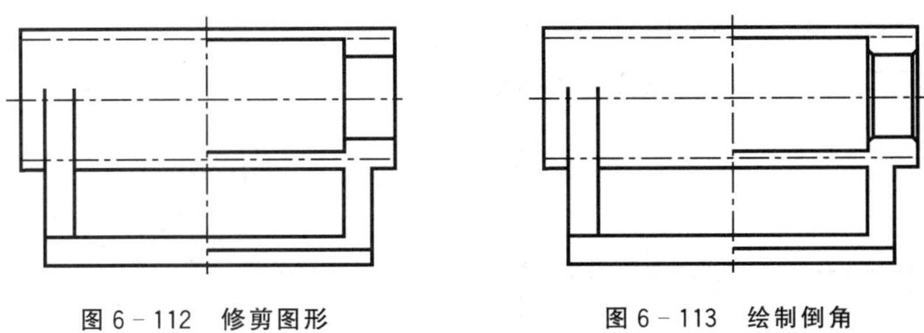

图 6－112 修剪图形　　　　图 6－113 绘制倒角

Step5. 创建螺纹孔。

（1）使用【直线】命令(L)绘制螺纹孔。

（2）把图中“1 线”和“2 线”转换至细实线层。

（3）使用【镜像】命令(MI)，以水平中心线作为镜像线，以螺纹孔为对象进行镜像，结果如图 6－114 所示。

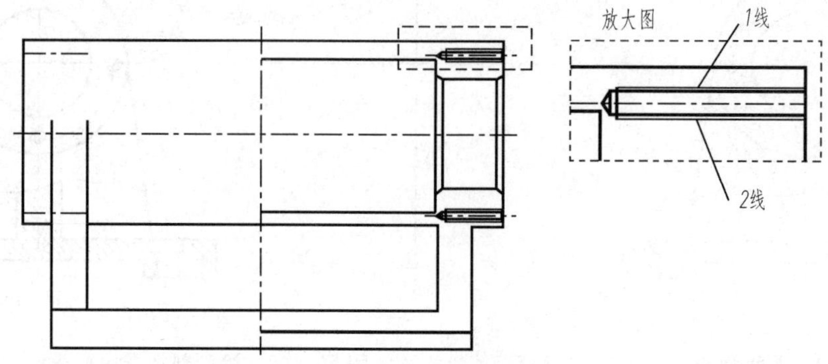

图 6－114　绘制螺纹孔

Step6. 将图层切换至剖面线图层，使用【图案填充】命令(H)对图形进行填充，如图 6－115 所示。

Step7. 使用【偏移】命令(O)，将竖直中心线向左、向右偏移距离 135；再使用夹点将偏移的左右中心线缩短，完成孔的中心线创建，如图 6－116 所示。

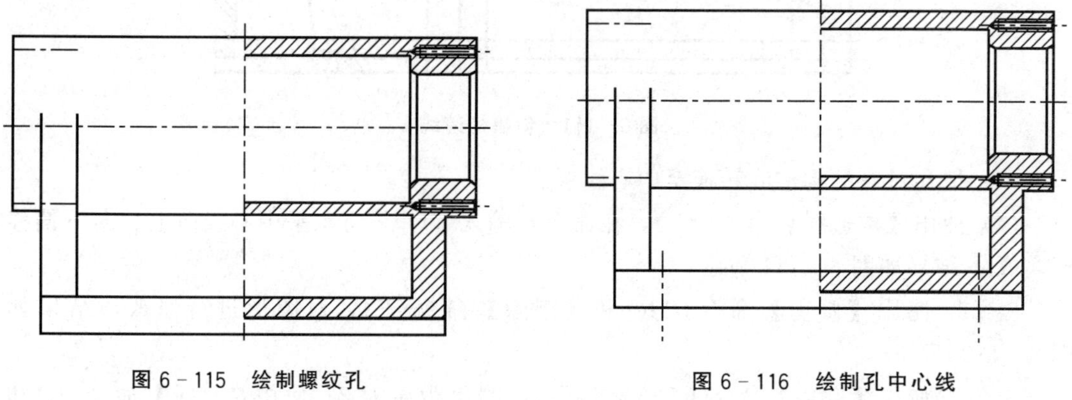

图 6－115　绘制螺纹孔　　　图 6－116　绘制孔中心线

Step8. 按照图 6－117 中对应的 *A* 点，使用【直线】命令(L)和【修剪】命令(TR)，修改主视图中的轮廓，结果如图 6－118 所示。

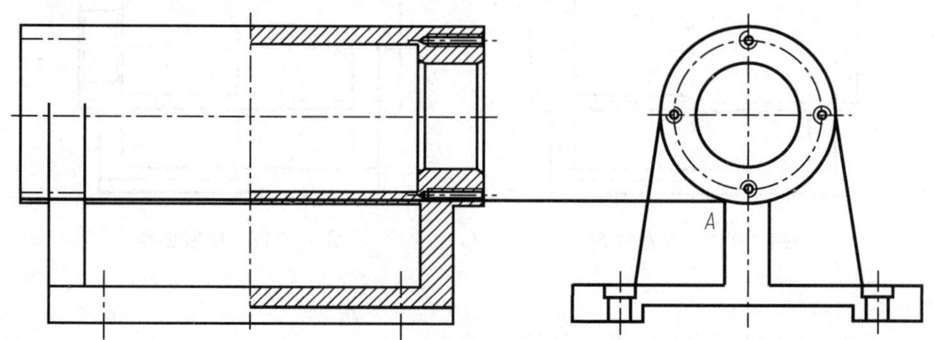

图 6－117　轮廓对应位置

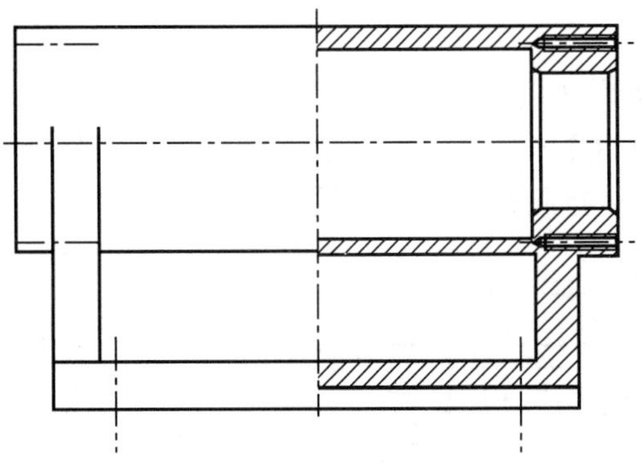

图 6 - 118　绘制轮廓

4. 创建局部放大图

Step1. 将图层切换至细实线图层，使用【圆】命令(C)，在主视图中需要放大部位绘制圆，如图 6 - 119 所示。

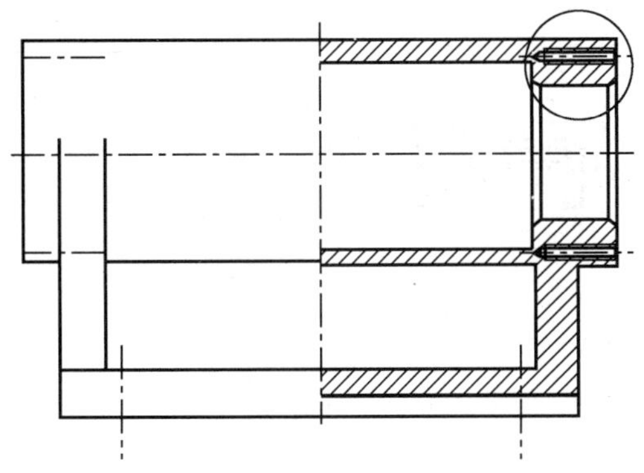

图 6 - 119　选择放大区域

Step2. 使用【复制】命令(CO)复制主视图；使用【修剪】命令(TR)修剪出需要放大的部位；使用【样条曲线】命令(SPL)绘制截断部位。

Step3. 使用【比例缩放】命令(SC)，对修改好的局部图进行缩放，比例因子为 2；使用【图案填充】命令(H)，对放大图形进行图案填充，如图 6 - 120 所示。

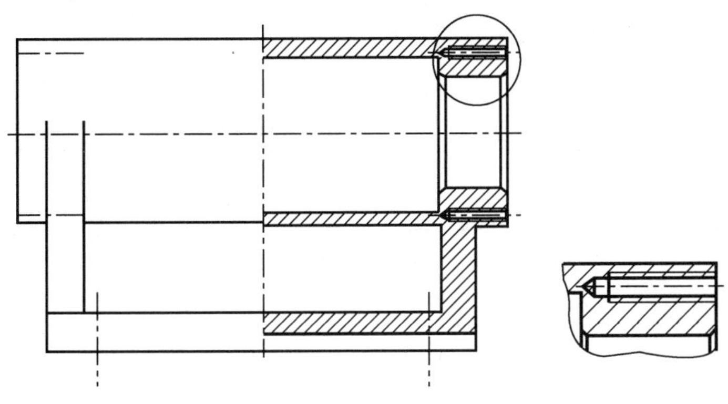

图 6 - 120　绘制局部放大图

5. 创建尺寸标注

Step1. 将图层切换至标注图层。

Step2. 使用【线性标注】命令(DLI)、【直径标注】命令(DDI)、【编辑标注】命令(DED)和【引线标注】命令进行尺寸标注，结果如图 6-121 所示。

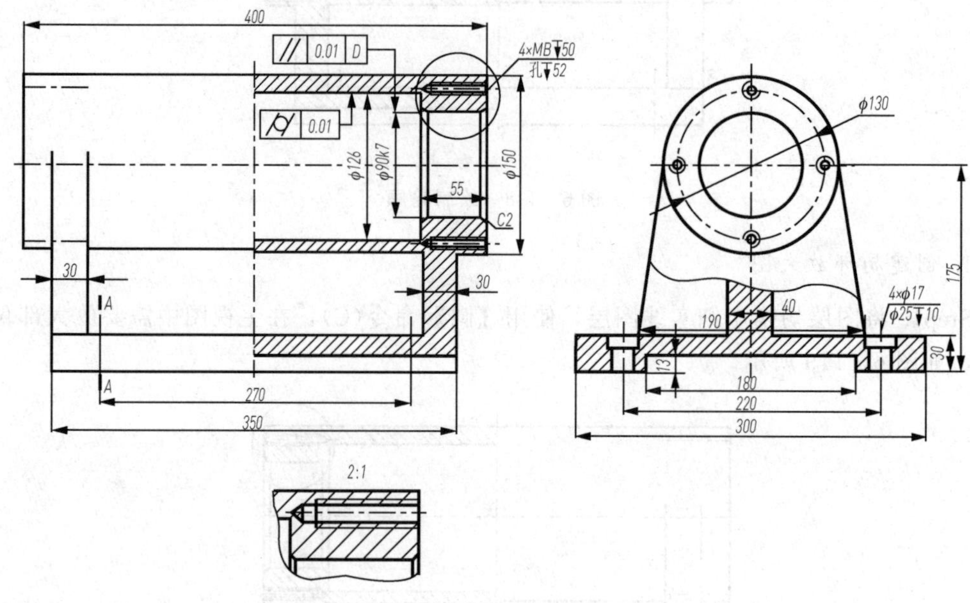

图 6-121 创建标注

Step3. 使用【插入块】命令(I)，标注粗糙度符号。

Step4. 使用【形位公差】命令(TOL)，标注形位公差。

Step5. 使用【多行文字】命令(T)，书写技术说明，结果如图 6-122 所示。

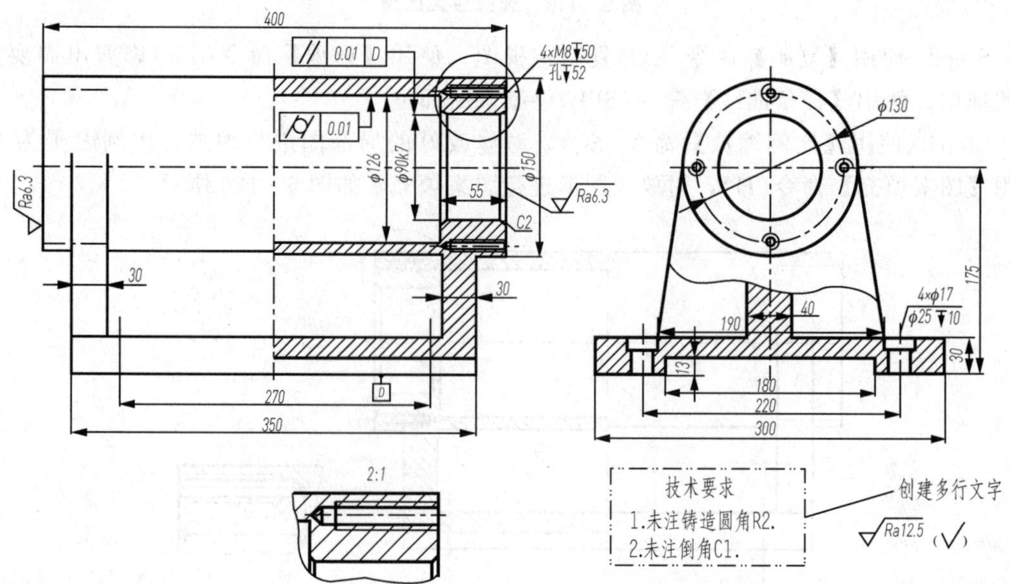

图 6-122 标注表面粗糙度、形位公差和技术要求

6. 保存文件

选择【文件】下拉菜单，单击【另存为】命令，将图形命名为“带轮.dwg”，保存文件。

任务6.5　标准件的绘制

6.5.1　任务描述

标准件是在机器设备中广泛应用的一些零件，它们的结构和尺寸均已标准化，为提高绘图效率，可以把标准件做成块，在画装配图时引用。

6.5.2　思路分析

标准件零件图的绘图步骤如下。

(1) 建立绘图环境。

① 设定工作区域大小，作图区域大小根据图形的大小来设置。

② 创建图层。

③ 使用绘图辅助工具，包括极轴追踪、对象捕捉等多个辅助绘图工具。

④ 根据图纸幅面大小可分别建立若干样板图，作为模板。

(2) 绘制图形。

(3) 标注图形。

(4) 填写标题栏。

(5) 保存图形。

6.5.3　设计步骤

1. 平键零件图的创建过程

键主要用于轴上零件之间的连接，起传递扭矩的作用。下面介绍图6-123所示平键1的画法。

1) 选择样板文件

Step1. 选择已经创建的A4样板图。

Step2. 打开样板文件，确认图幅、标题栏、图层、标注样式和文字样式。

2) 绘制主视图

Step1. 将图层切换至轮廓线层，使用【矩形】命令(REC)，在绘图区选一点作为矩形的一个顶点，在命令行输入“D”并按空格键，输入矩形的长度30和8，在绘图区单击鼠标，确定矩形的位置。

Step2. 使用【倒角】命令(CHA)对矩形进行倒角，倒角距离为0.5，角度为45°。

Step3. 使用【直线】命令(L)绘制直线，结果如图6-124所示。

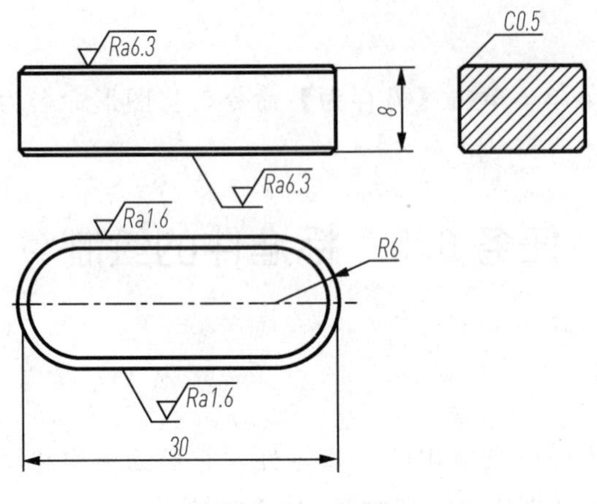

图 6-123 平键 1

3）绘制俯视图

Step1. 使用【直线】命令(L)绘制长 30、宽 12 的矩形，与主视图长度方向对齐。

Step2. 使用【圆】命令(C)，在命令行输入 TTR，捕捉直线的切点、切点、半径，绘制两个圆；再使用【圆】命令(C)，绘制这两个圆的同心圆，半径为 11，如图 6-125 所示。

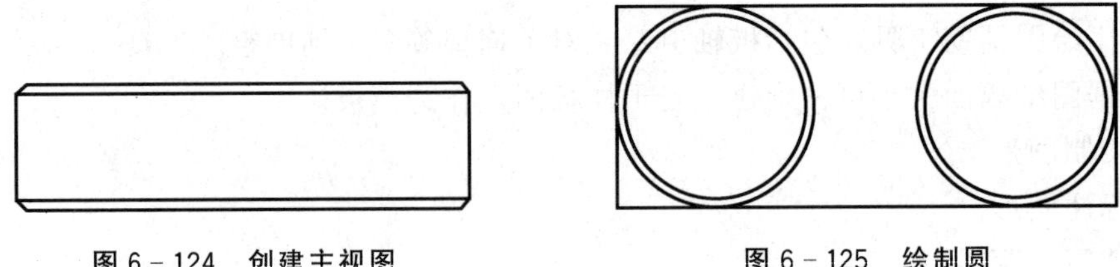

图 6-124 创建主视图　　图 6-125 绘制圆

Step3. 使用【直线】命令(L)，绘制直线。

Step4. 使用【修剪】命令(TR)修剪图形，结果如图 6-126 所示。

4）绘制左视图

Step1. 把图层切换至标注层。

Step2. 使用【直线】命令(L)绘制宽 12、高 8 的矩形，与主视图高度方向对齐。

Step3. 使用【倒角】命令(CHA)进行倒角，倒角距离均 0.5。

Step4. 使用【图案填充】命令(H)填充图案，结果如图 6-127 所示。

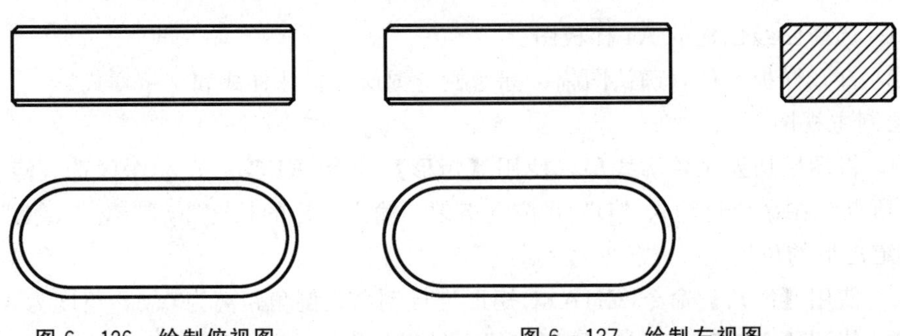

图 6-126 绘制俯视图　　图 6-127 绘制左视图

5）创建尺寸标注

Step1. 使用【线性标注】命令(DLI)、【半径标注】命令(DRA)、【引线标注】命令进行尺寸标注。

Step2. 使用【插入块】命令(I)，标注粗糙度符号，结果如图 6-128 所示。

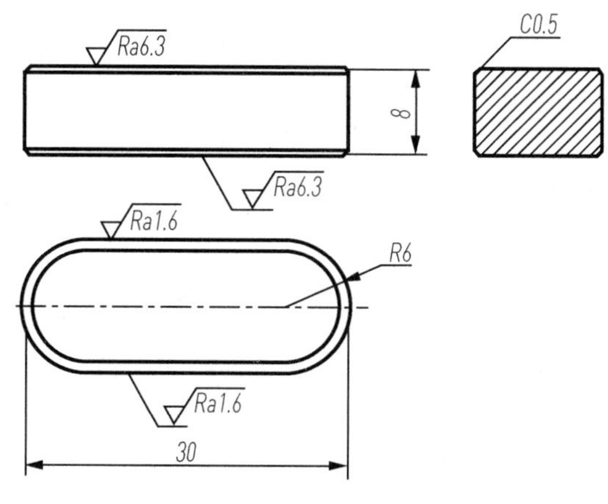

图 6-128　尺寸标注

6）保存文件

选择【文件】下拉菜单，单击【另存为】命令，将图形命名为“平键 1.dwg”，保存文件。

7）绘制平键 12×60

Step1.　重复上述平键画法绘制平键 2，如图 6-129 所示。

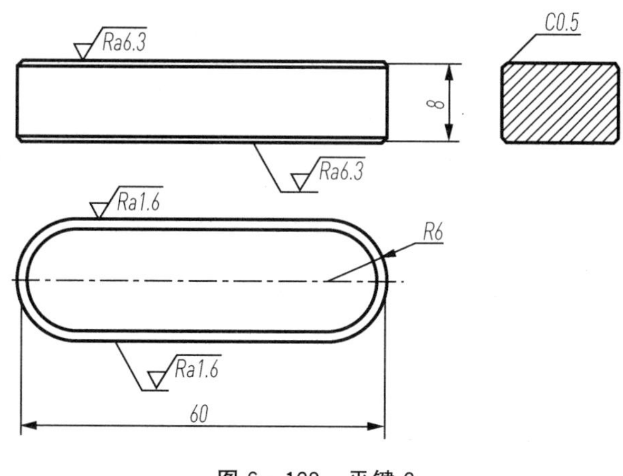

图 6-129　平键 2

Step2. 选择【文件】下拉菜单，单击【另存为】命令，将图形命名为“平键 2.dwg”，保存文件。

2. 定位销零件图的创建过程

定位销零件图如图 6-130 所示。

1）选择样板文件

Step1. 选择已经创建的 A4 样板图。

Step2. 打开样板文件，确认图幅、标题栏、图层、标注样式和文字样式。

2）创建主视图

Step1. 绘图之前，先定位，绘制中心线。将图层切换至中心线图层，确认辅助绘图工具按钮处于激活状态，在命令行输入【直线】命令(L)，绘制中心线，如图 6－131 所示。

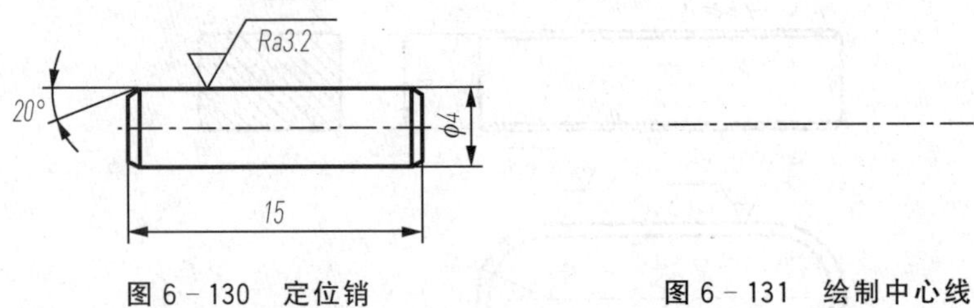

图 6－130　定位销　　　图 6－131　绘制中心线

Step2. 将图层切换至轮廓线图层，使用【直线】命令(L)，绘制长 15mm，高 4mm 的长方形。

Step3. 使用【倒角】命令(CHA)创建倒角，倒角长度 0.5mm，倒角角度值 20°，结果如图 6－132 所示。

3）创建尺寸标注

Step1. 将图层切换至标注图层。

Step2. 使用【线性标注】命令(DLI)、【编辑标注】命令(DED)、【角度标注】命令(DAN)，进行尺寸标注。

Step3. 使用【插入】命令(I)，将粗糙度图块插入到指定位置，结果如图 6－133 所示。

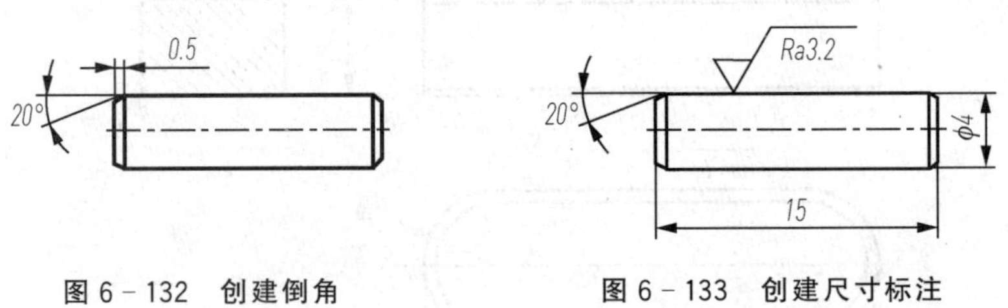

图 6－132　创建倒角　　　图 6－133　创建尺寸标注

4）保存文件

选择【文件】下拉菜单，单击【另存为】命令，将图形命名为“定位销 .dwg”，保存文件。

3. 六角头螺栓零件图的创建过程

六角头螺栓零件图如图 6－134 所示。

1）选择样板文件

Step1. 选择已经创建的 A4 样板图。

Step2. 打开样板文件，确认图幅、标题栏、图层、标注样式和文字样式。

2）创建左视图

Step1. 绘图之前，先定位，绘制中心线。将图层切换至中心线图层，确认辅助绘图

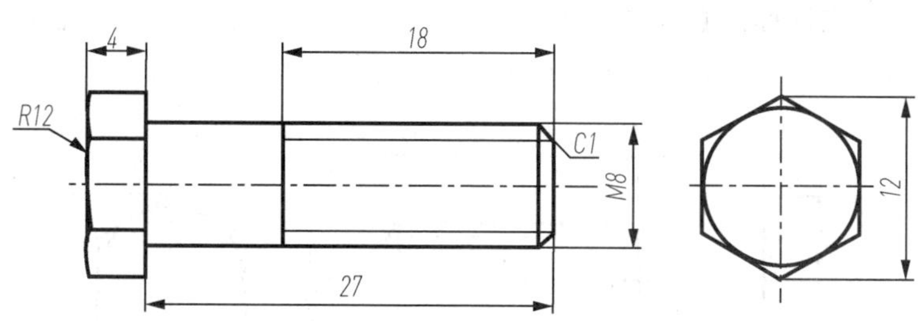

图 6－134　六角头螺栓

工具按钮处于激活状态，在命令行输入【直线】命令(L)，绘制中心线，如图 6－135 所示。

Step2. 将图层切换至轮廓线图层，使用【正多边形】命令(POL)，选取圆心，选择内接于圆(I)，输入“@6<90”，绘制正六边形。

Step3. 使用【圆】命令(C)，绘制内切圆，结果如图 6－136 所示。

图 6－135　绘制中心线　　　　图 6－136　绘制六边形

3）创建主视图

Step1. 使用【直线】命令(L)、【圆弧】命令(A)、【修剪】命令(TR)，绘制主视图。圆弧的点对应正六边形和圆的切点，如图 6－137 所示。

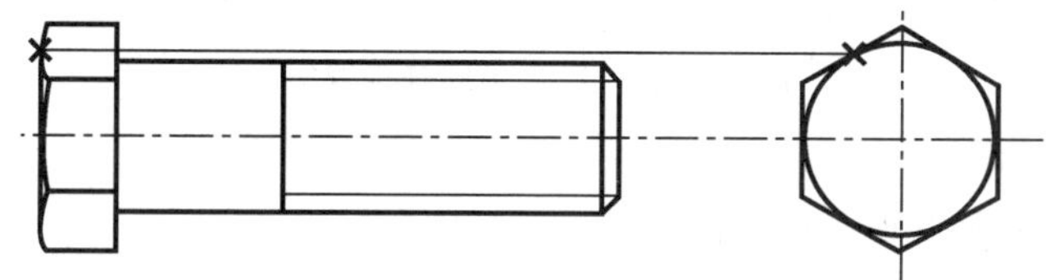

图 6－137　绘制主视图

Step2. 使用【倒角】命令(CHA)，绘制倒角距离为 1 的倒角。

Step3. 将图层切换至细实线图层，使用【直线】命令(L)，绘制细实线，如图 6－138 所示。

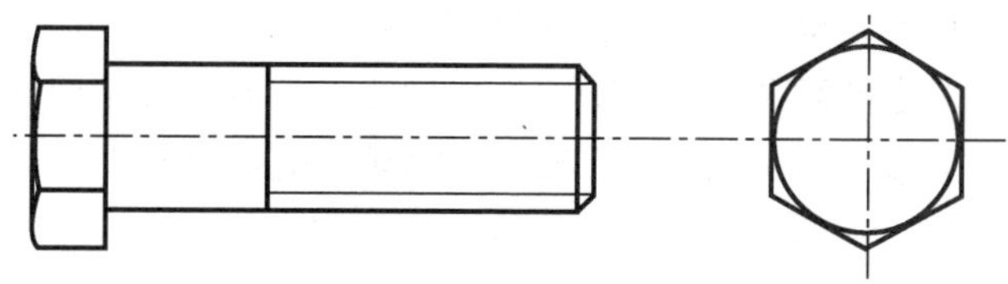

图 6－138　绘制倒角和直线

4）创建尺寸标注

Step1. 将图层切换至标注图层。

Step2. 使用【线性标注】命令(DLI)、【编辑标注】命令(DED)、【快速引线】命令(QLEADER)，进行尺寸标注，结果如图 6-139 所示。

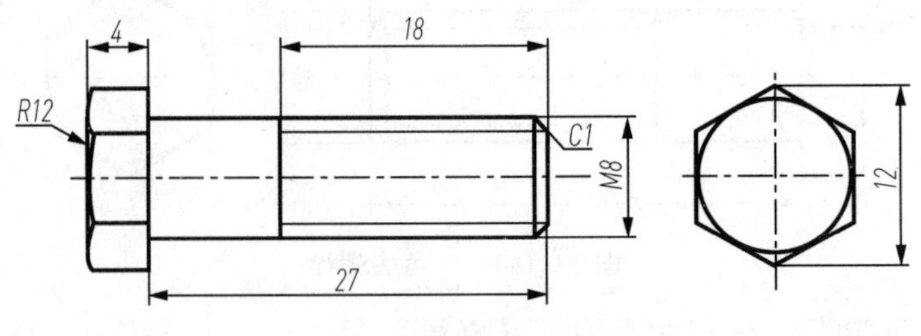

图 6-139 标注尺寸

5) 保存文件

选择【文件】下拉菜单，单击【另存为】命令，将图形命名为“六角头螺栓.dwg”，保存文件。

4. 内六角圆柱头螺钉零件图的创建过程

内六角圆柱头螺钉零件图如图 6-140 所示。

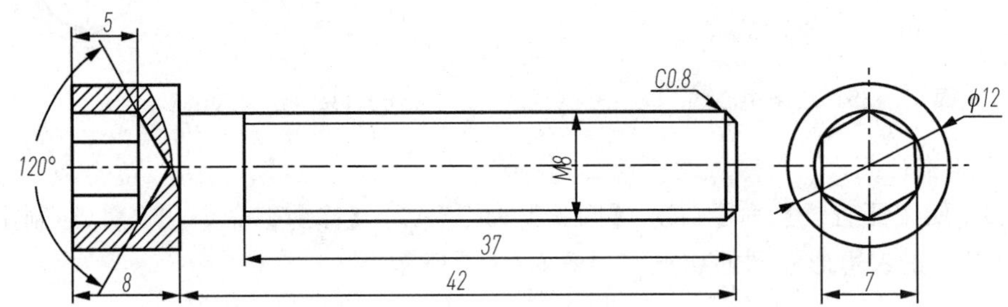

图 6-140 内六角圆柱头螺钉

1) 选择样板文件

Step1. 选择已经创建的 A4 样板图。

Step2. 打开样板文件，确认图幅、标题栏、图层、标注样式和文字样式。

2) 创建左视图

Step1. 绘图之前，先定位，绘制中心线。将图层切换至中心线图层，确认辅助绘图工具按钮处于激活状态，在命令行输入【直线】命令(L)，绘制中心线，如图 6-141 所示。

Step2. 将图层切换至轮廓线图层，使用【圆】命令(C)，绘制半径为 4mm 的圆。

Step3. 使用【正多边形】命令(POL)，选取圆心，绘制内接于圆的正六边形。

Step4. 使用【圆】命令(C)绘制直径 12mm 的圆，结果如图 6-142 所示。

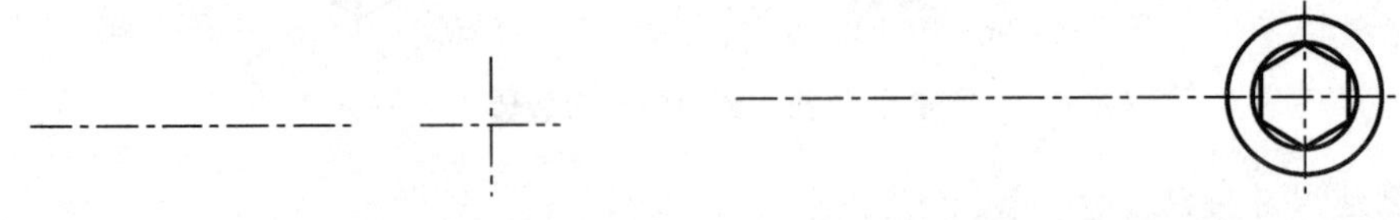

图 6-141 绘制中心线

图 6-142 绘制六边形

3）创建主视图

Step1. 使用【直线】命令(L)、【修剪】命令(TR)、【延伸】命令(EX)，绘制主视图。螺钉内圆柱头六棱柱棱对应位置如图 6－143 所示。

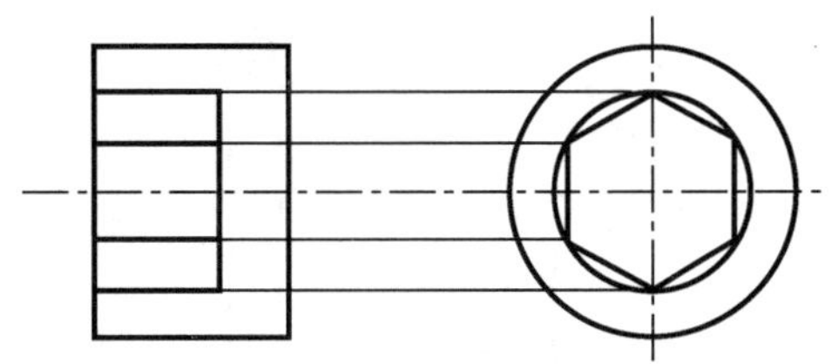

图 6－143　绘制六边形

Step2. 将图层切换至细实线图层，使用【样条曲线】命令(SPL)、【修剪】命令(TR)，绘制局部剖区域。

Step3. 将图层切换至轮廓线图层，使用【倒角】命令(CHA)，绘制倒角距离为 0.8mm 的 45°倒角。

Step4. 将图层切换至剖面线图层，使用【图案填充】命令(L)进行填充，如图 6－144 所示。

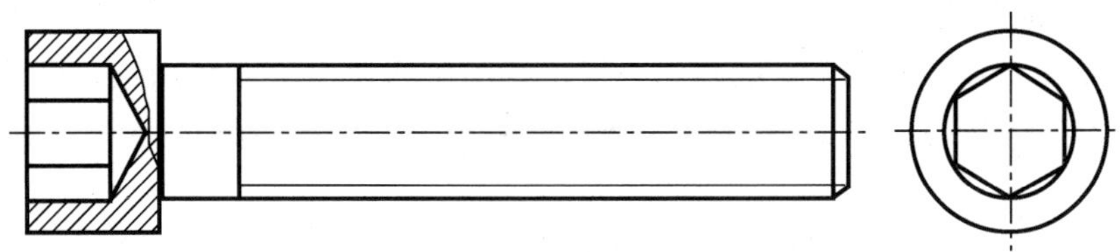

图 6－144　绘制主视图

4）创建尺寸标注

Step1. 将图层切换至标注图层。

Step2. 使用【线性标注】命令(DLI)、【编辑标注】命令(DED)、【快速引线】命令(QLEADER)，【角度标注】命令(DAN)进行尺寸标注，结果如图 6－145 所示。

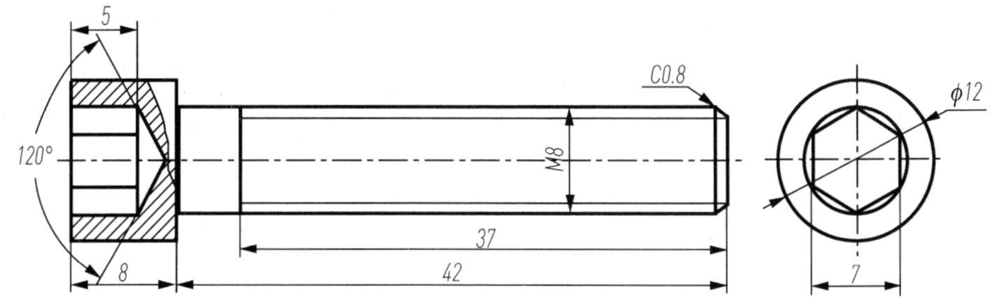

图 6－145　标注尺寸

5）保存文件

选择【文件】下拉菜单，单击【另存为】命令，将图形命名为“内六角圆柱头螺钉.dwg”，保存文件。

5. 毡圈零件图的创建过程

毡圈零件图如图 6－146 所示。

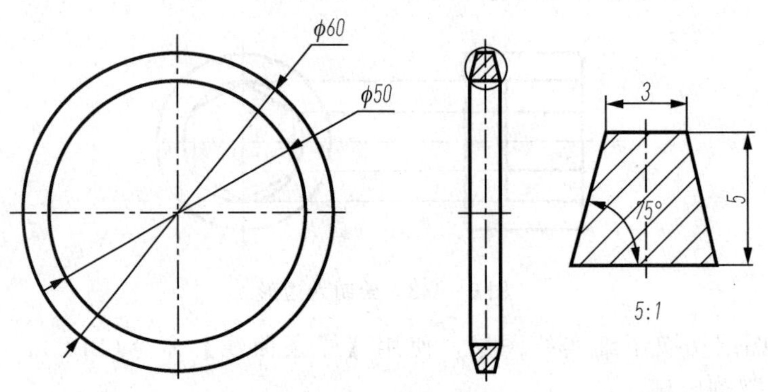

图 6－146　毡圈

1）选择样板文件

Step1. 选择已经创建的 A4 样板图。

Step2. 打开样板文件，确认图幅、标题栏、图层、标注样式和文字样式。

2）创建主视图

Step1. 绘图之前，先定位，绘制中心线。将图层切换至中心线图层，确认辅助绘图工具按钮处于激活状态，在命令行输入【直线】命令(L)，绘制中心线，如图 6－147 所示。

Step2. 将图层切换至轮廓线图层，使用【圆】命令(C)，绘制半径为 25、30 的圆，如图 6－148 所示。

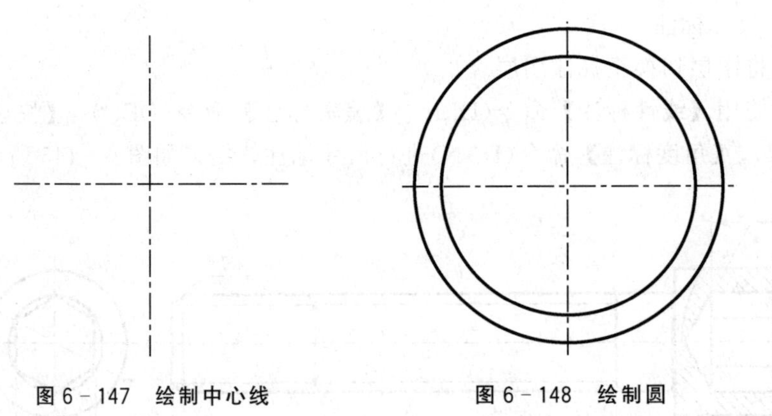

图 6－147　绘制中心线　　图 6－148　绘制圆

3）创建左视图

Step1. 将图层切换至中心线图层，绘制中心线，如图 6－149 所示。

Step2. 使用【偏移】命令(O)，将左视图竖直中心线向左、向右偏移 1.5；将图层切换至轮廓线图层，绘制对应直线，结果如图 6－150 所示。

Step3. 使用【旋转】命令(RO)，以 A、B 为基点，将中心线分别旋转 15°，结果如图 6－151 所示。

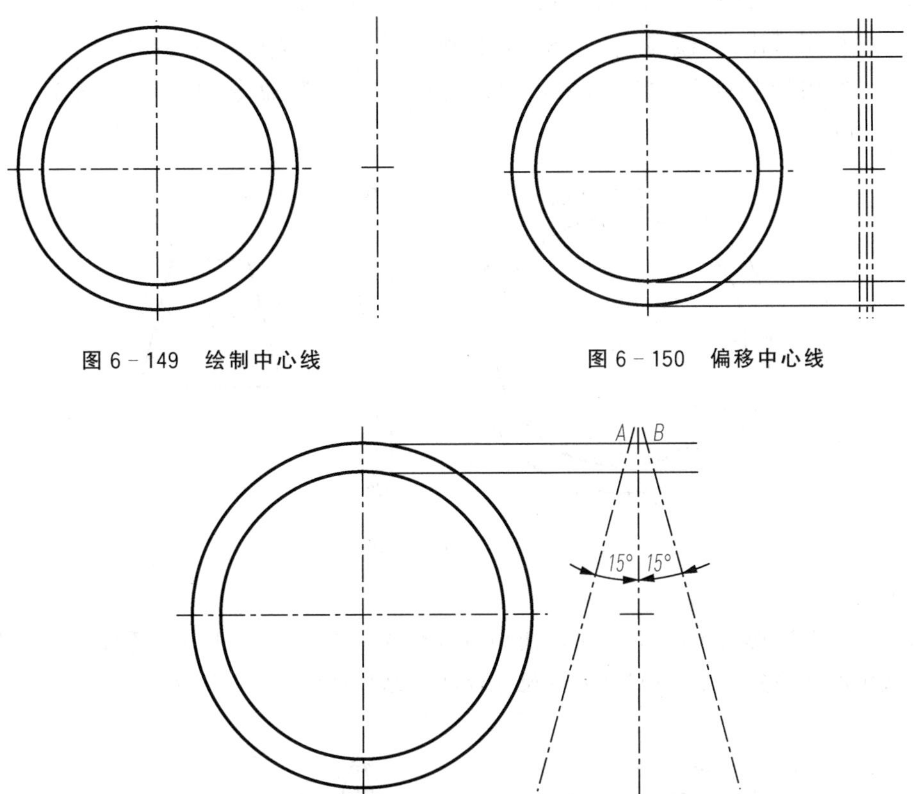

图6－149　绘制中心线

图6－150　偏移中心线

图6－151　旋转中心线

Step4. 使用【直线】命令(L)绘制截面形状，使用【修剪】命令(TR)和【删除】命令(E)修剪图形，结果如图6－152所示。

Step5. 使用【镜像】命令(MI)，以水平中心线为镜像面镜像图形；使用【直线】命令(L)绘制直线。

Step6. 将图层切换至填充图层，进行图案填充，结果如图6－153所示。

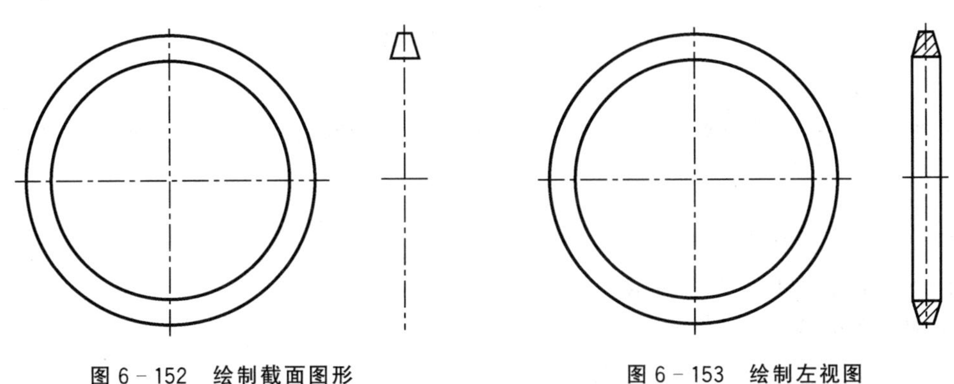

图6－152　绘制截面图形

图6－153　绘制左视图

4）创建局部放大图

Step1. 将图层切换至细实线图层，使用【圆】命令(C)绘制需放大部位。

Step2. 复制左视图，使用【修剪】命令(TR)进行修改。

Step3. 使用【比例缩放】命令(SC)，比例因子为 5，放大需要局部放大的部位。

Step4. 将图层切换至填充图层，使用【图案填充】命令(H)填充图案，结果如图 6-154 所示。

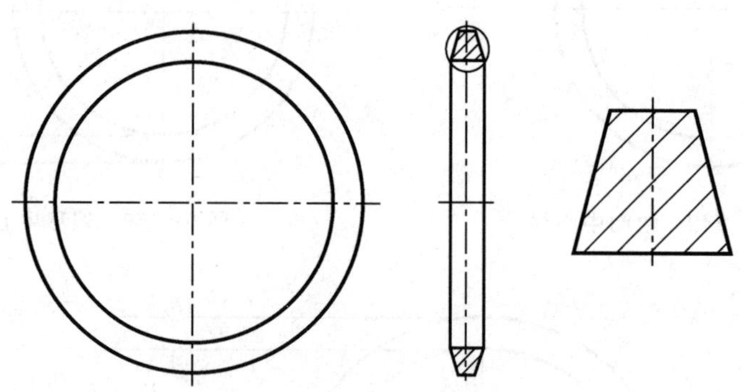

图 6-154 绘制局部放大图

5）标注尺寸

Step1. 将图层切换至标注图层，使用【线性标注】命令(DLI)、【直径标注】命令(DDI)、【角度标注】命令(DAN)进行尺寸标注，结果如图 6-155 所示。

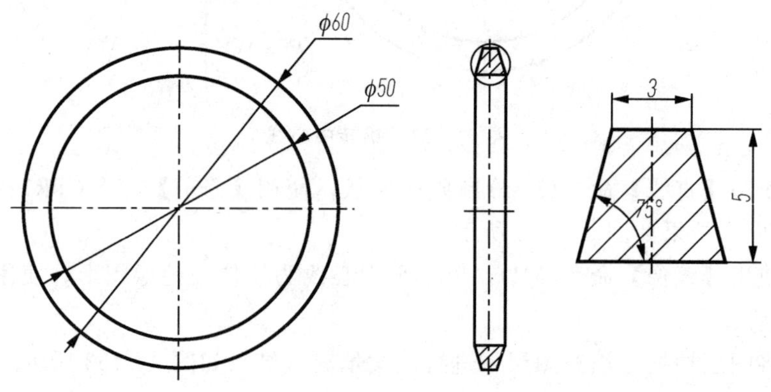

图 6-155 尺寸标注

6）保存文件

选择【文件】下拉菜单，单击【另存为】命令，将图形命名为“毡圈 .dwg”，保存文件。

6. 轴承零件图的创建过程

轴承零件图如图 6-156 所示。

1）选择样板文件

Step1. 选择已经创建的 A4 样板图。

Step2. 打开样板文件，确认图幅、标题栏、图层、标注样式和文字样式。

2）创建主视图

Step1. 绘图之前，先定位，绘制中心线。将图层切换至中心线图层，确认辅助绘图工

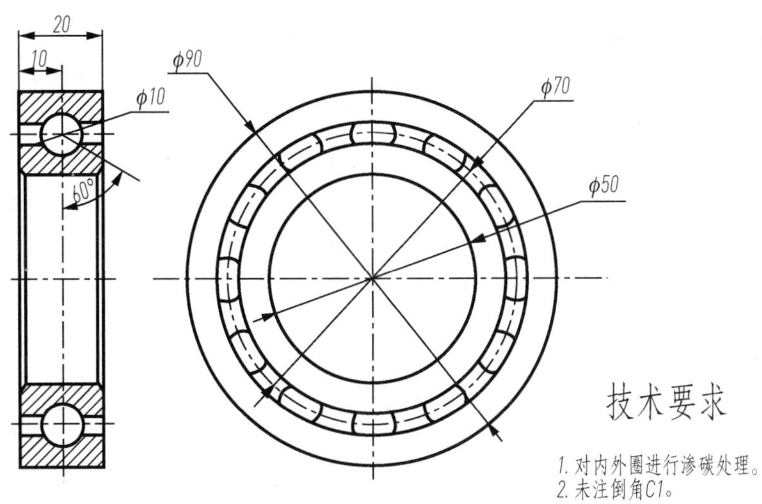

图 6－156　轴承

具按钮处于激活状态，在命令行输入【直线】命令(L)，绘制中心线，如图 6－157 所示。

Step2. 使用【偏移】命令(O)，将竖直中心线向左、向右偏移 10；将水平中心线向上偏移 25，35 和 45，如图 6－158 所示。

Step3. 将图层切换至轮廓线图层，使用【直线】命令(L)，绘制轮廓；使用【圆】命令(C)，绘制直径 10mm 的圆，如图 6－159 所示。

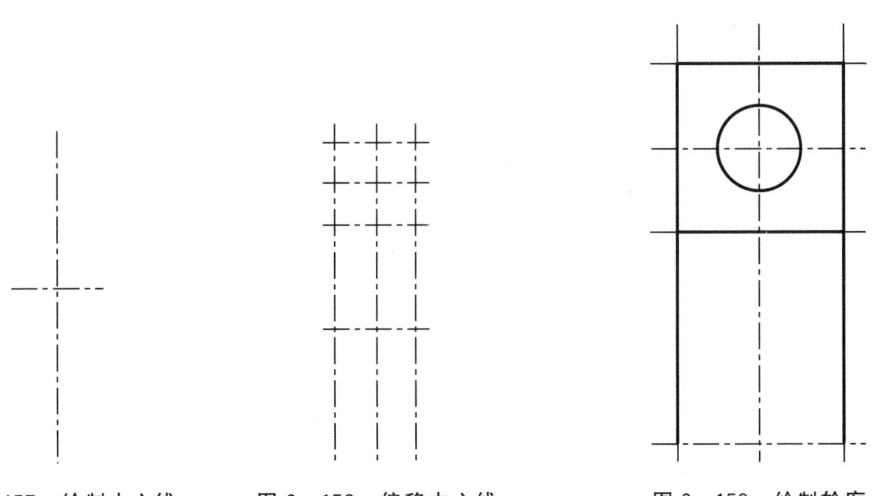

图 6－157　绘制中心线　　图 6－158　偏移中心线　　图 6－159　绘制轮廓

Step4. 使用【直线】命令(L)绘制如图位置直线，如图 6－160 所示。

Step5. 使用【镜像】命令(MI)，将上步骤画的直线镜像，如图 6－161 所示。

Step6. 使用【倒角】命令(CHA)，创建 1×45°的倒角，如图 6－162 所示。

3）创建左视图

Step1. 将图层切换至中心线图层，绘制中心线，如图 6－163 所示。

Step2. 将图层切换至轮廓线图层，使用【圆】命令(C)，绘制直径分别为 50、70 和 90 的圆；把直径为 70 的圆转至中心线图层，如图 6－164 所示。

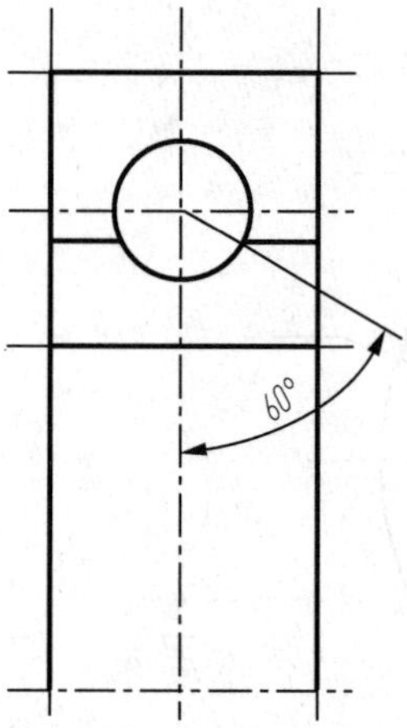

图 6－160　绘制直线

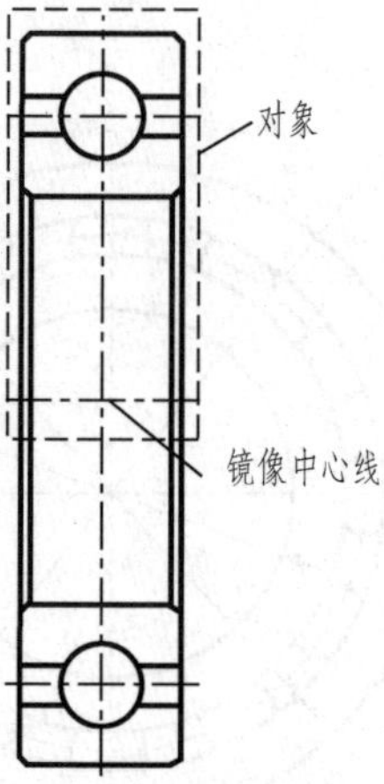

图 6－161　镜像

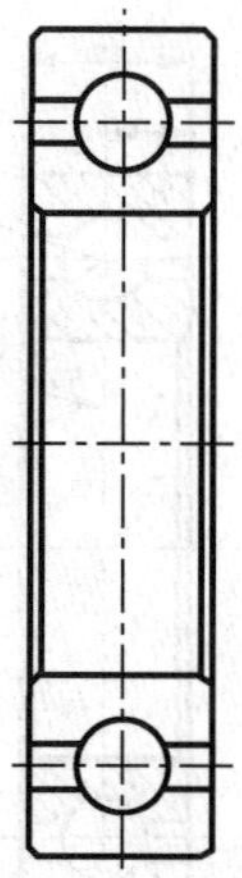

图 6－162　倒角

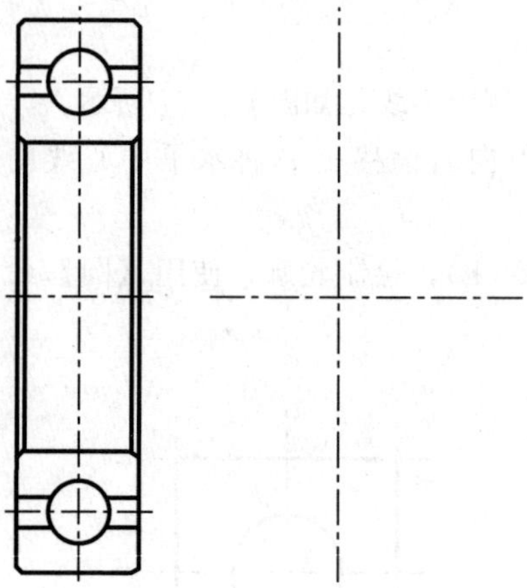

图 6－163　绘制中心线

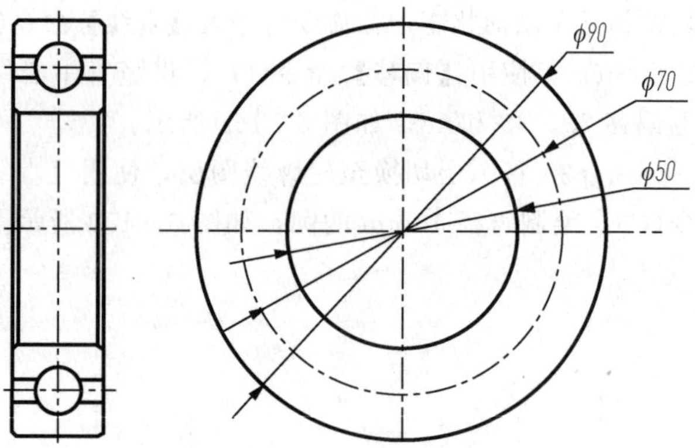

图 6－164　绘制圆

Step3. 使用【圆】命令(C)，在对应位置画圆，如图 6－165 所示。

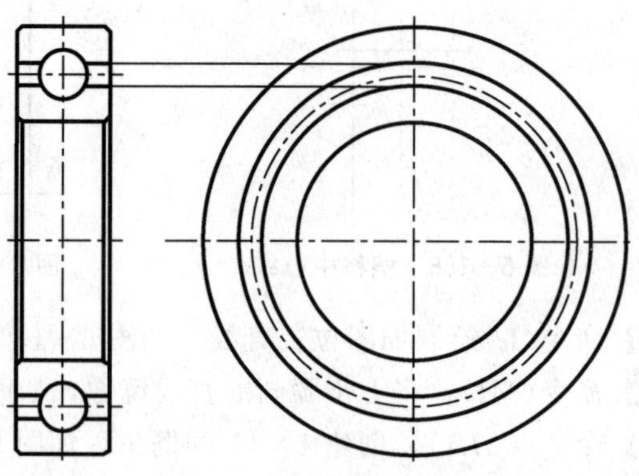

图 6－165　绘制对应位置圆

Step4. 使用【圆】命令(C)，绘制直径 10 的圆，如图 6－166 所示。

Step5. 使用【修剪】命令(TR)进行修剪，如图 6－167 所示。

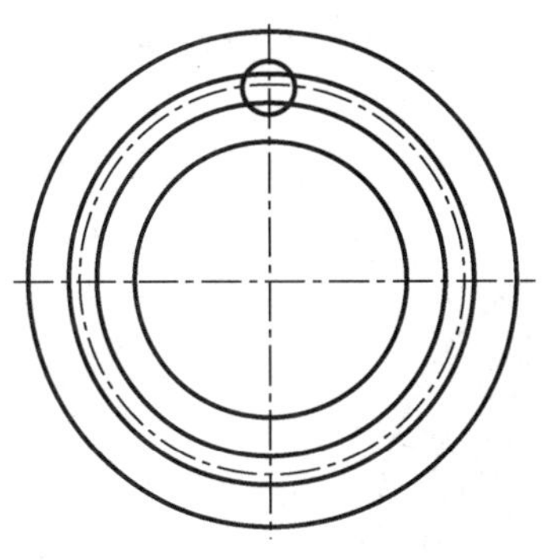

图 6－166　绘制滚珠

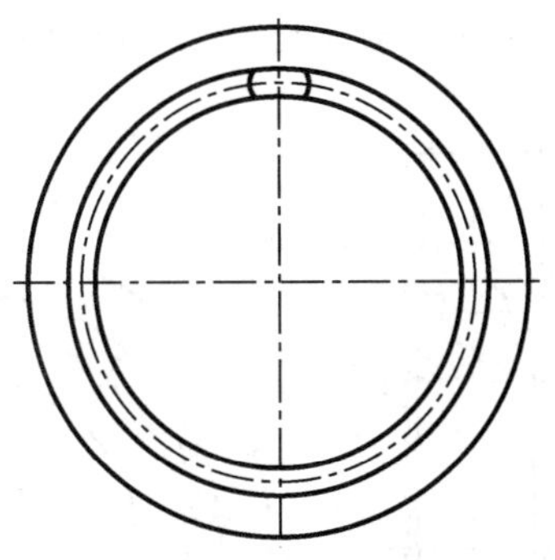

图 6－167　修剪滚珠

Step6. 使用【阵列】命令（AR）进行阵列，阵列个数 12，阵列角度 360°，如图 6－168 所示。

4）图案填充

将图层切换至填充图层，进行图案填充，结果如图 6－169 所示。

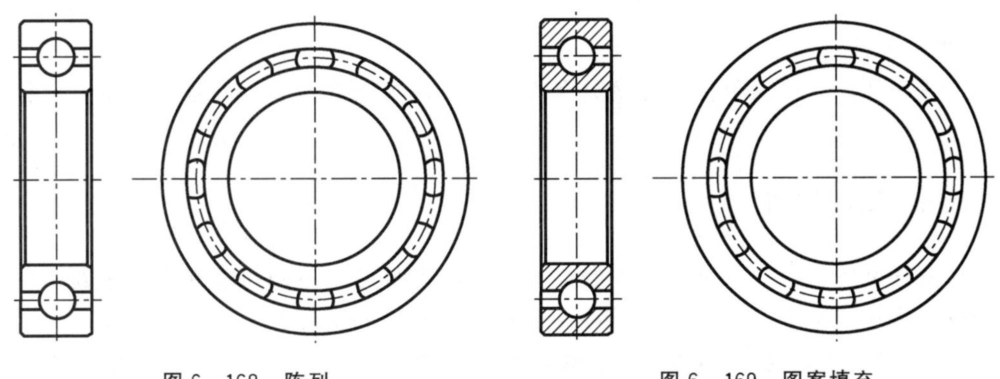

图 6－168　阵列　　图 6－169　图案填充

5）标注尺寸

Step1. 将图层切换至标注图层，使用【线性标注】命令(DLI)、【直径标注】命令(DDI)、【角度标注】命令(DAN)进行尺寸标注，如图 6－170 所示。

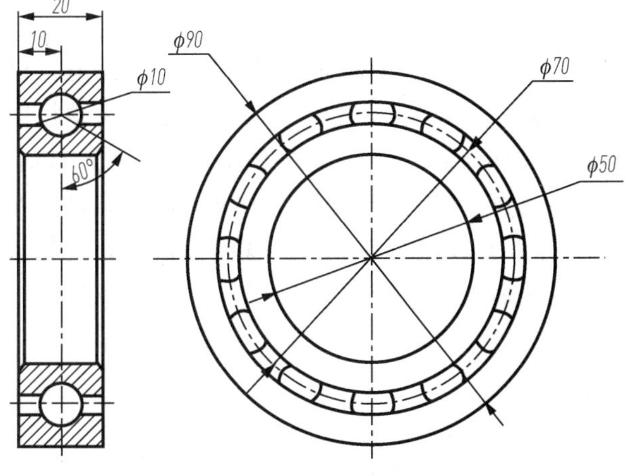

图 6－170　尺寸标注

Step2. 使用【多行文本】命令(MT)书写技术要求，如图 6-171 所示。

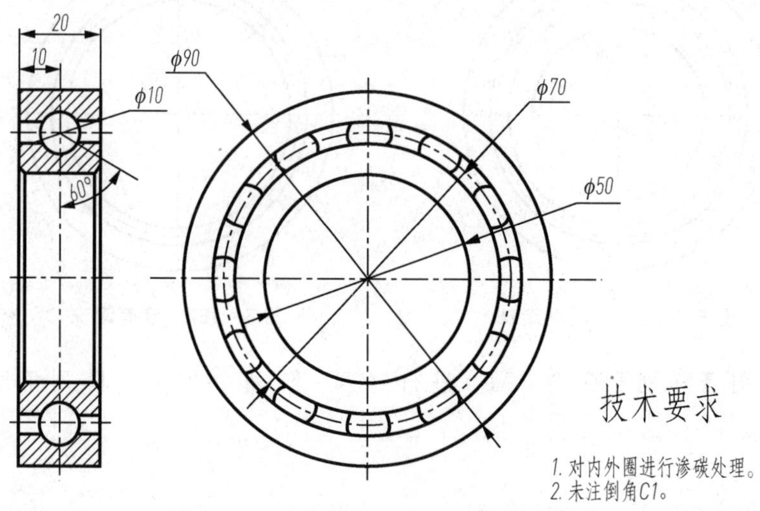

图 6-171 书写技术要求

6）保存文件

选择【文件】下拉菜单，单击【另存为】命令，将图形命名为“轴承 . dwg”，保存文件。

6.5.4 操作技巧

样板文件是建立的一个统一格式的空文件，使用时可以不用每次建立一个新文件时都重新设计格式。AutoCAD 样板文件是扩展名为 . dwt 的文件，文件上通常包括一些通用图形对象，如图幅框和标题栏等，通常还有一些与绘图相关的标准(或通用)设置，如图层、文字标注样式及尺寸标注样式的设置等。通过样板创建新图形，可以避免一些重复性操作，如绘图环境的设置等。这样不仅能够提高绘图效率，而且还保证了图形的一致性。

6.5.5 功能详解

样板文件建立：新建一个空白文件，根据需要设置绘图环境、设置图层、设置文字样式、设置尺寸标注样式、定义表面粗糙度符号图块、定义标题栏图块等，最后保存为样板文件。执行【文件】|【另存为】命令，打开【图形另存为】对话框。选择保存位置，在【文件类型】下拉列表中选择“AutoCAD 图形样板(* . dwt)”，在【文件名】文本框中输入“模板”，再单击【保存】按钮，系统弹出【样板选项】对话框。在【说明】文本框中输入相应的文字说明，然后确定即可。

6.5.6 试试看

(1) 绘制图 6-172 所示的行程开关零件图。

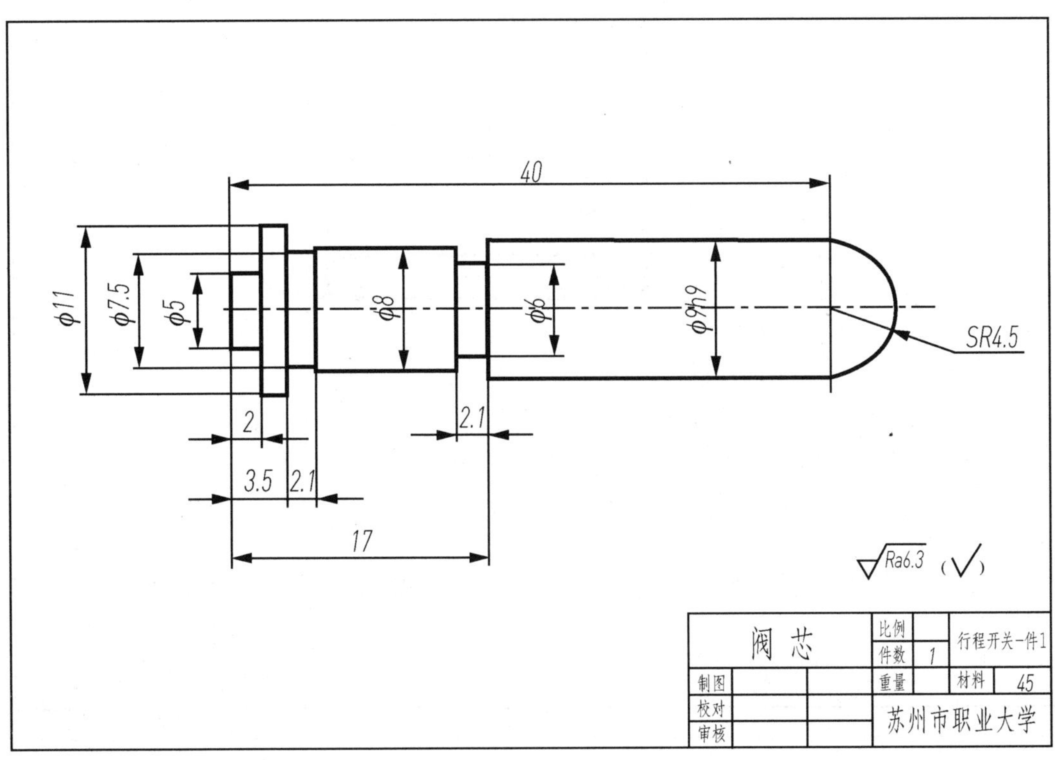

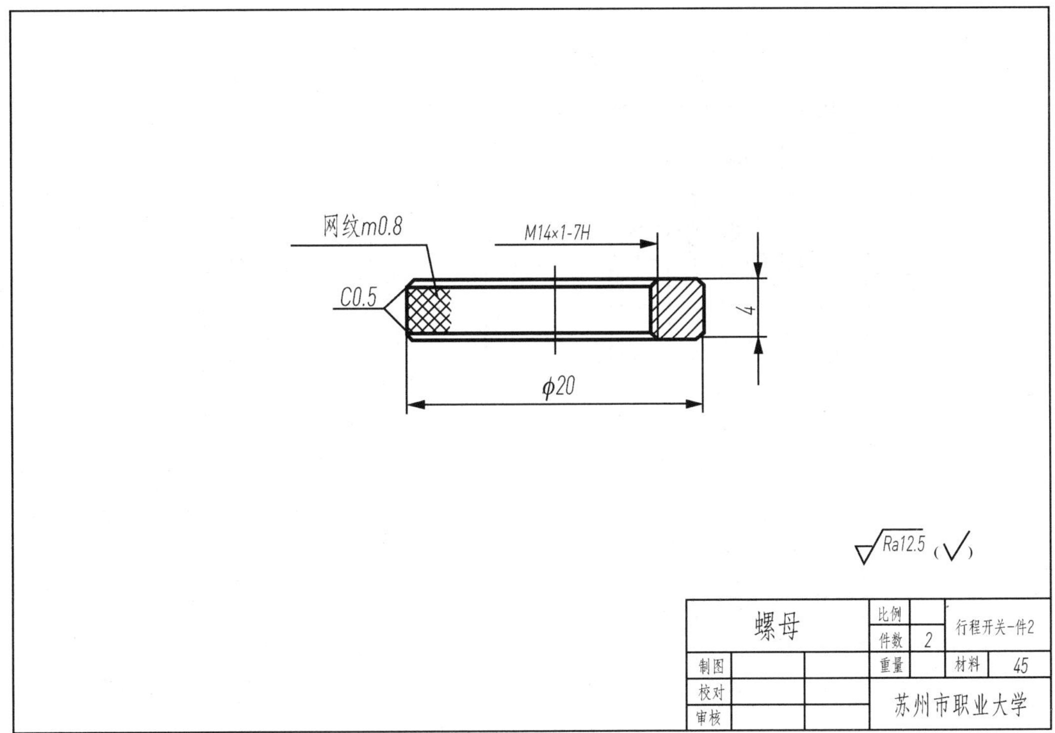

图6-172　行程开关零件图

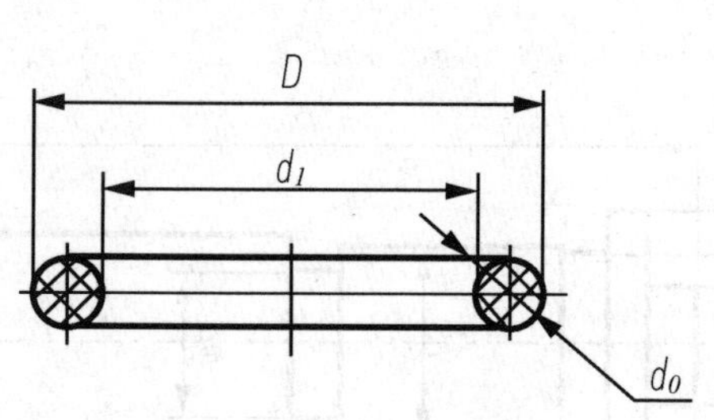

件3：$D=\phi 9$，$d_1=\phi 6$，$d_0=\phi 1.9$

件5：$D=\phi 11$，$d_1=\phi 8$，$d_0=\phi 1.9$

件7：$D=\phi 18$，$d_1=\phi 14$，$d_0=\phi 2.4$

O形密封圈			比例		行程开关	
			件数	各1件	件3、5、7	
制图			重量		材料	橡胶
校对			苏州市职业大学			
审核						

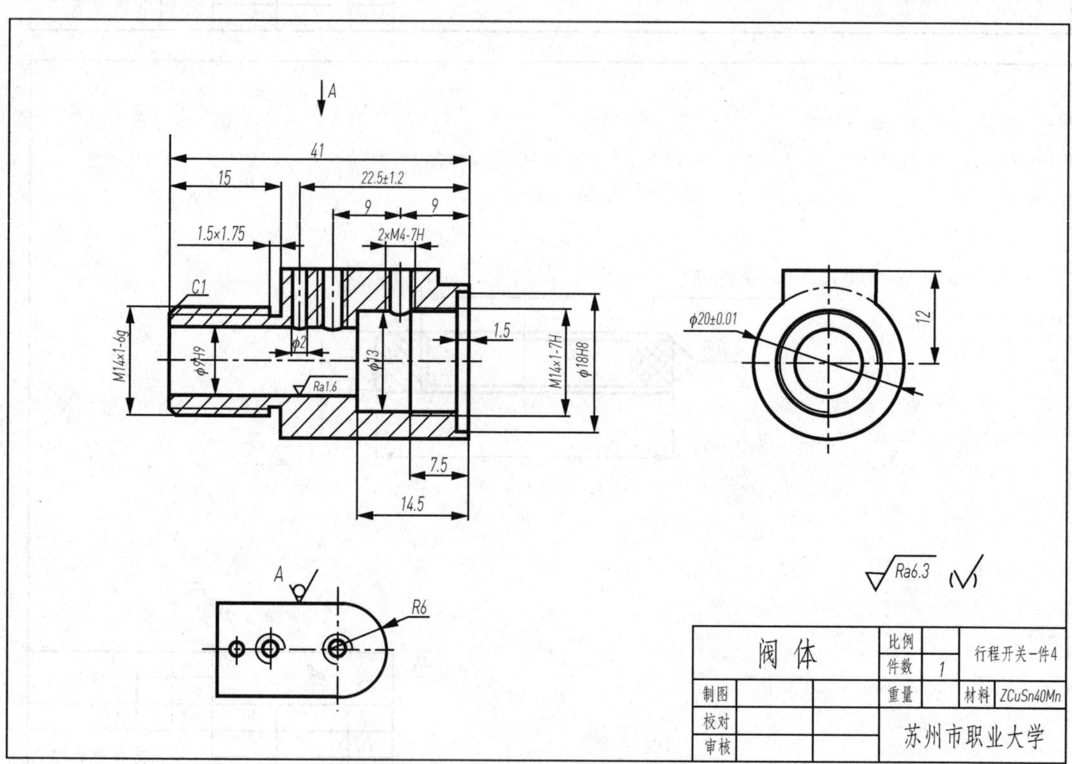

图 6－172　行程开关零件图(续)

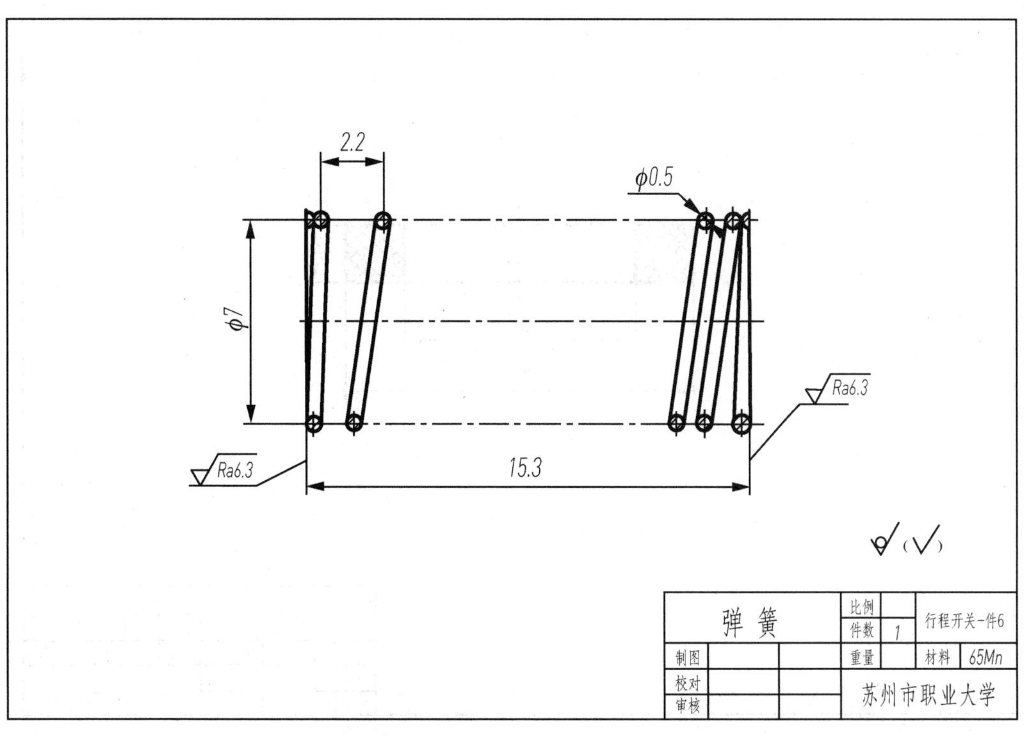

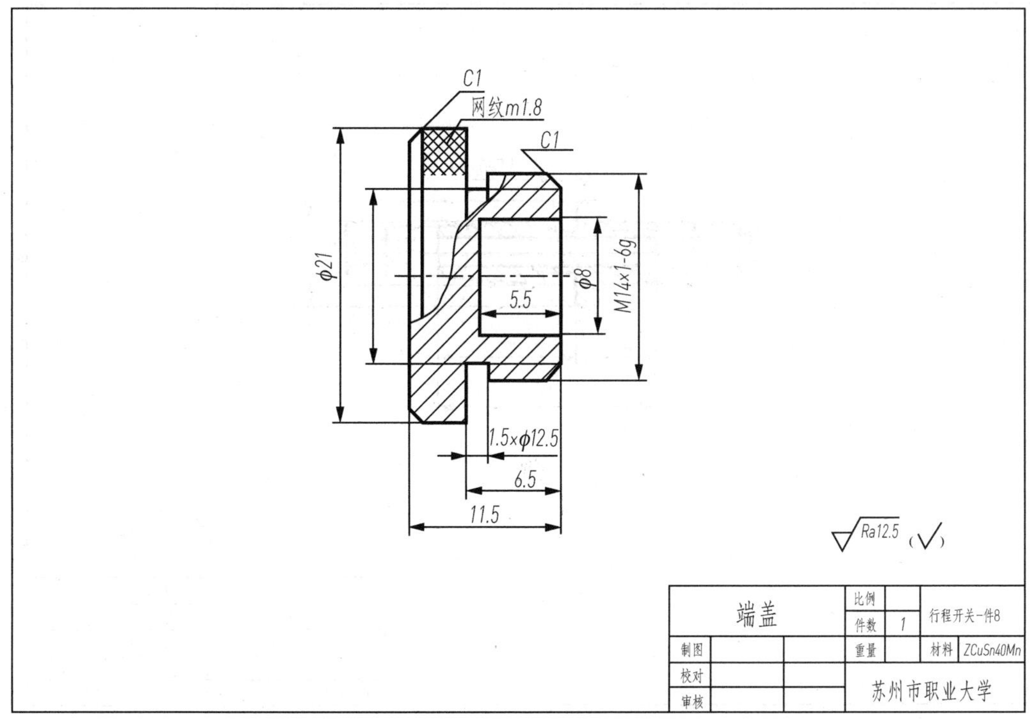

图 6－172　行程开关零件图(续)

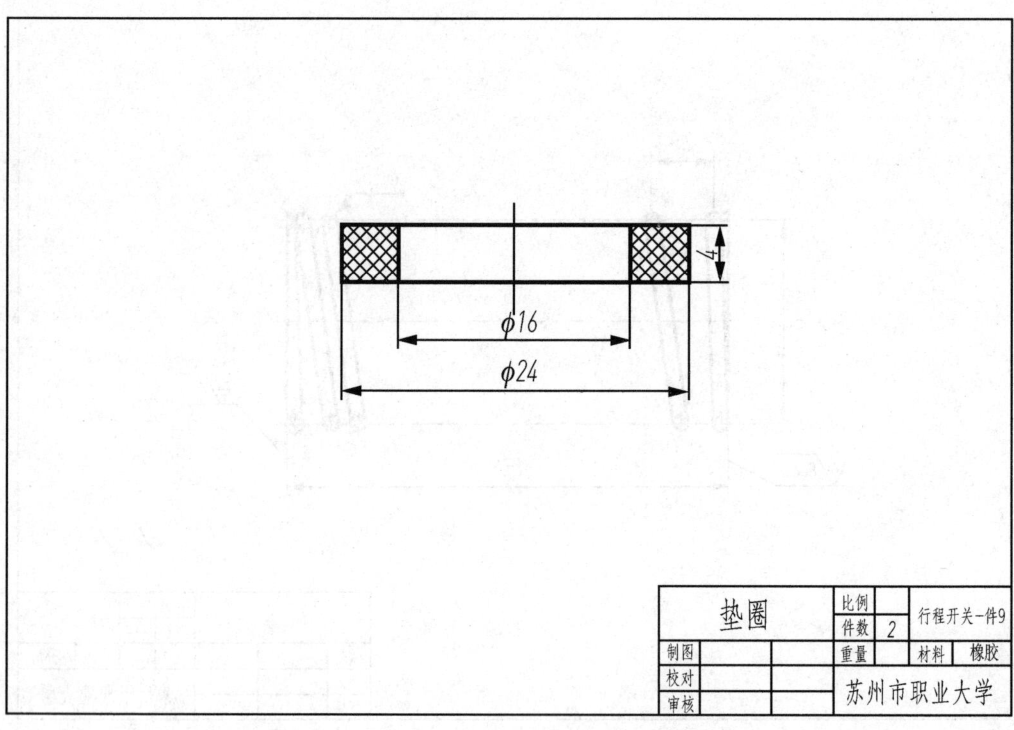

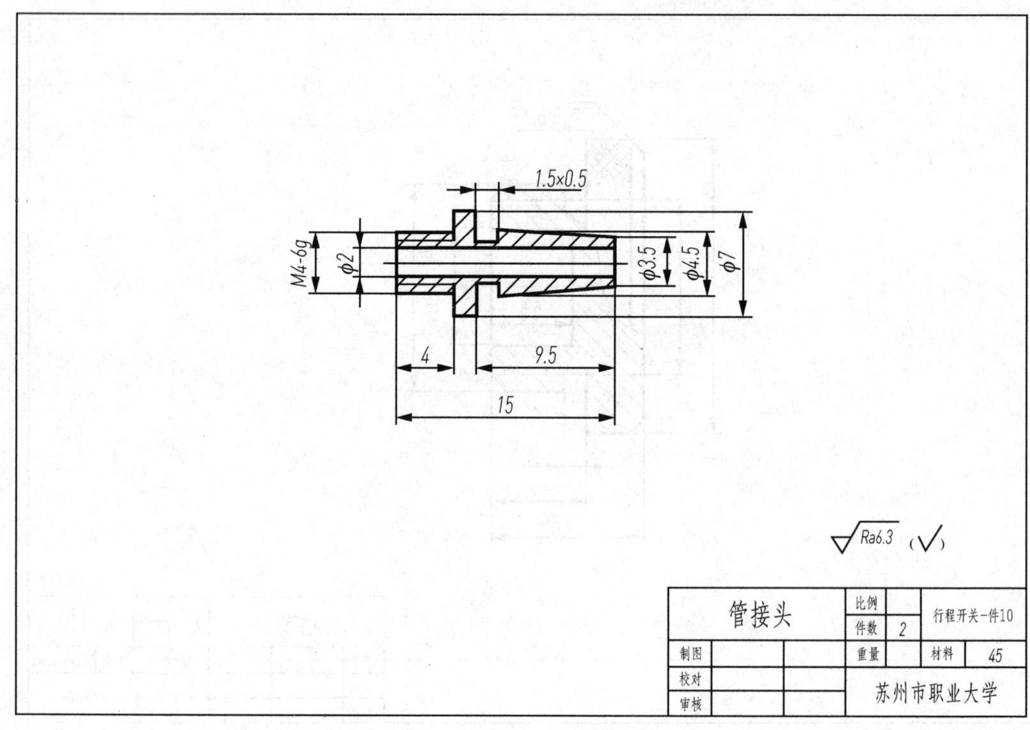

图 6－172　行程开关零件图(续)

（2）绘制图 6－173 所示的旋塞零件图。

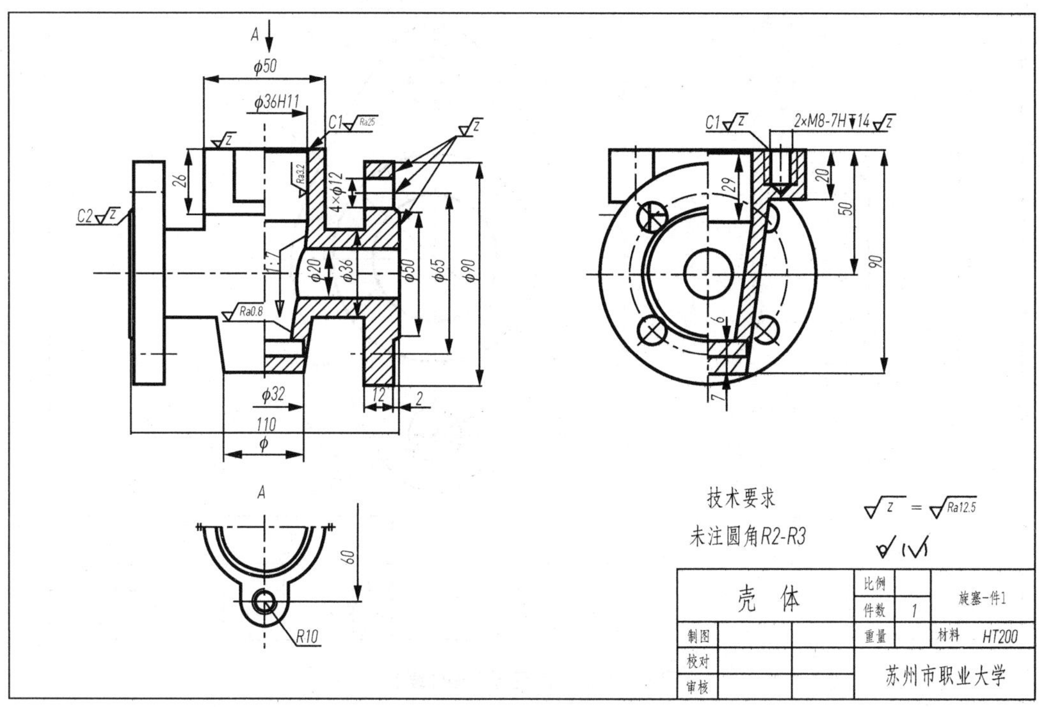

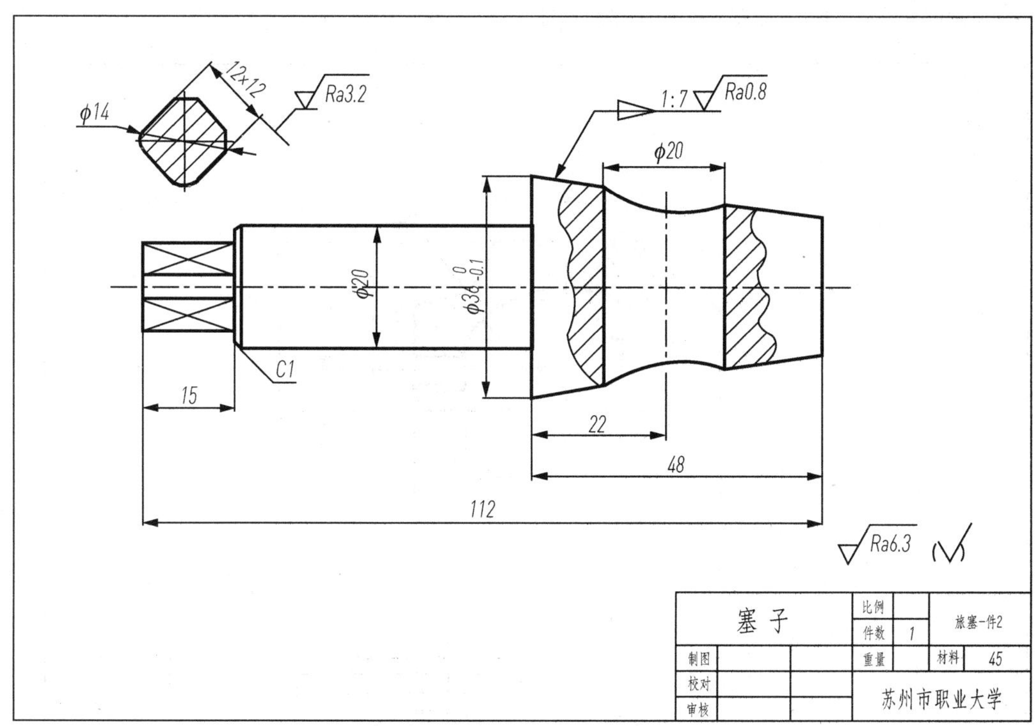

图 6－173　旋塞零件图

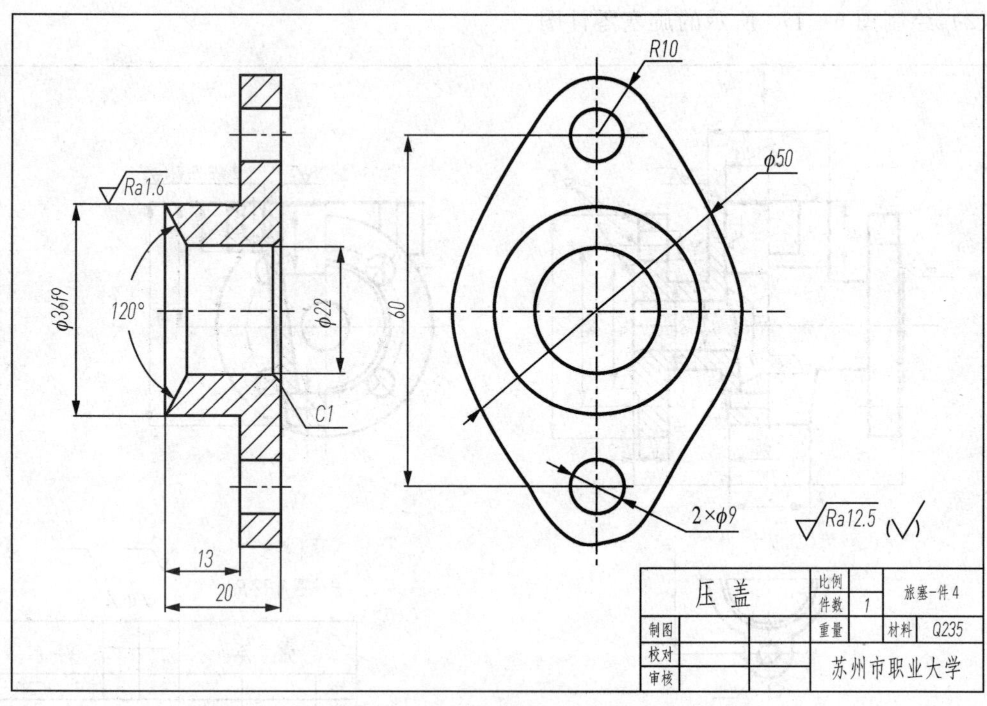

图 6－173　旋塞零件图(续)

(3) 绘制图 6－174 所示的千斤顶零件图。

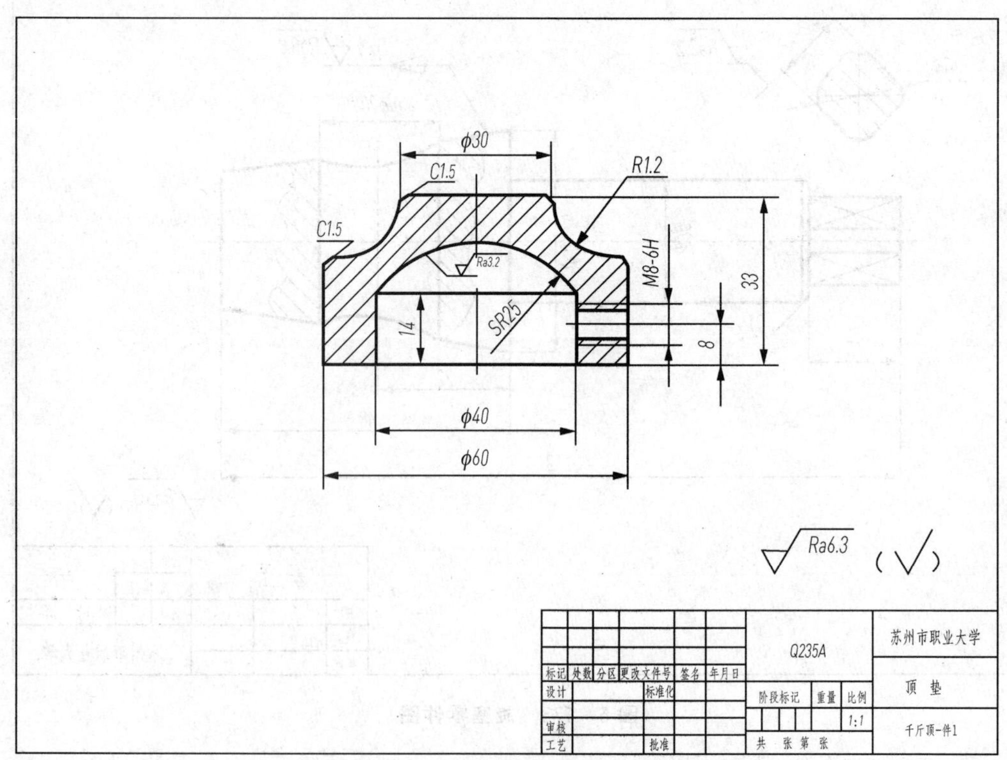

图 6－174　千斤顶零件图

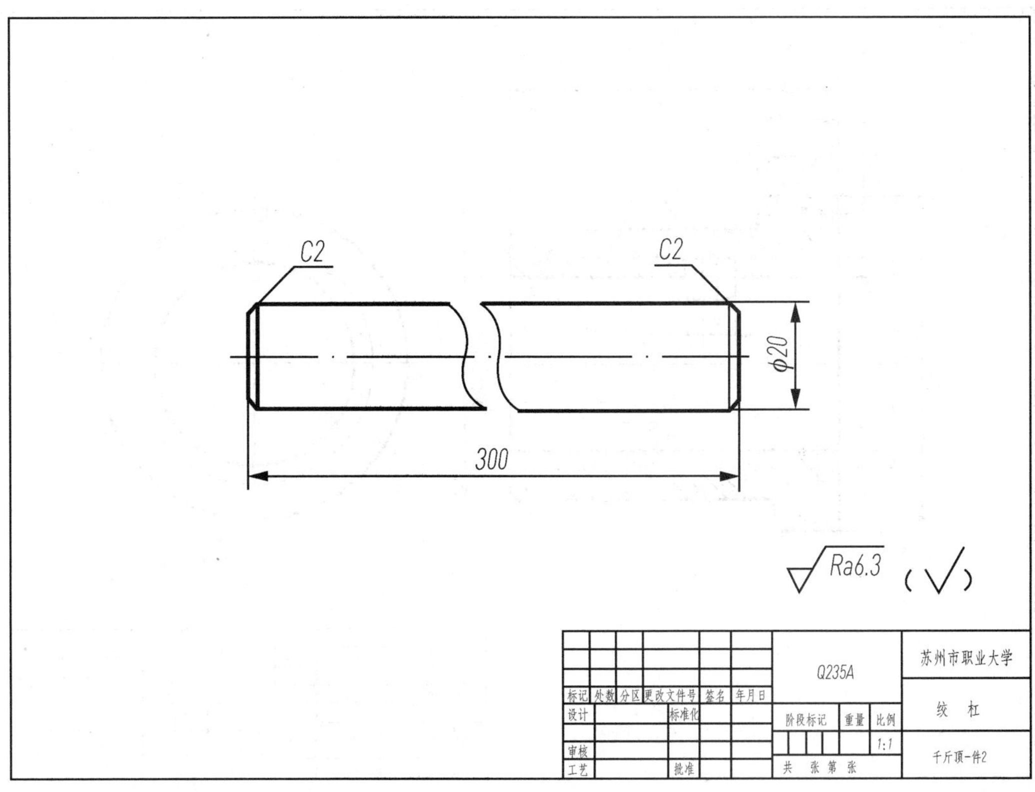

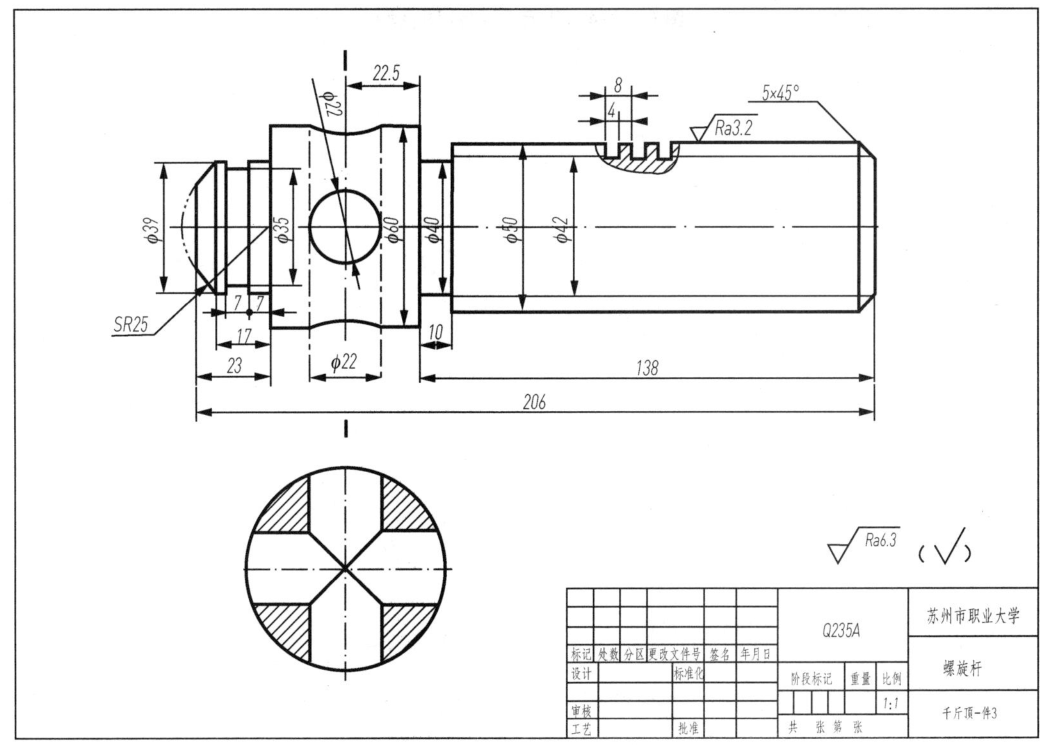

图 6－174　千斤顶零件图(续)

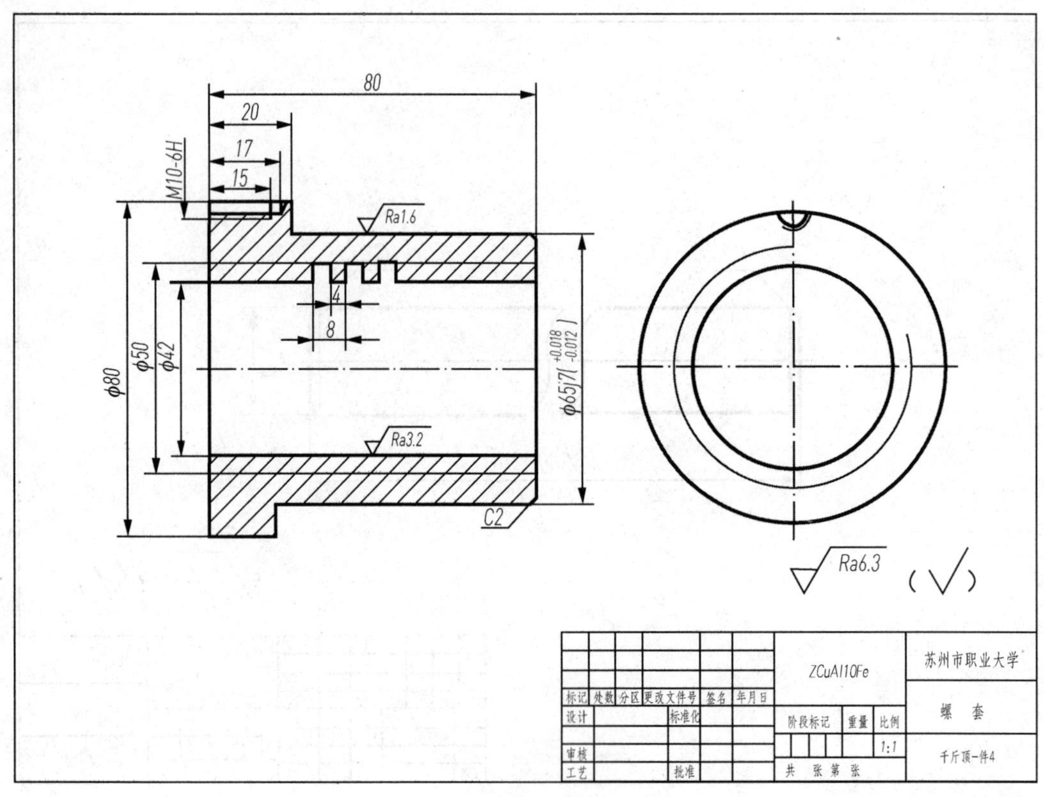

图 6-174 千斤顶零件图(续)

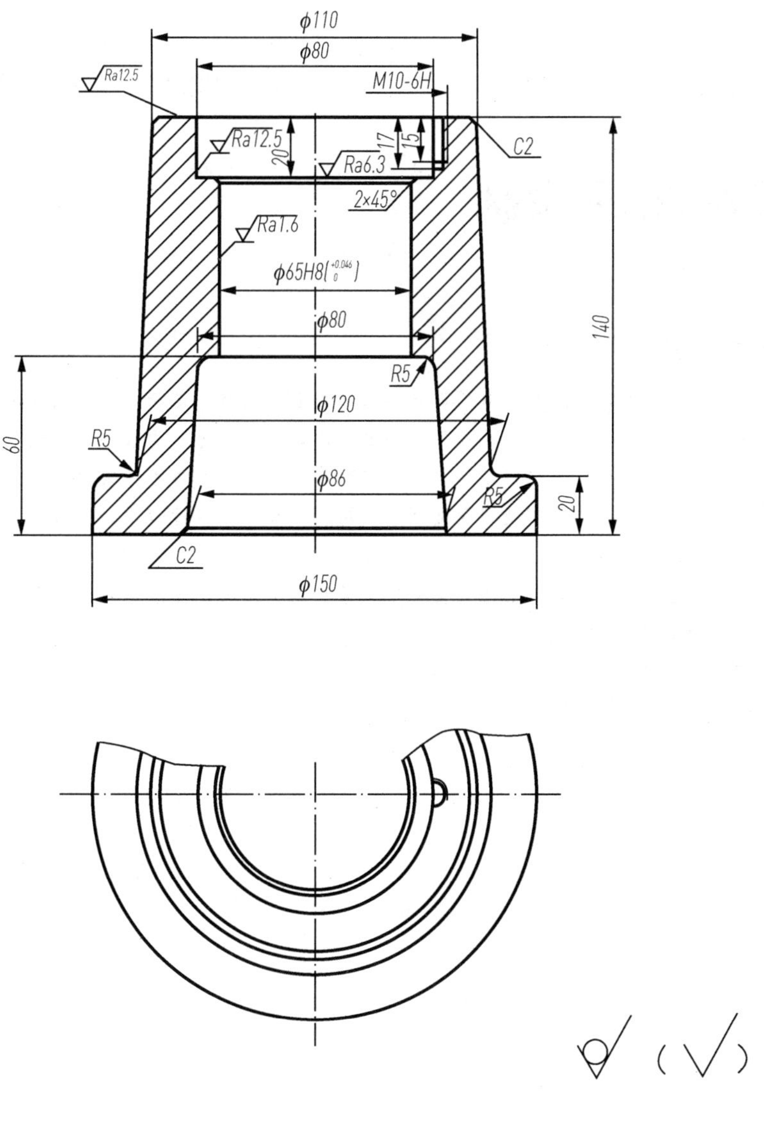

φ110
φ80
Ra12.5
M10-6H
Ra12.5
20
17
15
C2
Ra6.3
2×45°
Ra1.6
φ65H8($^{+0.046}_{0}$)
φ80
140
R5
60
φ120
R5
φ86
R5
20
C2
φ150

(√)

						HT200			苏州市职业大学
标记	处数	分区	更改文件号	签名	年月日				底　座
设计			标准化			阶段标记	重量	比例	
审核								1:1	千斤顶-件5
工艺			批准			共　张 第　张			

图 6 - 174　千斤顶零件图(续)

学习情境 7

装配图的绘制

学习目标

装配图是表示产品及其组成部分的连接、装配关系的图样，是指导生产的重要技术文件。在工业生产中，不论是进行新产品设计，还是对某产品进行改制，都要先画出装配图，由装配图画出零件图；在产品或部件的制造过程中，先根据零件图进行零件加工和检验，再根据装配图所制定的装配工艺规程将零件装配成机器或部件；在产品使用或部件的使用、维护及维修过程中，也常要通过装配图来了解产品或部件的工作原理及构造。

本学习情境要求学生掌握装配图的重要性，掌握基本的装配图绘制方法。本情境知识要点包括：

1. 装配图的直接绘制
2. 学习“块”的制作及由“块”拼画装配图

任务7.1 装配图的直接绘制

7.1.1 任务描述

任何机器设备都由若干个部件组成，而部件又由许多零件装配而成。在绘图之前，必须先读懂装配图。装配图包括一组视图、必要的尺寸、技术要求、标题栏、明细栏和零件序号。主视图的选择要符合部件的工作位置，能清楚表达部件的工作原理、主要的装配关系或其结构特征。其他视图的选择要分析主视图尚未表达清楚的装配关系或主要零件的结构形状，选择适当的表达方法，确定图纸比例和图纸大小。

7.1.2 思路分析

（1）绘制各视图的主要基准，包括主要轴线、对称中心线及主要零件的基面或端面。

（2）绘制主体结构和与它直接相关的重要零件。不同的机器或部件都有决定其特性的主体结构，在绘图时必须根据设计计算，首先绘制出主体结构的轮廓，再相继画出与主体结构相连接的重要零件。

（3）绘制其他次要零件和细部结构。逐步绘制出主体结构或重要零件的细节以及各种连接件如螺栓、螺母、键和销等。

（4）检查核对图形，创建剖面线。

（5）标注尺寸，编写序号，添加明细栏，填写标题栏和明细栏，注写技术要求，完成全图。

7.1.3 设计步骤

下面介绍图7-1所示铣刀头装配图的绘制步骤。

1. 选择样板文件

Step1. 选择已经创建的A0样板图。

Step2. 打开样板文件，确认图幅、标题栏、图层、标注样式和文字样式。

2. 创建视图

装配图中零件的尺寸可根据“6零件图”中的零件尺寸绘制。

Step1. 绘制主体结构和重要零件，如图7-2所示。

（1）绘图之前，先定位，绘制中心线。将图层切换至中心线图层，确认辅助绘图工具按钮处于激活状态，使用【直线】命令绘制中心线，如图7-3所示。

（2）将图层切换至轮廓线图层，使用【直线】命令、【圆】命令、【修剪】命令和【镜像】命令绘制铣刀头底座，如图7-4所示。

（3）重复上述绘图编辑命令创建阶梯轴，删除多余线条，如图7-5所示。

（4）绘制阶梯轴上的轴承，尺寸如图7-6所示。

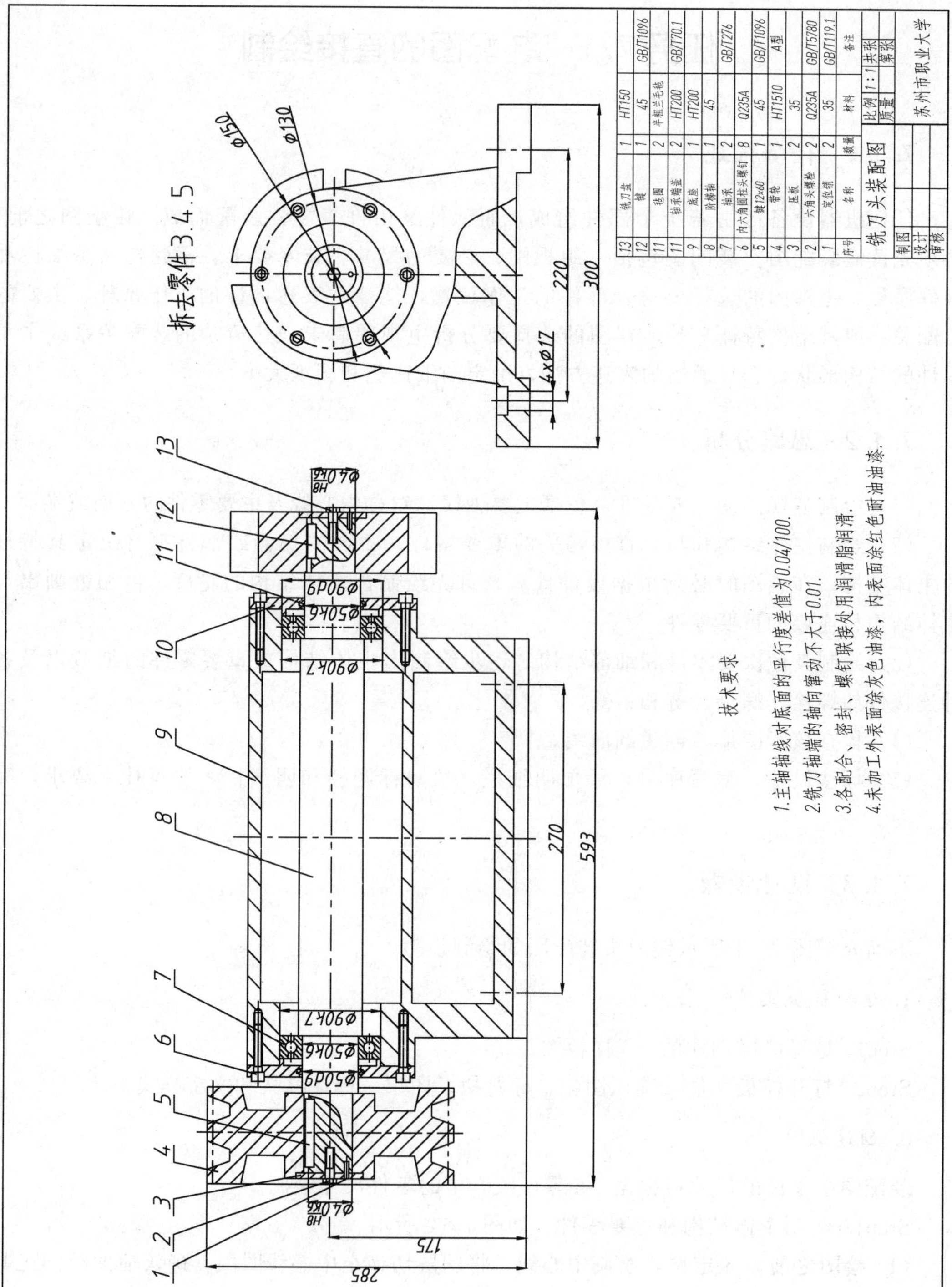

拆去零件3.4.5

13	铣刀盘	1	HT150	
12	键	1	45	GB/T1096
11	毡圈	2	半粗羊毛毡	
11	轴承端盖	2	HT200	GB/T70.1
9	底座	1	HT200	
8	阶梯轴	1	45	
7	轴承	2		GB/T276
6	内六角圆柱头螺钉	8	Q235A	
5	键12×60	1	45	GB/T1096
4	带轮	1	HT1510	A型
3	压板	2	35	
2	六角头螺栓	2	Q235A	GB/T5780
1	定位销	2	35	GB/T119.1
序号	名称	数量	材料	备注

铣刀头装配图	比例 1:1 共张	质量 第张
制图		
设计		苏州市职业大学
审核		

技术要求

1.主轴轴线对底面的平行度差值为0.04/100.
2.铣刀轴端的轴向窜动不大于0.01.
3.各配合、密封、螺钉联接处用润滑脂润滑.
4.未加工外表面涂灰色油漆，内表面涂红色耐油油漆.

图 7－1　铣刀头装配图

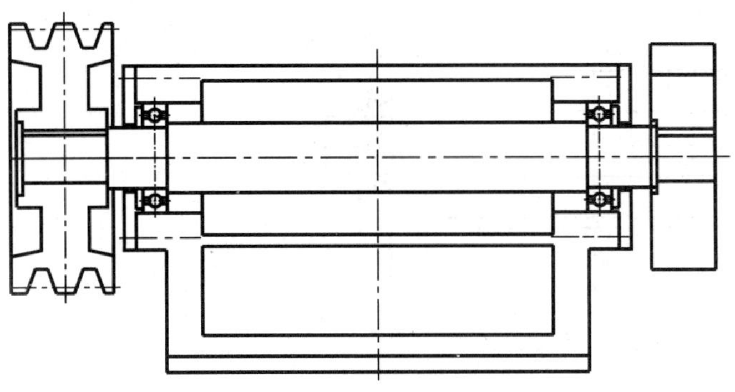

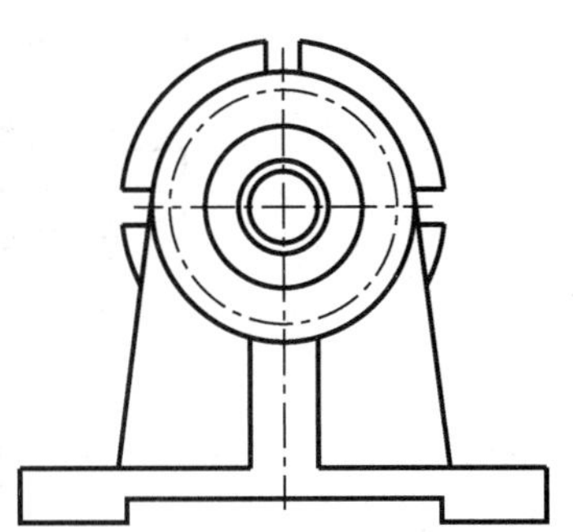

图 7－2　主体结构和重要零件

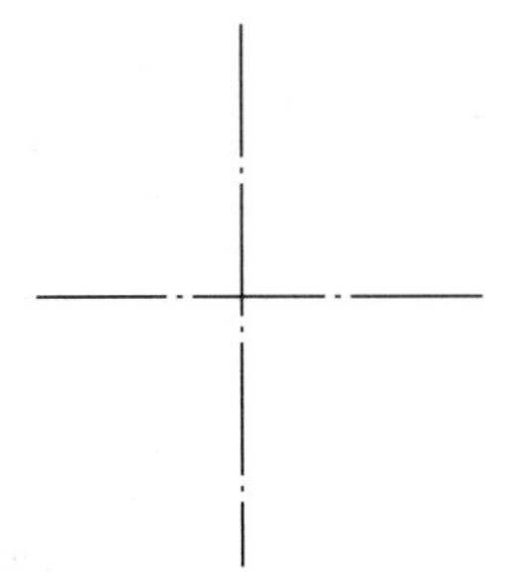

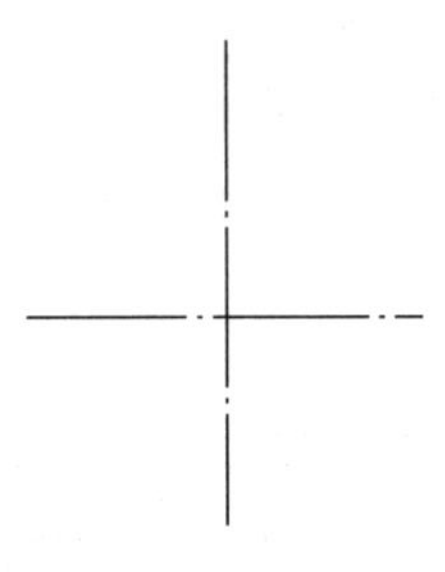

图 7－3　绘制中心线

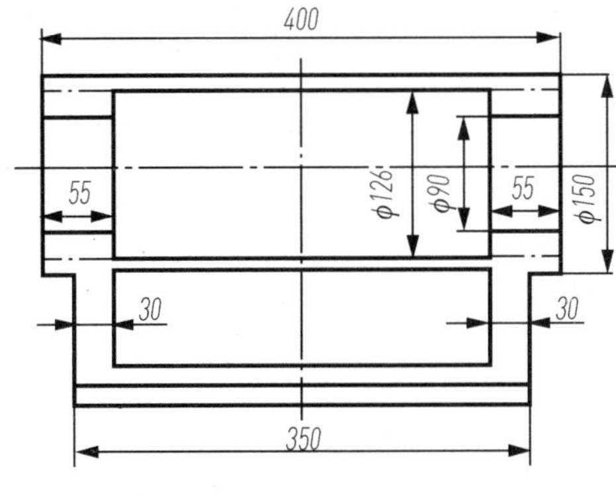

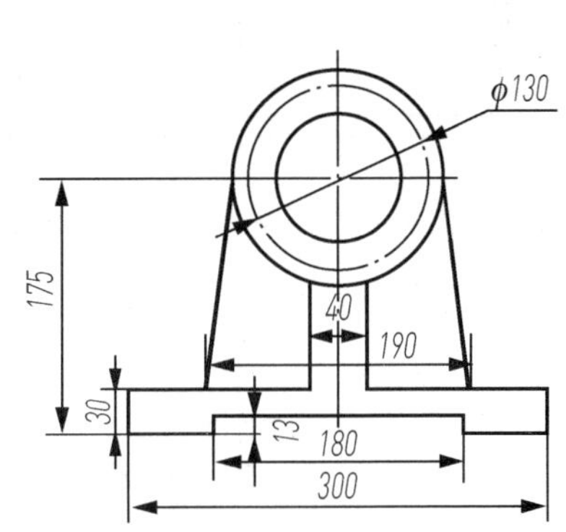

图 7－4　铣刀头底座

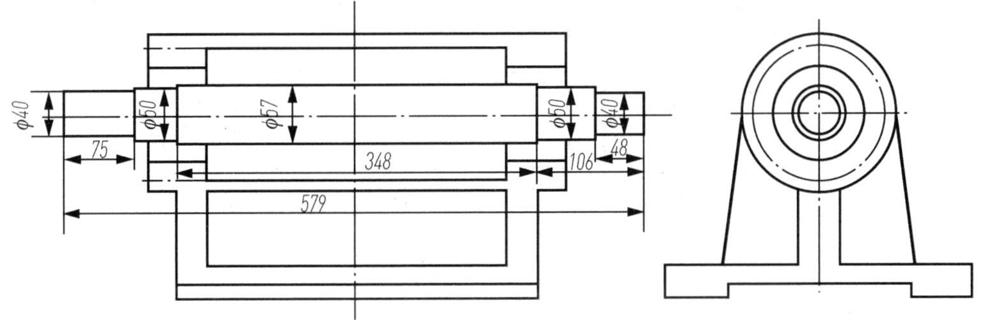

图 7－5　阶梯轴

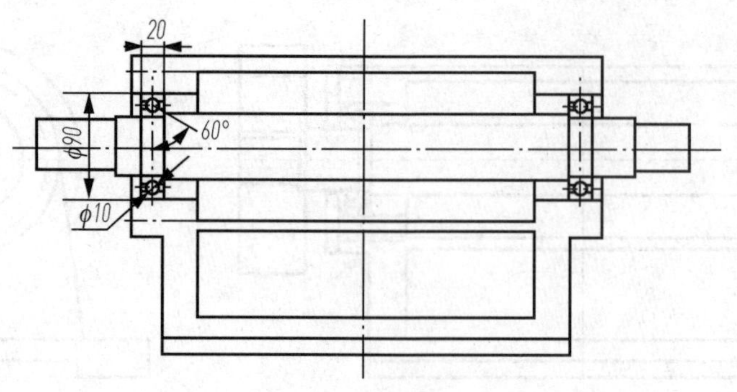

图 7-6 轴承

（5）绘制轴承端盖。

① 绘制主视图上的轴承端盖，删除多余线条，如图 7-7 所示。

② 绘制左视图上的轴承端盖。

将左视图中直径为 57 和 90 的圆删除，绘制直径为 52 的圆，如图 7-8 所示。

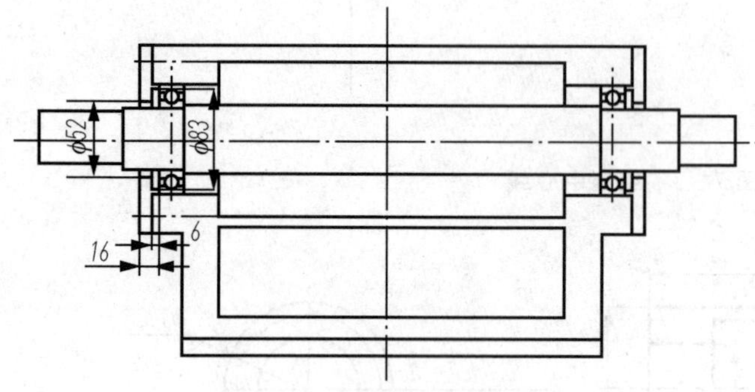

图 7-7 绘制主视图轴承端盖

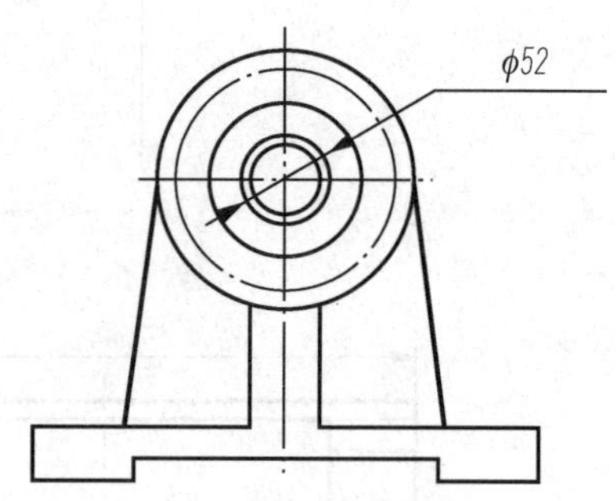

图 7-8 绘制左视图轴承端盖

（6）绘制主视图上的带轮，如图 7-9 所示。

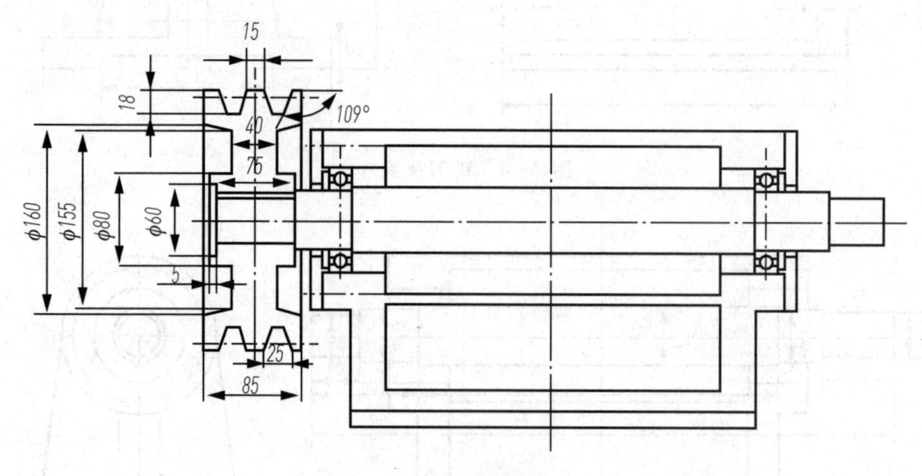

图 7-9 绘制主视图带轮

带轮安装在阶梯轴上时，是紧靠在 $\phi 50$ 的轴肩上，根据此位置关系来绘制带轮。

（7）绘制主视图上的压板，如图 7-10 所示。

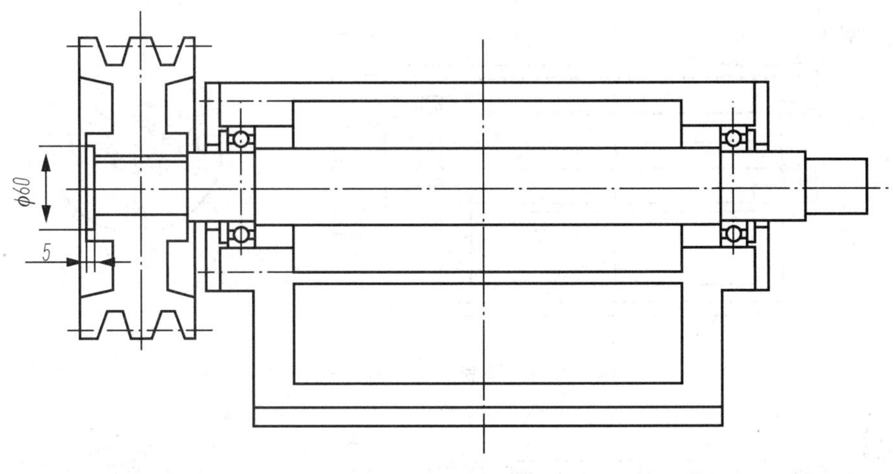

图 7-10　绘制压板

(8) 绘制铣刀盘。

因为左视图是拆去带轮绘制的，所以此时不需绘制带轮。

① 绘制左视图上的铣刀盘，如图 7-11 所示。

② 修剪左视图上的铣刀盘，如图 7-12 所示。

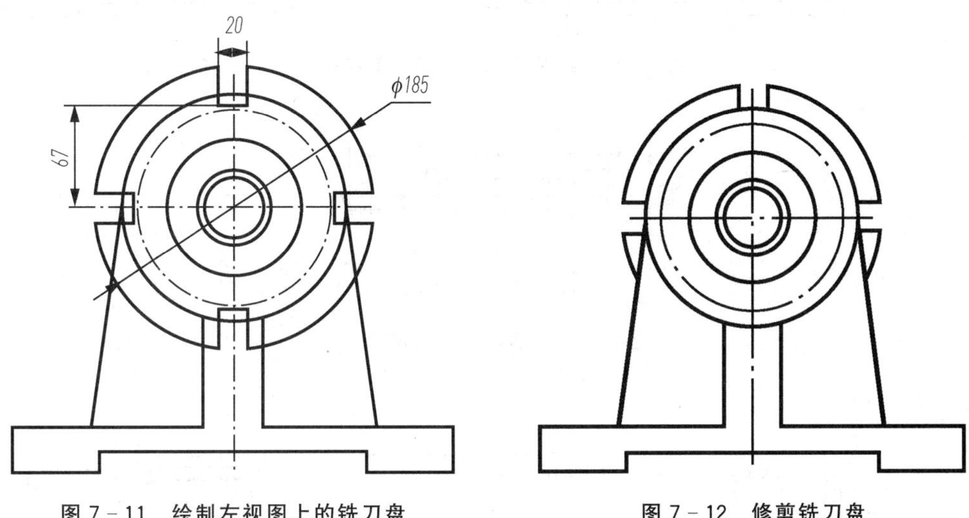

图 7-11　绘制左视图上的铣刀盘　　图 7-12　修剪铣刀盘

③ 绘制主视图上的铣刀盘，如图 7-13 所示。

根据铣刀盘尺寸绘制主视图上的铣刀盘。

Step2. 绘制其他次要零件和细部结构，如图 7-14 所示。

(1) 绘制内六角圆柱头螺钉。

内六角圆柱头螺钉和孔的尺寸如图 7-15 所示。绘制主视图上的内六角圆柱头螺钉，如图 7-16 所示。

绘制左视图上的内六角圆柱头螺钉，如图 7-17 所示。

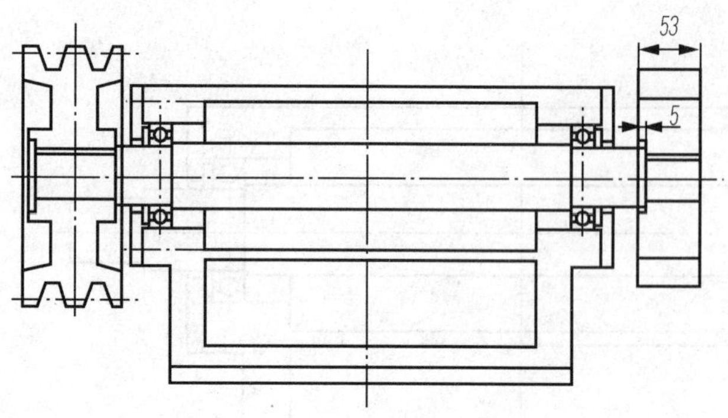

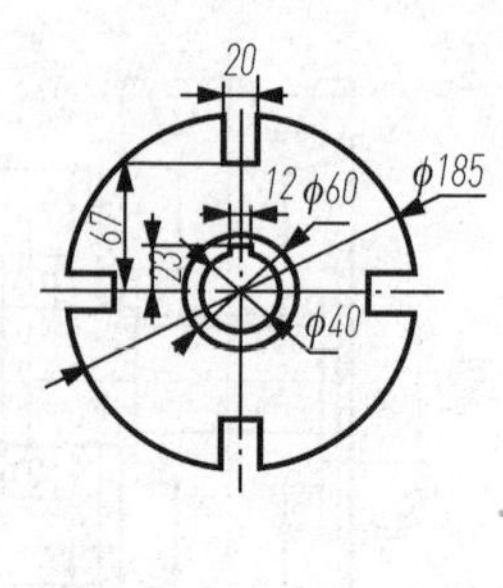

图 7－13　绘制主视图铣刀盘

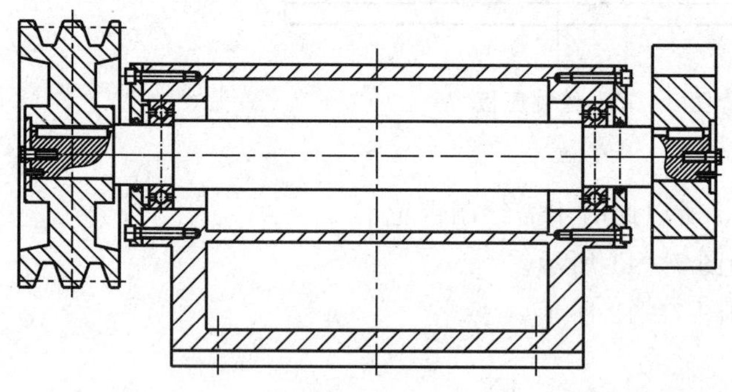

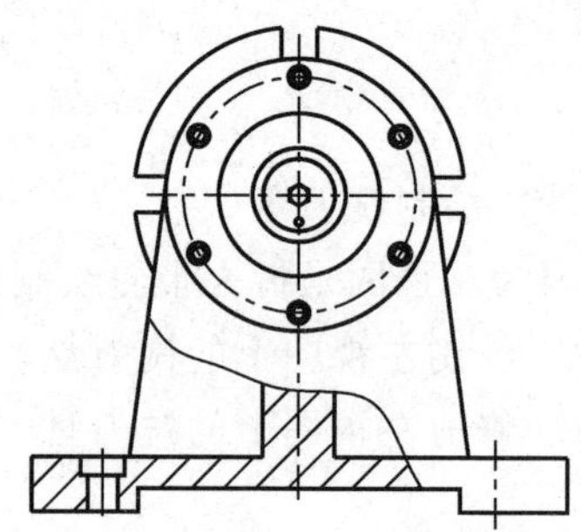

图 7－14　绘制其他零件和细部结构

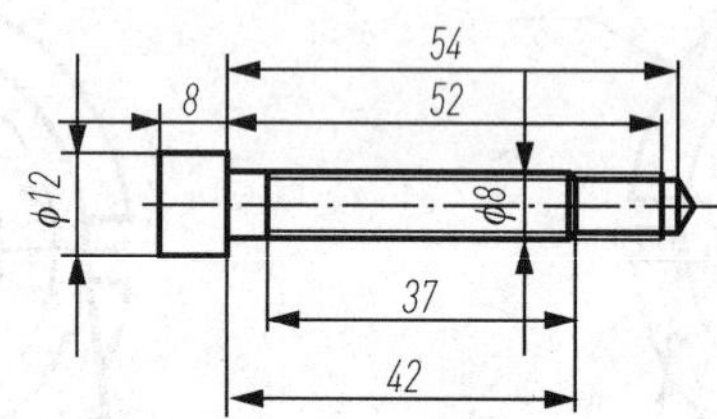

图 7－15　螺钉和孔的尺寸

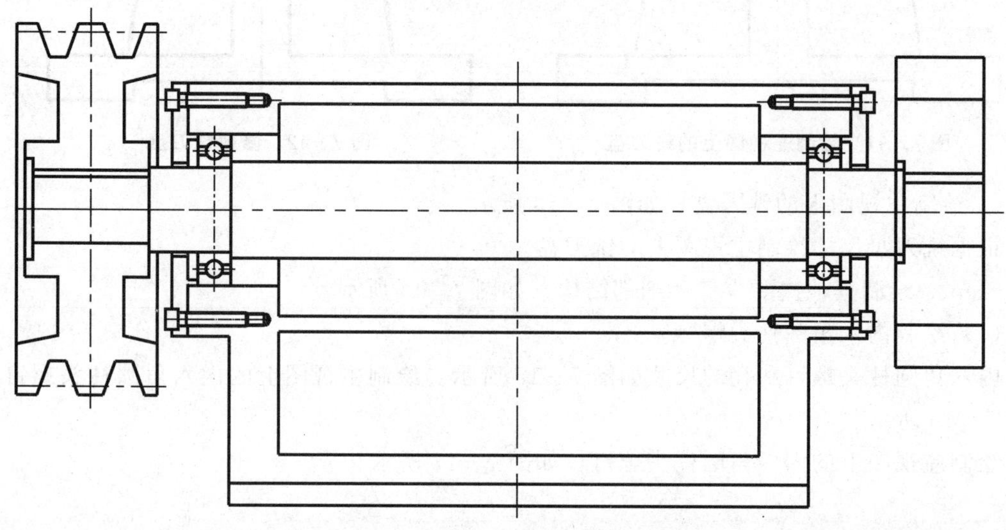

图 7－16　主视图上的内六角圆柱头螺钉

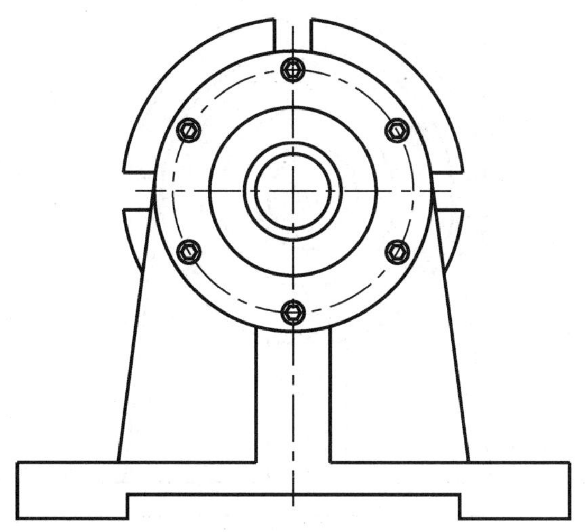

图 7－17　左视图上的内六角圆柱头螺钉

（2）绘制六角头螺栓。

① 绘制主视图上的六角头螺栓，如图 7－18 所示。

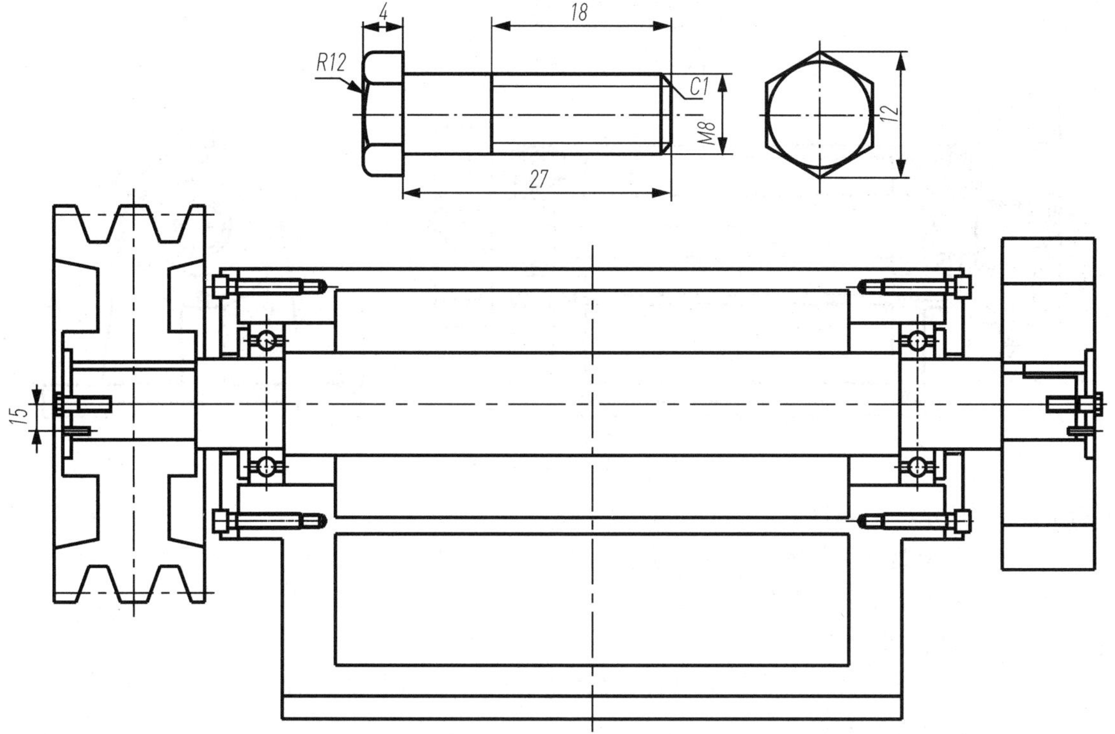

图 7－18　主视图上的内六角头螺栓

② 绘制左视图上的六角头螺栓，如图 7－19 所示。

（3）绘制定位销，定位销直径为 4mm，长为 10mm，如图 7－20 所示。

（4）绘制键。

装配图中有两个键，键 12mm×30mm，键 12mm×60mm，高都是 8mm。左端键放大

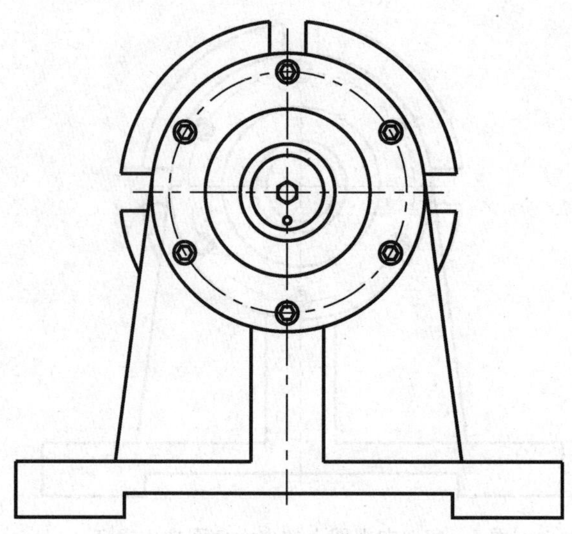
图 7－19　左视图上的六角头螺栓

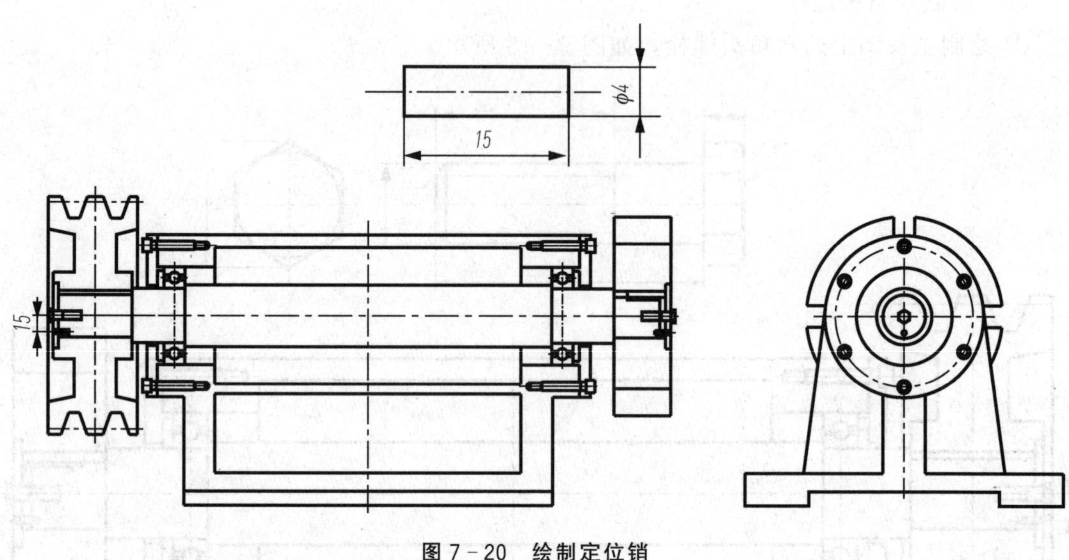

图 7－20　绘制定位销

如图 7－21 所示。右端键放大如图 7－22 所示。

（5）绘制密封圈，如图 7－23 所示。

（6）绘制安装螺钉，如图 7－24 所示。

Step3. 创建图案填充。

（1）切换至剖面线图层，使用【样条曲线】命令，绘制剖切位置线。

（2）使用【修剪】命令，修剪图形。

（3）使用【图案填充】命令，对铣刀头装配图进行填充，如图 7－14 所示。

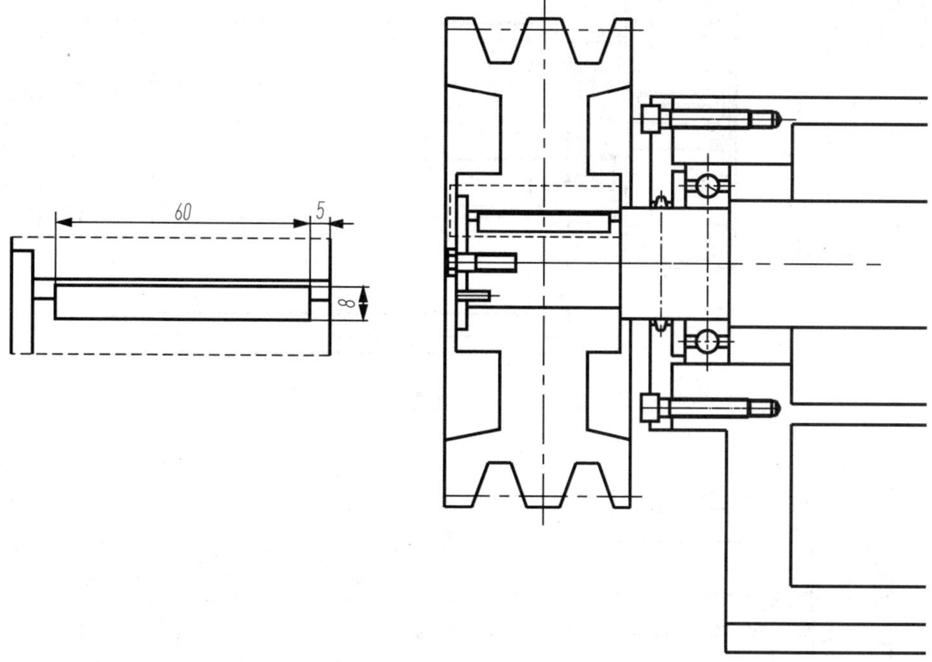

图 7－21　绘制左端键

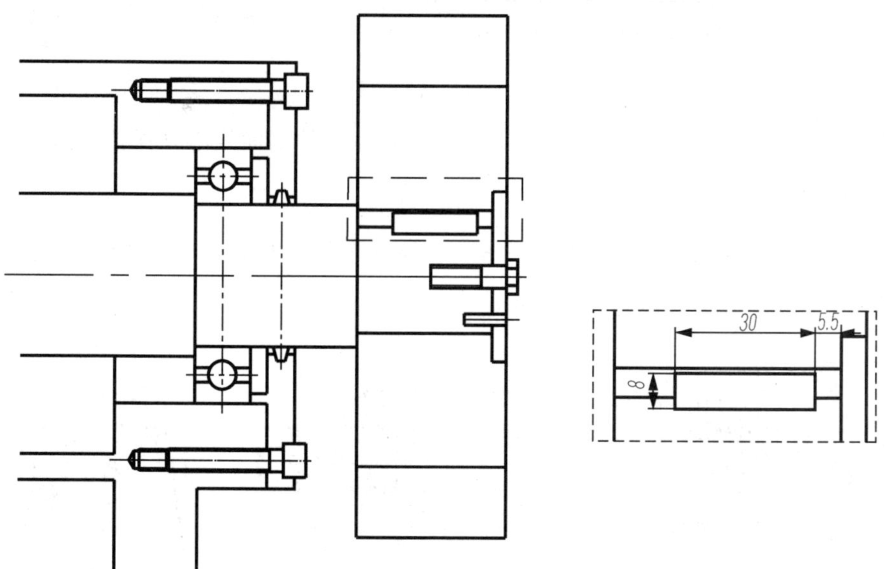

图 7－22　绘制右端键

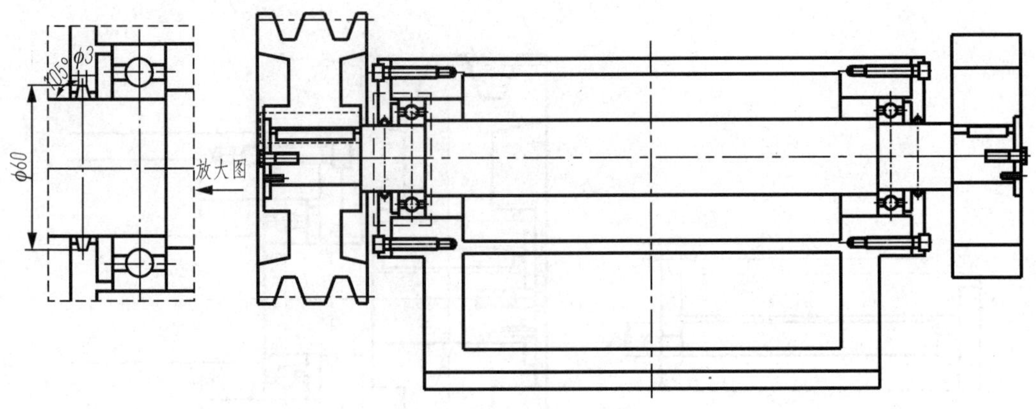

图 7－23　绘制密封圈

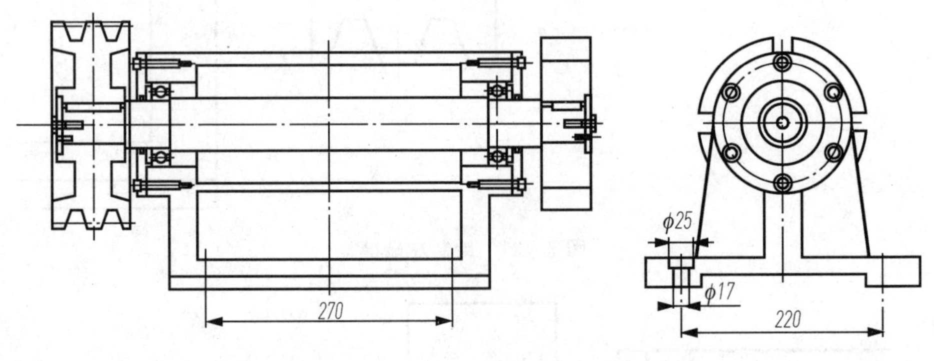

图 7－24　绘制螺钉

在装配图中，不同的零件剖面线各不相同，同一零件剖面线必须保持一致。

3. 完成装配图

Step1. 标注尺寸。将图层切换至标注图层，对装配图进行必要的尺寸标注，如图 7－25 所示。

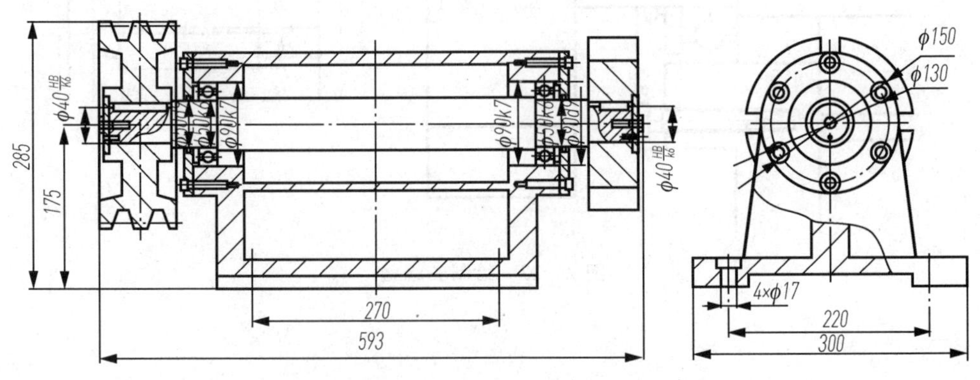

图 7－25　装配图尺寸标注

Step2. 标注零件序号，创建文字，如图 7－26 所示。

Step3. 书写技术要求，如图 7－27 所示。

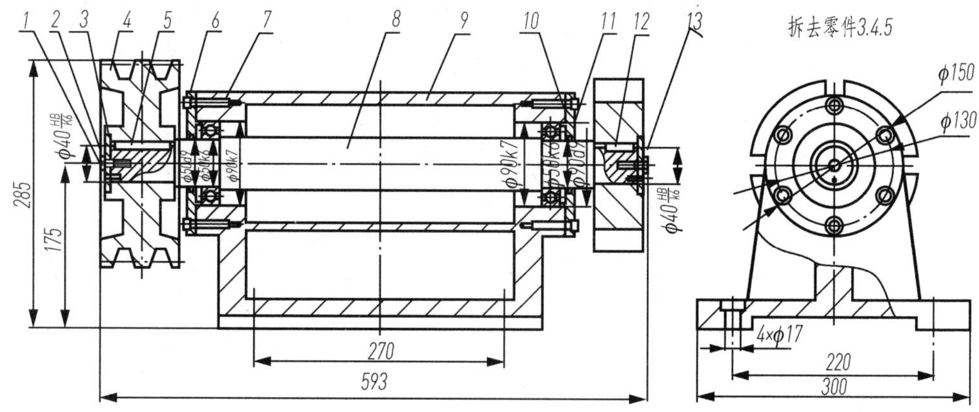

图 7-26　标注零件序号

技术要求

1. 主轴轴线对底面的平行度公差值为 0.04/100。

2. 铣刀轴端的轴向窜动不大于 0.01。

3. 各配合、密封、螺钉联接处用润滑脂润滑。

4. 未加工外表面涂灰色油漆，内表面涂红色耐油油漆。

图 7-27　书写技术要求

Step4. 创建明细栏。

(1) 将图层切换至细实线层，选择【绘图】下拉菜单中的【表格】命令，设置 12 行 5 列的表格，插入表格。

(2) 按照图 7-28 所示设置表格。

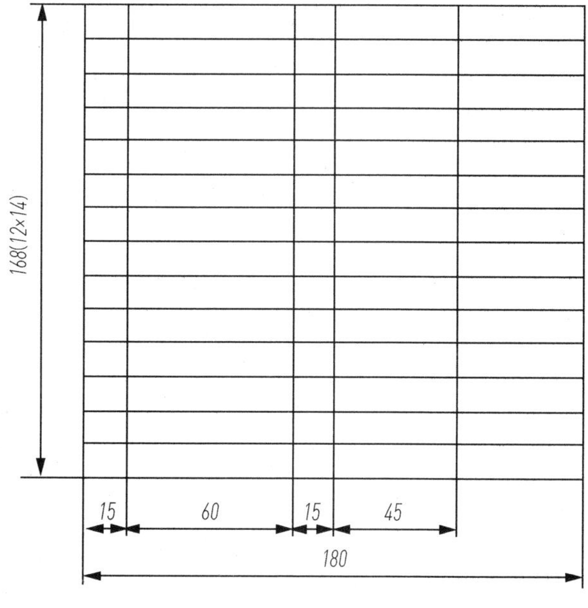

图 7-28　表格形式

(3) 填写标题栏，如图 7-29 所示。

13	铣刀盘	1	HT150	
12	键	1	45	GB/T1096
11	毡圈	2	半粗半毛毡	
10	轴承端盖	2	HT200	GB/T70.1
9	底盘	1	HT200	
8	阶梯轴	1	45	
7	轴承	2		GB/T276
6	内六角圆柱头螺钉	8	Q235A	
5	键 12×60	1	45	GB/T1096
4	带轮	1	HT150	A 型
3	压板	2	35	
2	六角头螺栓	2	Q235A	GB/T5780
1	定位销	2	35	GB/T119.1
序号	名称	数量	材料	备注

图 7-29 创建明细栏

4. 保存文件

选择【文件】下拉菜单，单击【另存为】命令，将装配图命名为“铣刀头装配图.dwg”，保存文件。

任务 7.2 零件图组合成装配图

7.2.1 任务描述

先绘制产品中的各个零件图，然后利用 AutoCAD 中的【创建块】、【写块】等命令，将绘制的零件图做成“块”，用“块”组合成装配图。

7.2.2 思路分析

(1) 绘制零件图，各零件的比例应一致，零件的尺寸可以暂不标，将每个零件用 WBLOCK 命令定义为.dwg 文件。做块时，必须选好插入点，这样可以使绘图容易。插入点应该选择零件间相互有装配关系的点。

(2) 调入装配干线上的主要零件，然后沿装配干线展开，逐个插入相关零件。插入后，若需要修剪不可见的线段，应当分解插入块。插入块时应注意确定它的轴向和径向定位。

(3) 根据零件之间的装配关系，检查各零件的尺寸是否有干涉现象。

(4) 标注装配尺寸和技术要求，添加零件序号，填写明细表、标题栏，完成全图。

7.2.3　设计步骤

1. 选用样板文件

设计装配图比例，选择图纸，创建标题栏。

Step1. 确定该铣刀头装配图的比例为 1∶1。

Step2. 打开样板文件，确认图幅、标题栏、图层、标注样式和文字样式。

2. 创建块和写块

首先应该绘制零件图。根据前面绘制的零件图，包括底座、轴、轴承、端盖、密封圈、内六角圆柱头螺钉、平键、平键 1、带轮、铣刀盘、压板、圆柱销和六角头螺栓(包括主视图与左视图)，将这些零件逐个创建成块，并标注名称。

装配图不需要零件的所有视图，可以使用前面绘制的部分零件图。

Step1. 创建图 7－30 所示的底座主视图零件块。

(1) 执行【绘图】|【块】|【创建】命令，系统弹出【块定义】对话框，选择底座图，分别创建名为“底座主视图”和“底座左视图”的块，选取中心线的交点作为插入点。

(2) 使用 WBLOCK 命令，保存底座的“块”，将目标存在指定的路径和文件名下。这里的路径和文件名可自行设定，把所有的块都存在一个文件夹中。

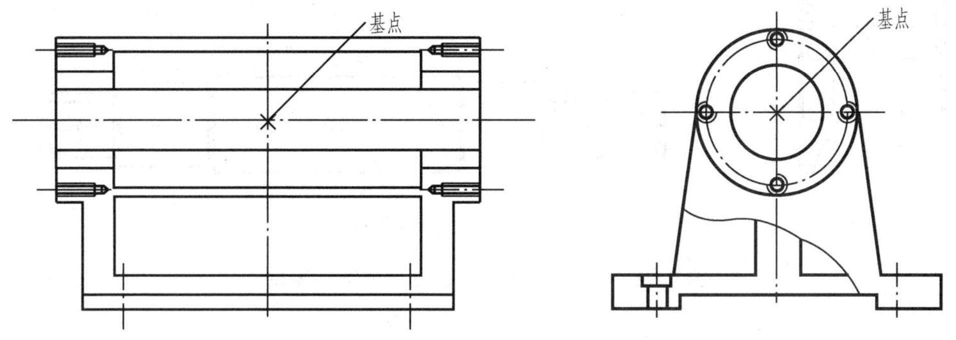

图 7－30　创建底座图块

Step2. 创建其他零件图块。

使用相同的方法创建其他零件图的图块，选择合适的插入基点。

(1) 创建定位销、六角头螺栓、压板图块，如图 7－31 所示。

(2) 创建带轮、阶梯轴和键 12×60 图块，如图 7－32 所示。

(3) 创建轴承端盖、轴承和内六角圆柱头螺钉图块，如图 7－33 所示。

(4) 创建毡圈、键和铣刀盘图块，如图 7－34 所示。

3. 绘制装配图

Step1. 使用【插入块】命令，在设置好的图纸中选择合适位置，插入“底座主视图”和“底座左视图”块，如图 7－35 所示。这里要注意，因为零件图是按照 1∶1 的比例绘制的，所以插入的块的比例应该相同。

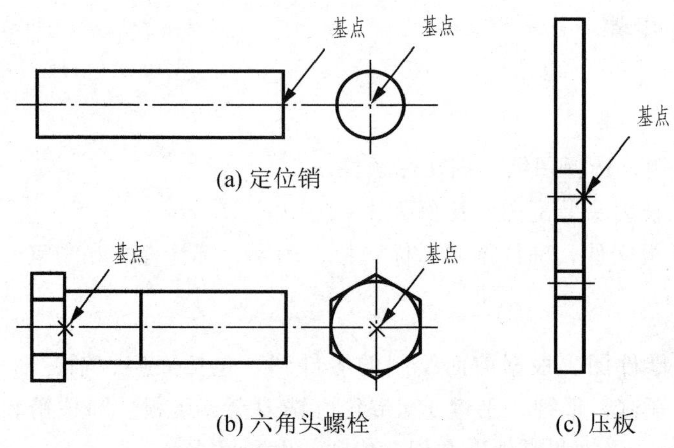

图 7－31　创建定位销、六角头螺栓、压板零件图块

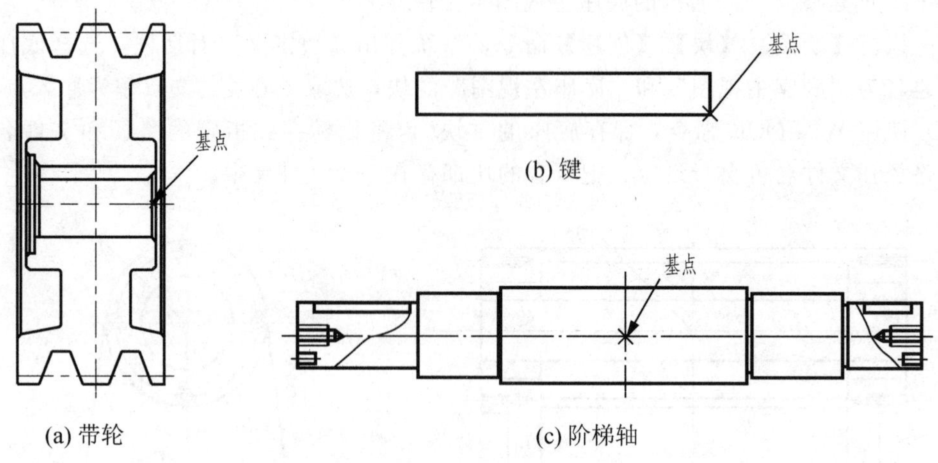

图 7－32　创建带轮、阶梯轴、键零件图块

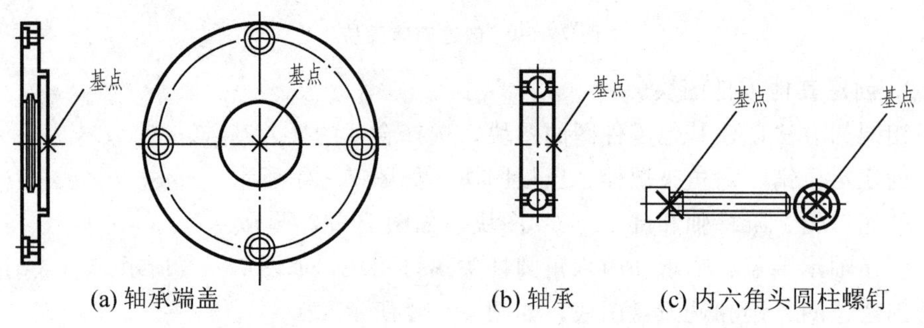

图 7－33　创建轴承端盖、轴承、内六角圆柱头螺钉零件图块

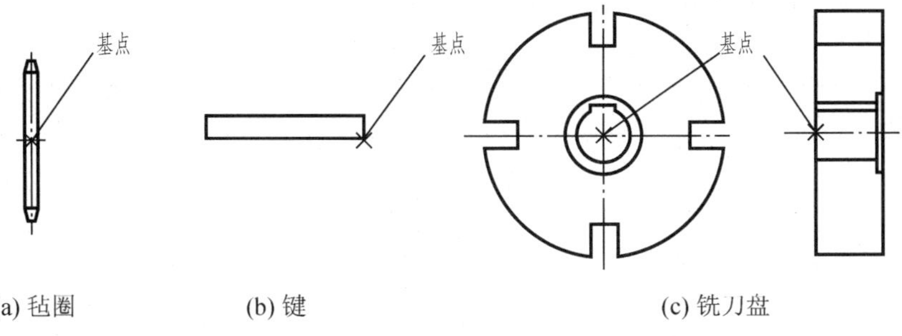

图 7－34　创建毡圈、键和铣刀盘零件图块

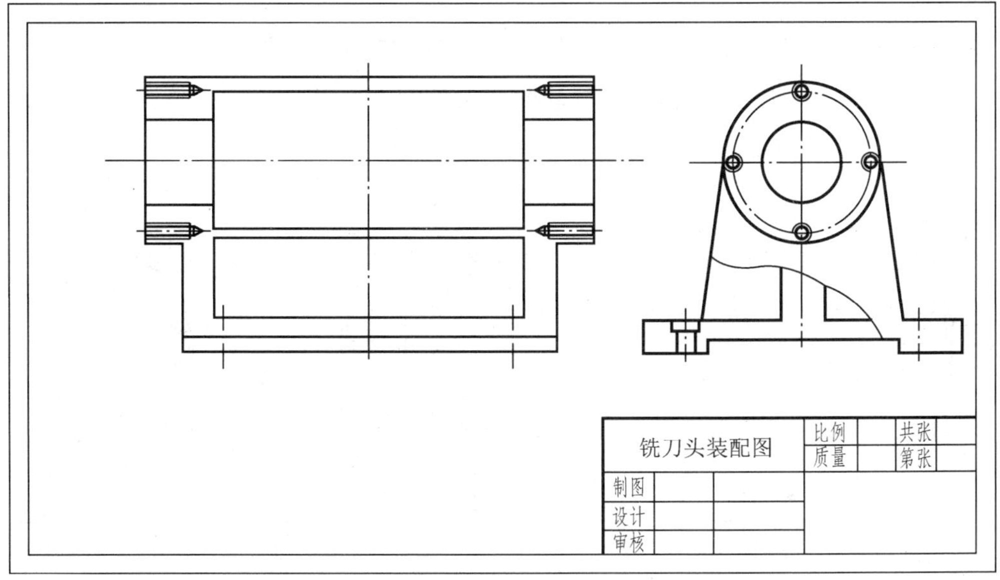

图 7－35　插入“底座主视图”和“底座左视图”图块

Step2. 参照上一步骤，在图中插入“阶梯轴”、“轴承”和“轴承端盖”图块，如图 7－36 所示。

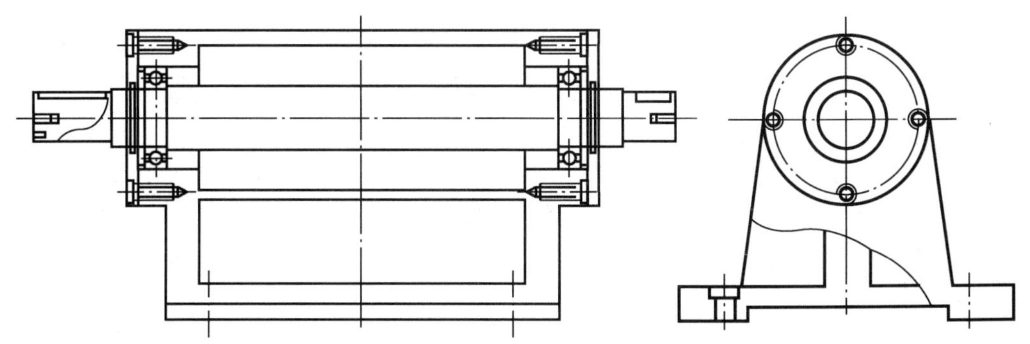

图 7－36　插入“阶梯轴”、“轴承”和“轴承端盖”图块

Step3. 为了使图形更清晰，可在拼装过程中先删除或修剪多余的线条。方法是使用【分解】命令，先把块分解，然后再进行修改。

Step4. 在图中插入“毡圈”和“内六角圆柱头螺钉”图块，如图 7－37 所示。

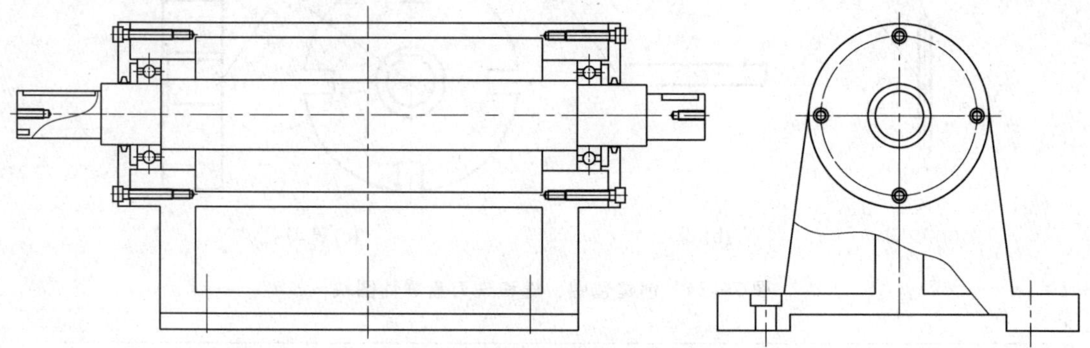

图 7－37　插入“毡圈”和“内六角圆柱头螺钉”图块

Step5. 删除多余线条，对图形进行修改。在图中插入“键”、“带轮”和“铣刀盘”图块，如图 7－38 所示。

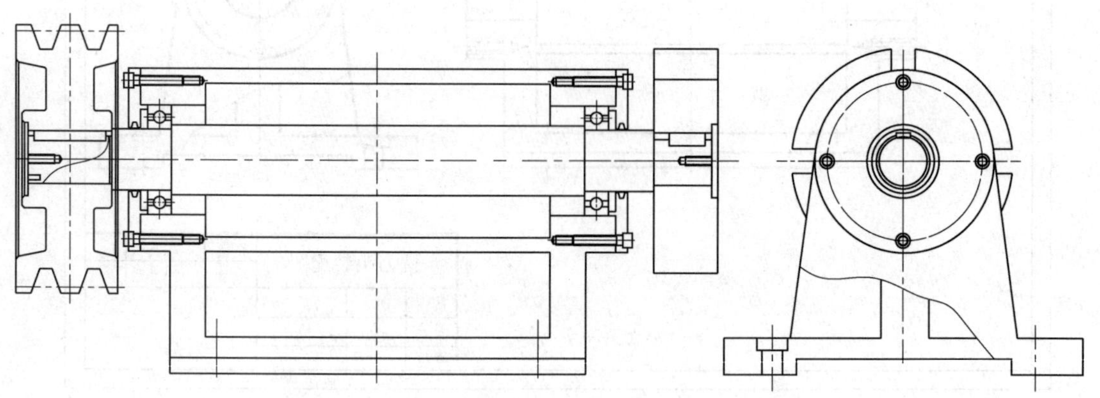

图 7－38　插入“键”、“带轮”和“铣刀盘”图块

Step6. 删除多余线条，对图形进行修改。在图中插入“压板”、“定位销”和“六角头螺栓”图块，如图 7－39 所示。

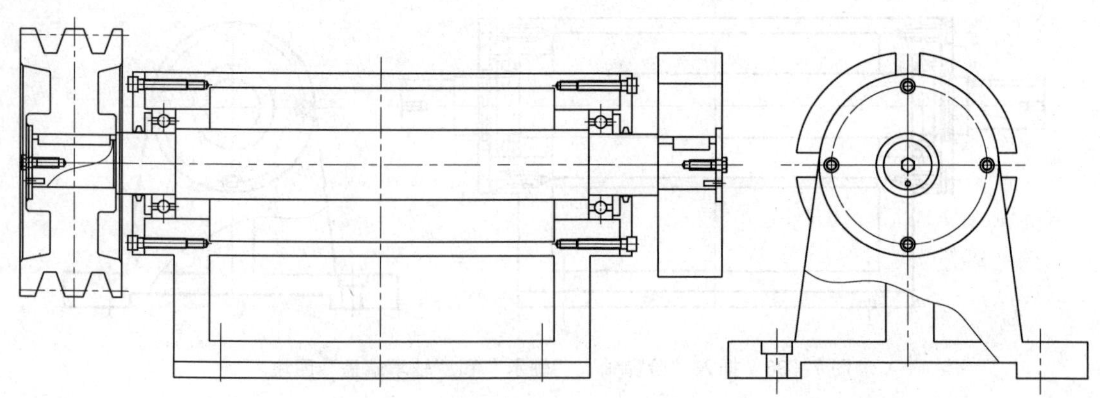

图 7－39　插入“压板”、“定位销”和“六角头螺栓”图块

Step7. 删除多余线条，对图形进行修改。修改完成后进行图案填充，如图 7－40 所示。

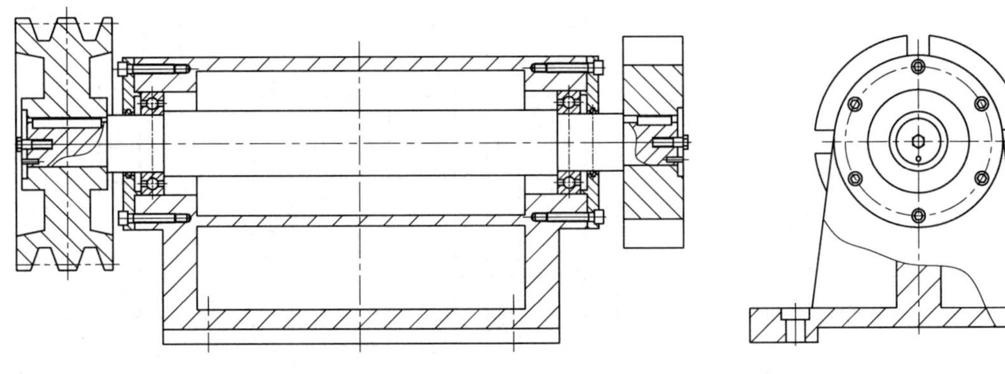

图 7－40　图案填充

4. 完善装配图

Step1. 创建尺寸标注，如图 7－25 所示。

Step2. 标注零件序号，如图 7－26 所示。

Step3. 填写技术要求，如图 7－27 所示。

Step4. 绘制明细栏并填写，如图 7－29 所示。

Step5. 填写标题栏，最后完成如图 7－1 所示。

5. 保存文件

选择【文件】下拉菜单，单击【另存为】命令，将装配图命名为“铣刀头装配图 .dwg”，保存文件。

7.2.4　操作技巧

为了绘图容易和提高绘图速度，几个视图一起绘制较好。

要准确和快速地绘制装配图，不仅要熟悉绘图命令，还要注意绘制的顺序。装配图的绘制过程可由内向外绘制、由外向内绘制、由左向右或由上向下绘制等，具体方法应根据图纸的特点选择。

7.2.5　试试看

（1）根据图 6－172 的行程开关零件图绘制图 7－41 的行程开关装配图。

（2）根据题图 6－173 的旋塞零件图绘制图 7－42 的旋塞装配图。

（3）根据题图 6－174 的千斤顶零件图绘制图 7－43 的千斤顶装配图。

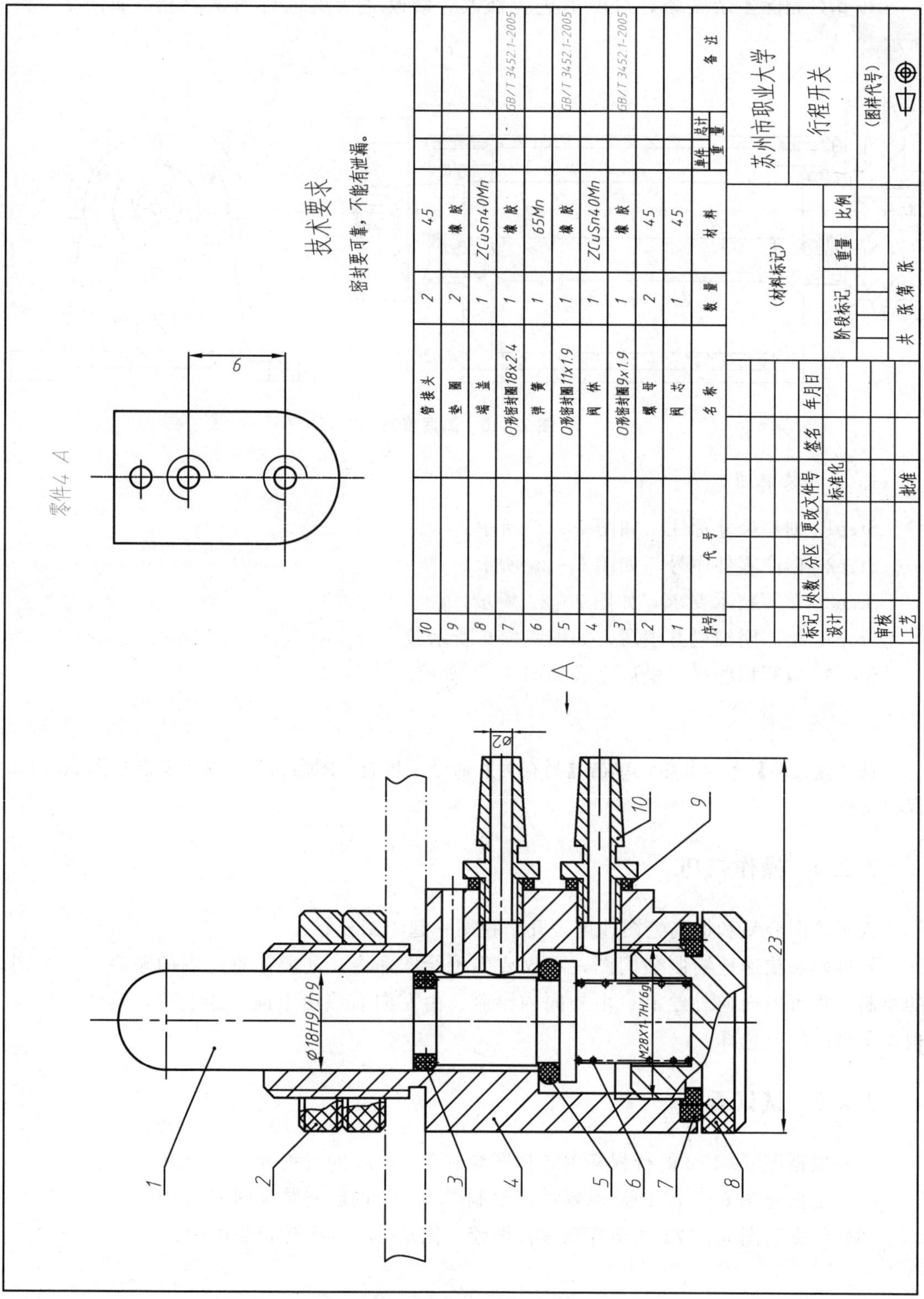
零件4 A
6
技术要求
密封要可靠，不能有泄漏。
10 管接头 2 45
9 垫圈 2 橡胶
8 端盖 1 ZCuSn40Mn
7 O形密封圈18x2.4 1 橡胶 GB/T 3452.1-2005
6 弹簧 1 65Mn
5 O形密封圈11x1.9 1 橡胶 GB/T 3452.1-2005
4 阀体 1 ZCuSn40Mn
3 O形密封圈9x1.9 1 橡胶 GB/T 3452.1-2005
2 螺母 2 45
1 阀芯 1 45
序号 代号 名称 数量 材料 单件 总计 重量 备注
(材料标记)
苏州市职业大学
行程开关
(图样代号)
标记 处数 分区 更改文件号 签名 年月日
设计 标准化 阶段标记 重量 比例
审核
工艺 批准 共 张 第 张
A
Ø2
Ø18H9/h9
M28X1.7H/6g
23
1
2
3
4
5
6
7
8
9
10

图 7 - 41　行程开关装配图

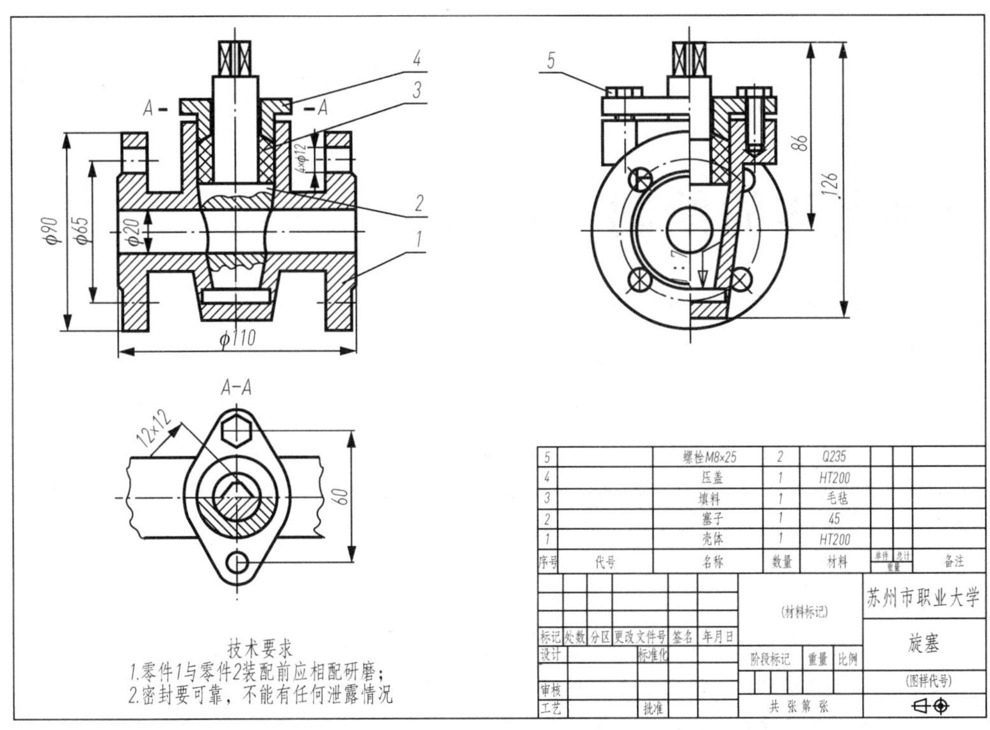

图 7－42 旋塞装配图

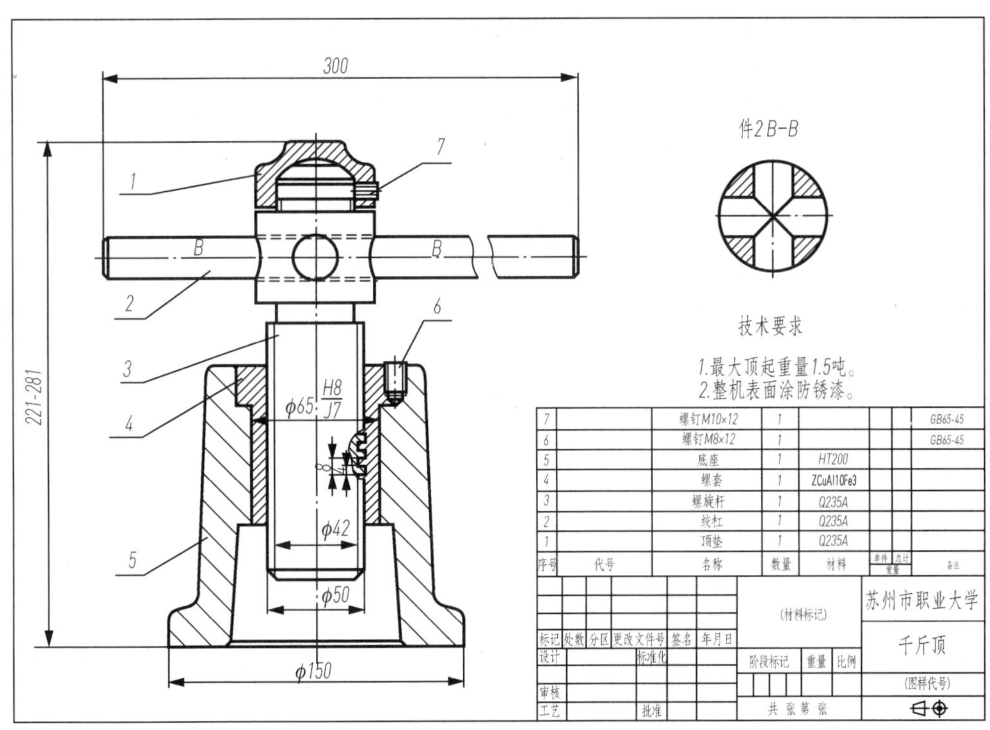

图 7－43 千斤顶装配图

学习情境 8

三维实体的绘制

在实际工程中，大多数设计是通过二维零件图及装配图来表达零部件结构的，由于视图是按正投影法绘制的，每个视图只能反映其二维空间大小，缺乏立体感。三维立体图相对于二维图而言可视化程度高、形象直观，能够作为辅助图样帮助提高空间想象能力。有很多场合，需要建立三维模型来直观表达设计效果。AutoCAD 2012 提供了强大的三维建模工具以及相关的编辑工具。本章将围绕基础的三维绘制命令展开讲解，完成零件的三维建模。

本情境知识要点包括：

1. 掌握三维模型的各种观察方法，做到能随时在立体和平面图形之间进行切换
2. 通过三维坐标的变换，灵活定位 XY 面，用二维绘图命令绘制立体截面
3. 掌握三维模型的建模方法，通过拉伸与旋转命令创建三维实体
4. 利用三维编辑工具，实现对实体的移动、旋转、对齐等操作
5. 利用三维动态观察器自由旋转实体达到所需视角
6. 使用不同的视觉样式创建更加逼真的实体效果

1. 任务描述

本学习情境主要是通过实体三维实体的绘制，让学生初步具备用计算机绘制三维实体的能力。主要介绍实体造型中面域、拉伸、旋转、三维移动、三维对齐、三维动态观察等常用命令和辅助工具的使用。

建立支架零件的实体模型、具体结构及尺寸要求如图 8－1 所示。

2. 思路分析

支架零件可看作叠加型组合体，三维模型同样可分形体创建。支架零件可看成由底板、连接板、圆筒和肋板 4 个形体组成，可分别创建这 4 个实体，再通过三维移动、三维对齐等命令将其组合，完成零件的三维建模。

3. 设计步骤

下面介绍图 8－1 所示的支架零件的三维图绘制过程。

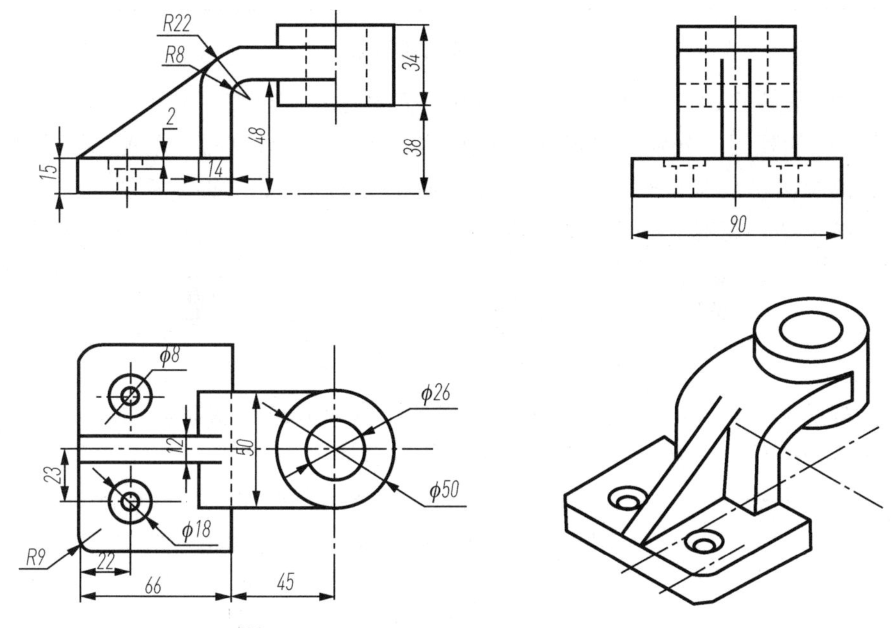

图 8－1　支架三视图及立体图

绘制三维实体时常用的命令和辅助工具有以下几种。

建模工具条，如图 8－2 所示。

图 8－2　建模工具条

AutoCAD 中提供了一些绘制常用的简单三维实体的命令，由这些简单三维实体可以编辑成各种实体模型。

实体编辑工具条，如图 8－3 所示。

利用实体编辑工具栏可对三维实体可以进行并集、差集、交集操作；对实体的边和

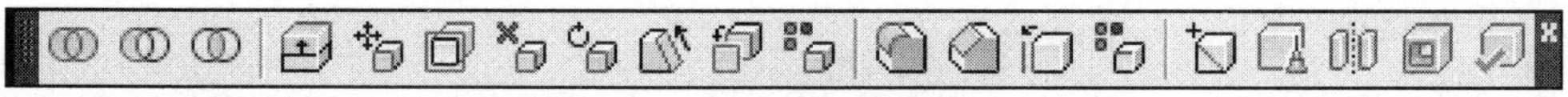

图 8-3 实体编辑工具条

面进行编辑；还可以进行压印、分割、抽壳、清除等编辑操作。

UCS 工具条，如图 8-4 所示。

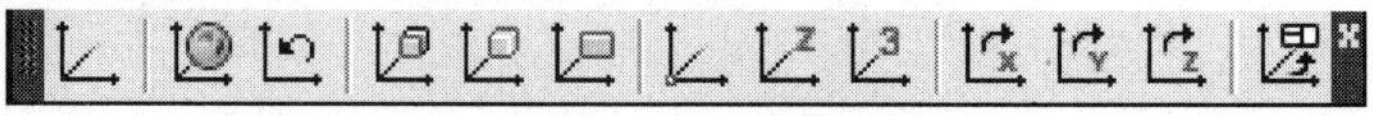

图 8-4 UCS 工具条

在 AutoCAD 中，三维坐标系分为世界坐标系和用户坐标系。UCS 工具条中包含世界坐标系和各种自由定义用户坐标系的功能。

视图工具条，如图 8-5 所示。

图 8-5 视图工具条

AutoCAD 提供了 10 个标准视点，可供用户选择来观察模型。其中包括 6 个正交投影视图，4 个等轴测视图，分别为主视图、后视图、俯视图、仰视图、左视图、右视图，以及西南等轴测视图、东南等轴测视图、东北等轴测视图、西北等轴测视图。

三维导航及动态观察工具条，如图 8-6 所示。

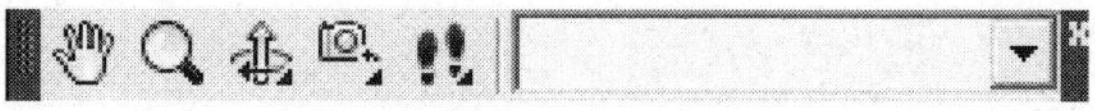

图 8-6 三维导航及动态观察工具条

通常三维模型建立完成后，用户希望从多个角度对其进行观察，三维导航及动态观察工具条能实现平移、缩放、自由旋转三维实体等功能。

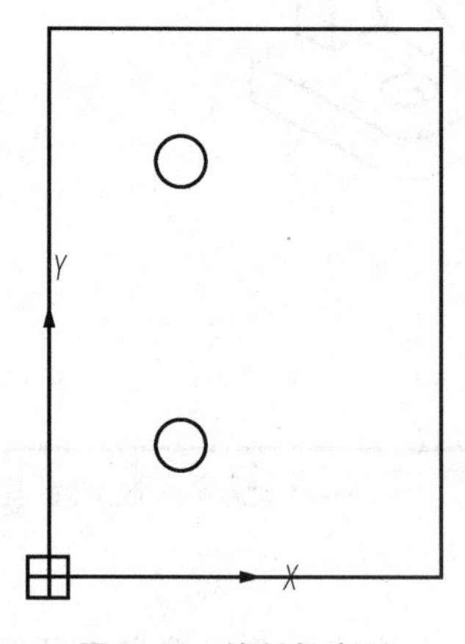

图 8-7 绘制长方形

要快速生成三维立体图，可先在二维视图中绘制零件的基本图形，再通过拉伸命令实现(使用零件的三视图会比较方便。)下面(从左向右)依次来建立底板、连接板、圆筒和肋板 4 个实体模型，完成零件的建模(绘制)。

绘制图 8-1 所示的支架三维立体图的步骤如下。

1）绘制底板

Step1. 绘制长方形，尺寸为 66mm×90mm，长方形上有两个直径为 8mm 的孔，孔间距 46mm，如图 8-7 所示。

Step2. 使用【面域】命令，将上述长方形定义为面域。

功能：将一封闭图形定义成一个面域。

命令执行方式：在菜单栏中执行【绘图】|【面域】命令，或单击绘图工具栏中的按钮。

命令行：Region。

命令行提示如下。

命令：Region　　　　　　　　//按 Enter 键
选择对象：　　　　　　　　　//用鼠标拾取封闭图形，按 Enter 键确定

面域定义成功。

Step3. 执行【差集】命令，完成面域的创建与调整。

功能：将一面域(实体)从另一面域(实体)中差掉相交部分。

命令执行方式：在菜单中执行【常用】|【实体编辑】|【差集】命令，或单击绘图工具栏中的图标。

命令行：Subtract。

命令行提示如下。

命令：Subtract　　　　　　//按 Enter 键
选择对象：　　　　　　　　//先选择长方形，按 Enter 键；再选孔，按 Enter 键；再全部选中，按 Enter 键；完成【差集】命令

说明：【差集】命令可以理解为减法运算，只是第一实体减掉的是第二个实体的相交的部分，同时第二个实体消失。

Step4. 执行【拉伸】命令，将上述面域拉伸为实体。

功能：将一面域按一定路径或高度进行拉伸形成实体。

命令执行方式：在菜单栏中执行【常用】|【建模】|【拉伸】命令，或单击绘图工具栏中的按钮。

命令行：Extrude。

命令行提示如下。

命令：Extrude　　　　　　　　//按 Enter 键
选择要拉伸的对象：　　　　　//单击差集后的图形，按 Enter 键
指定拉伸的高度：　　　　　　//输入 15，按 Enter 键

完成拉伸后，如图 8-8 所示。

Step5. 直径是 $\phi 18$ 的沉孔绘制。

(1) 在拉伸好的长方体上表面绘制 $\phi 8$ 的同心孔，直径为 $\phi 18$。

(2) 使用拉伸命令和差集命令绘制 $\phi 18$ 的沉孔，如图 8-9 所示。

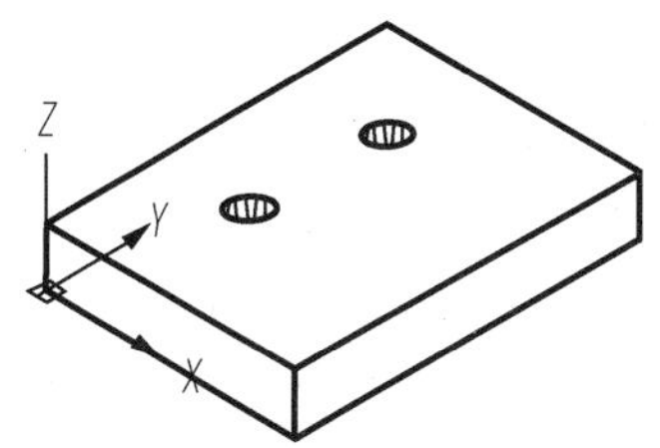

图 8-8　底板拉伸后的图形

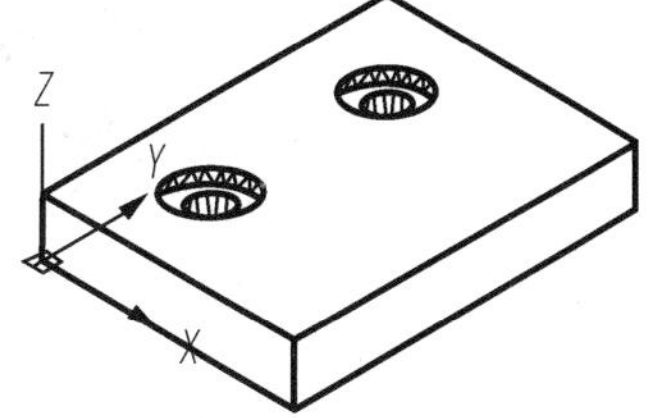

图 8-9　沉孔拉伸后的图形

2) 绘制连接板

Step1. 用多段线绘制连接板的断面图形，如图 8-10 所示。

Step2. 单击绘图工具栏中的按钮，命令行提示如下。

```
命令: Region                    //按 Enter 键
选择对象:                       //用鼠标拾取封闭图形，按 Enter 键
```

面域定义成功。

Step3. 使用【拉伸】命令，将连接板断面拉伸为实体。

命令行提示如下。

```
命令: Extrude              //按 Enter 键
选择要拉伸的对象:          //单击图 8-10 图形面域定义成功的图形，按 Enter 键
指定拉伸的高度:            //输入 50，按 Enter 键
```

完成拉伸，如图 8-11 所示。

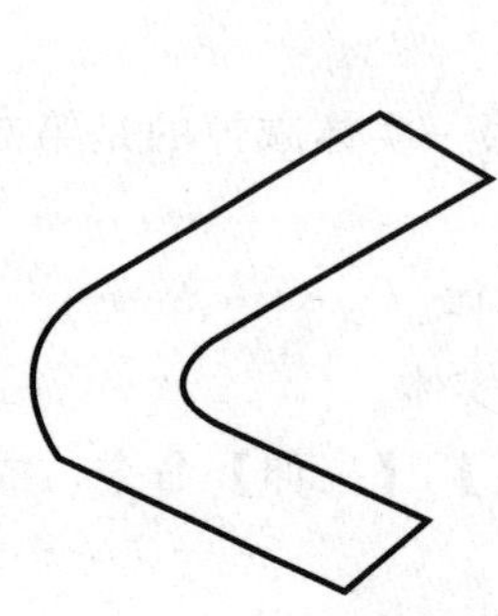

图 8-10　连接板断面图形

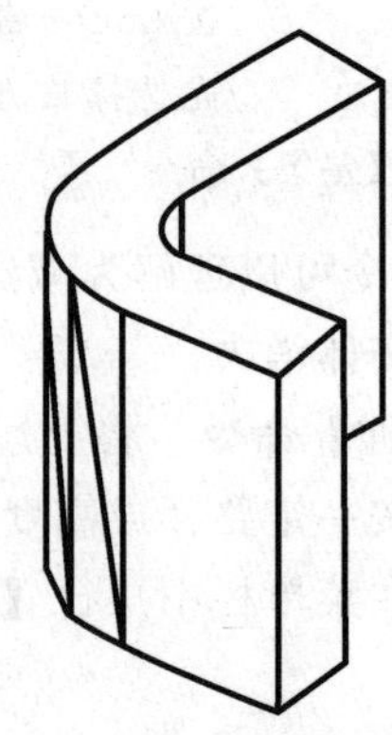

图 8-11　连接板拉伸后的图形

Step4. 位置对齐。

命令执行方式：菜单栏中执行【常用】|【修改】|【三维对齐】命令。

命令行提示如下。

```
命令: align          //按 Enter 键
选择对象:            //选择图 8-11 中连接板，按 Enter 键
```

指定源点和目标点，完成【对齐】命令，如图 8-12 所示。

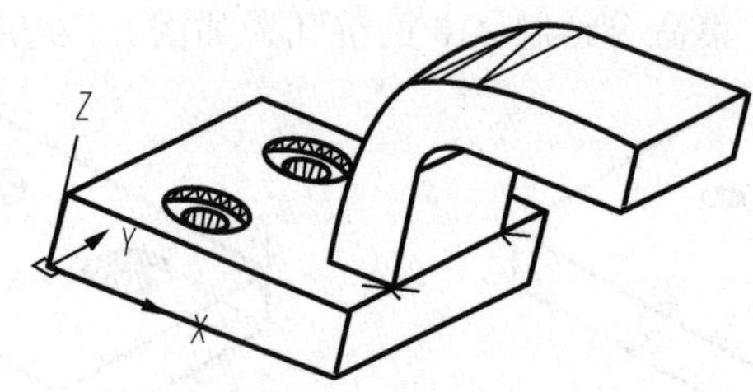

图 8-12　对齐后的图形

3）绘制圆柱

Step1. 在 XOY 平面内绘制直径 $\phi 50$ 的圆。

Step2. 使用【拉伸】命令对圆进行拉伸。

命令行提示如下。

```
命令：Extrude                    //按 Enter 键
选择要拉伸的对象：               //单击直径 φ50 的圆，按 Enter 键
指定拉伸的高度：                 //输入 34，按 Enter 键
```

完成【拉伸】命令，如图 8-13 所示。

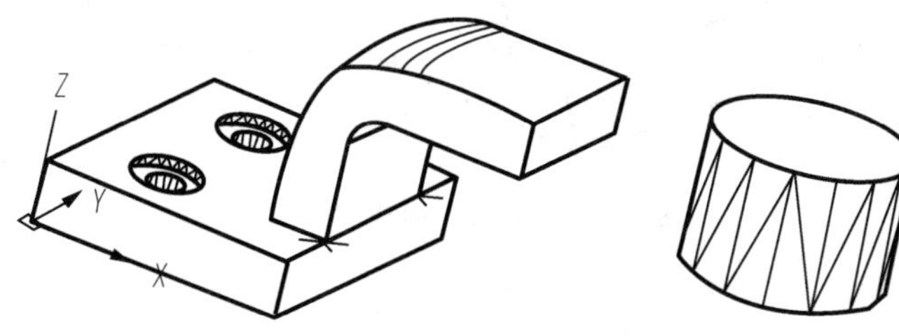

图 8-13　绘制圆柱

Step3. 使用【移动】命令，完成圆柱体的移动。

(1) 水平移动。

命令执行方式：在菜单栏中的行【常用】|【修改】|【移动】命令，或单击绘图工具栏中的按钮。

命令行：Move。

命令行提示如下。

```
命令：Move             //按 Enter 键
选择对象：             //单击图 8-13 中的圆柱，按 Enter 键
指定基点：             //选择圆柱上边面的圆心，按 Enter 键
指定第二个点：         //选择连接板前端面中点，按 Enter 键
```

使圆柱与连接板上表面平齐，完成【移动】命令，如图 8-14 所示。

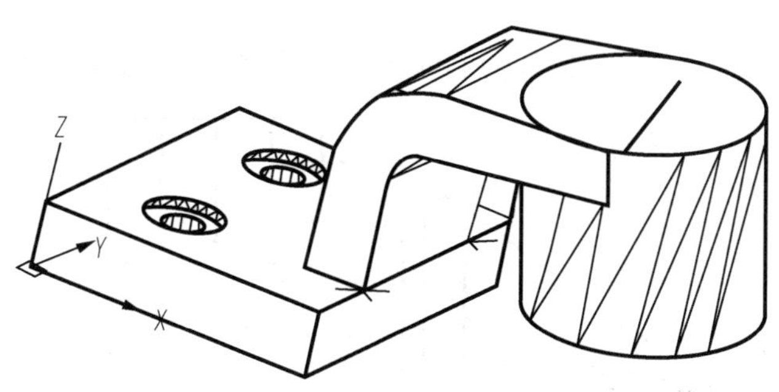

图 8-14　水平方向移动圆柱

(2) 竖直移动。

命令行提示如下。

```
命令：Move             //按 Enter 键
选择对象：             //单击图 8-14 中的圆柱，按 Enter 键
指定基点：             //选择圆柱上边面的圆心，按 Enter 键
指定第二个点：         //沿 Z 轴向上移动距离 10，按 Enter 键
```

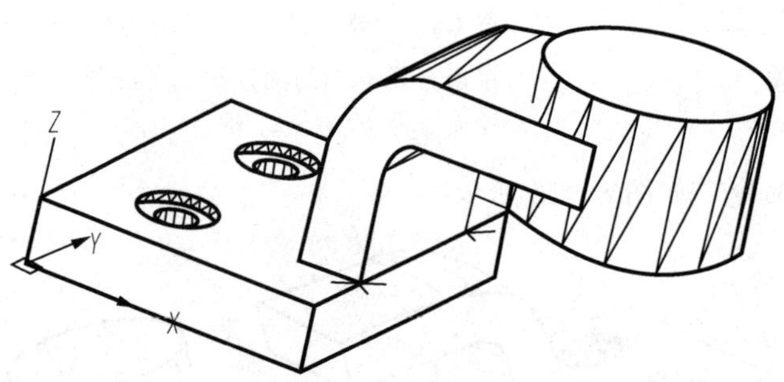

图 8-15　竖直方向移动圆柱

完成竖直方向移动，如图 8-15 所示。

Step5. 圆柱筒 $\phi 26$ 孔的绘制。在圆柱上表面绘制直径 $\phi 26$ 的同心圆。

Step6. 使用【拉伸】命令，向下拉伸出小圆柱，拉伸高度为－34。

Step7. 使用【差集】命令，从连接板与大圆柱实体中减去小圆柱，得到圆孔结构，如图 8-16 所示。

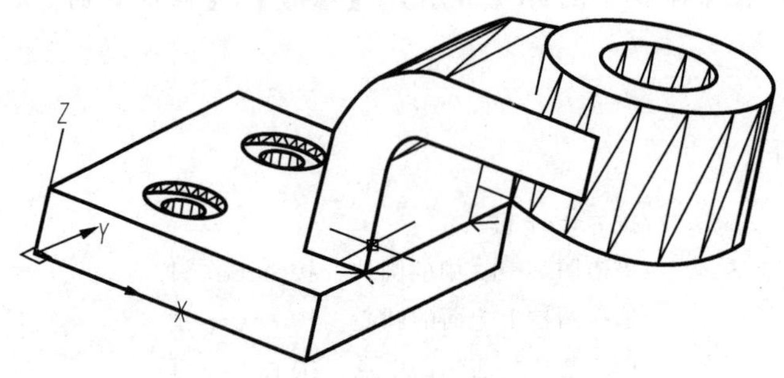

图 8-16　$\phi 26$ 孔的绘制

4）绘制肋板

Step1. 进二维主视图，用多段线绘制如图 8-17 所示的图形，使肋板与连接板相切。

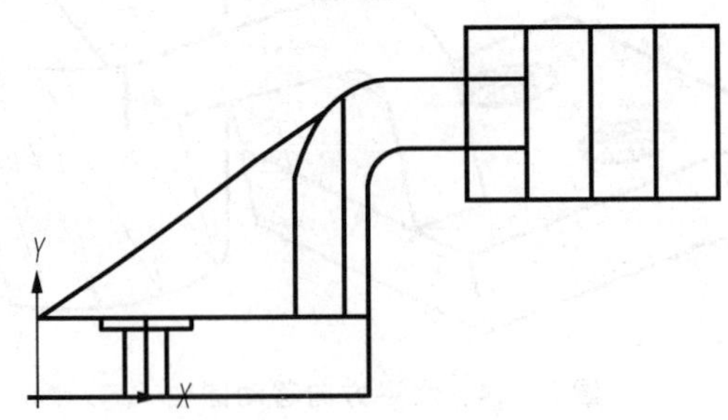

图 8-17　肋板平面图形

Step2. 切换到东南等轴测视图，使用【拉伸】命令拉伸肋板，高度为肋板厚度，即 12mm。

Step3. 用【移动】命令，将肋板移动到中间位置，如图 8-18 所示。

5）着色

功能：将绘制的图形着色，使其更具有立体感。

命令执行方式：在菜单栏执行【视图】|【视觉样式】|【带边缘着色】命令。

选择要着色的图形，完成着色，效果如图 8－19 所示。

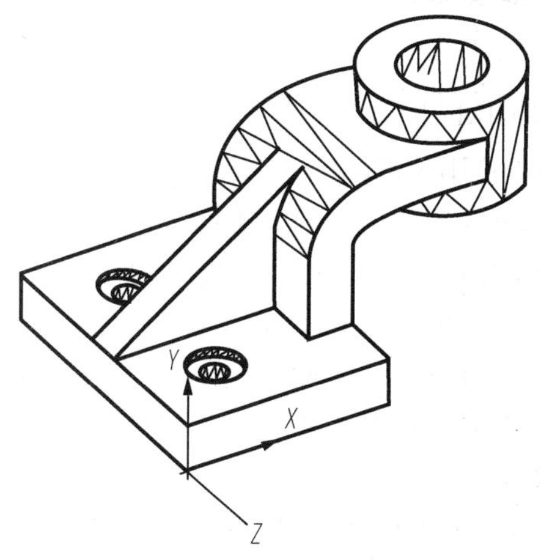

图 8－18　肋板平面图形

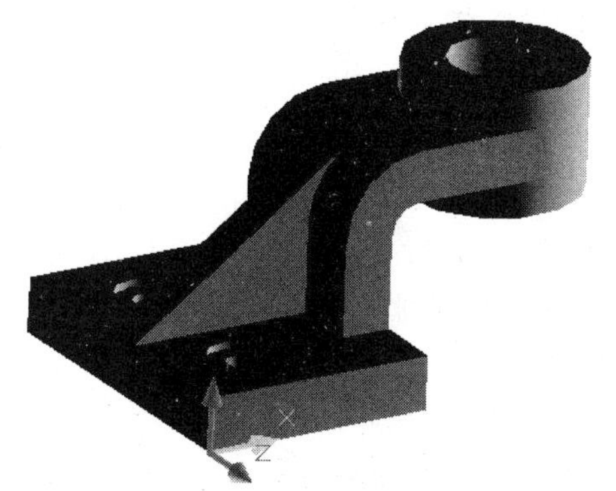

图 8－19　支架实体图

6）观察实体

绘制完成后可以通过三维平移、三维缩放、三维动态观察来对实体进行观看。

使用【三维动态观察】命令，可以在空间中以任意角度观察图形。

命令执行方式：在菜单栏执行【视图】|【动态观察】|【自由动态观察】命令，或单击绘图工具栏中的按钮。

命令：3dorbit。

通过用鼠标拖动球体来调整观察角度。

说明：三维动态观察只是改变观察角度，而不是改变图形在空间中的位置或角度，可通过视图工具栏中的不同视图来恢复原视角。

4. 操作技巧

三维实体图的绘制方法有很多种，主要是熟悉绘制三维实体时常用的命令和辅助工具，有较强的空间想象能力，根据较明确的绘图思路，不断提高画图效率。

附录1 AutoCAD常用命令及快捷键

1. AutoCAD 常用命令

A

ARC 圆弧
AA AREA 测量面积
AR ARRAY 阵列
ADC ADCENTER 设计中心(Ctrl+2)
ATT ATTDEF 创建属性定义
ATE ATTEDIT 编辑属性
AL ALIGN 对齐

B

BLOCK 块定义
BO BOUNDARY 创建边界
BR BREAK 打断
BH BHATCH 使用图案填充封闭区域或选定对象

C

CIRCLE 圆
CO COPY 复制
CH/MO PROPERTIES 修改特性(Ctrl+1)
CHA CHAMFER 倒角
COL COLOR 设置颜色

D

DIMSTYLE 样式标注管理器
Dc ADCENTER 设计中心
DO DONUT 圆环
DI DIST 测量两点间的斜距、直距
DIV DIVIDE 等分
DS/RM/SE DSETTINGS 草图设置
DIM/DIML 访问标注模式
DAL DIMALIGNED 对齐标注
DAN DIMANGULAR 角度标注
DBA DIMBASELINE 基线标注
DCE DIMCENTER 中心标记
DCO DIMCONTINUE 连续标注
DDI DIMDIAMETER 直径标注
DED DIMEDIT 编辑标注
DLI DIMLINEAR 线性标注
DOR DIMORDINATE 坐标点标注
DOV DIMOVERRIDE 替换标注系统变量
DRA DIMRADIUS 半径标注
Dimted DIMTEDIT 对齐文字
DR DRAWORDER 显示次序
AV DSVIEWER 鸟瞰视图
DV DVIEW 定义平行投影或透视视图
VP DDVPOINT 视点预置

E

DEL 键
ERASE 删除
EL ELLIPSE 椭圆
ED DDEDIT 修改文本
X EXPLODE 分解
EXP EXPORT 输出
EX EXTEND 延伸
EXT EXTRUDE 拉伸
EXIT QUIT 退出
EXP EXPORT 输出文件

F

FILLET 圆角

G

GROUP 对象编组

H

BHATCH 填充
HI HIDE 消隐

I

INSERT 插入块
IM IMAGE 管理图像
IAD IMAGEADJUST 调整
IAT IMAGEATTACH 光栅图像
ICL IMAGECLIP 剪裁图像
IMP IMPORT 输入文件
IMP IMPORT 将各种格式的文件输入到 AutoCAD 中
IO INSERTOBJ OLE 对象(插入链接或嵌入对象
INF INTERFERE 干涉(用两个或多个三维实体的公用部分创建三维组合实体)
IN INTERSECT 交集(用两个或多个实体或面域的交集创建组合实体或面域并删除交集以外的部分)

L

LINE 直线
LA LAYER 图层
LO LAYOUT 布局
LT LINETYPE 线形管理器
LTS LTSCALE 设置全局线型比例因子
LI LIST 显示图形数据信息
LW LWEIGHT 线宽
LEN LENGTHEN 直线拉长

M

MOVE 移动
ME MEASURE 定距等分
MI MIRROR 镜像
MT MTEXT 多行文字
ML MLINE 多线
MA MATCHPROP 属性匹配
Mo PROPERTIES 特性
MV MVIEW 创建并控制布局视口
MS MSPACE 从图纸空间切换到模型空间视口

O

OFFSET 偏移
OP，PR OPTIONS 自定义 CAD 设置
OS OSNAP 设置捕捉模式
ORTHO 正交

P

Pan 平移
PA PASTESPEC 选择性粘贴
PE PEDIT 多段线编辑
PRINT PLOT 打印
PRE PREVIEW 打印预览
PU PURGE 清理
PO POINT 点
POL POLYGON 正多边形
PL PLINE 多段线
PS PSPACE 从模型空间视口切换到图纸空间

Q

LE QLEADER 引线(快速创建引线和引线注释)

R

REDRAW 刷新当前视口中的显示
RA REDRAWALL 重画
RAY 射线
RE REGEN 重生成模型
REA REGENALL 全部重生成
REC RECTANG 绘制矩形
REV REVOLVE 旋转
RO ROTATE 旋转(绕基点移动对象)

REN RENAME 重命名
REG REGION 面域

S

STRETCH 拉伸
SET SETVAR 设置变量
ST STYLE 文字样式
SC SCALE 比例缩放
SL SLICE 剖切
SO SOLID 二维填充
SP SPELL 拼写检查
SPL SPLINE 样条曲线
SPE SPLINEDIT 编辑样条曲线
SN SNAP 捕捉栅格
SU SUBTRACT 差集

T

TEXT 单行文字
TA TABLET 数字化仪
TH THICKNESS 设置当前的三维厚度
TO TOOLBAR 设置工具栏
TOR TORUS 圆环体
TR TRIM 修剪

U

Undo 撤消操作
UNI UNION 并集
UN UNITS 图形单位

V

VIEW 视图
-VP VPOINT 视点

W

WBLOCK 写块

X

XA XATTACH 外部参照
XB XBIND 绑定(将外部参照依赖符号绑定到图形中)
XC XCLIP 定义外部参照或块剪裁边界，并且设置前剪裁面和后剪裁面
XP XPLODE 分解
XR XREF 外部参照管理器
XL XLINE 构造线

Z

Zoom 缩放视图

2. AutoCAD 常用快捷键

F1 帮助
F2 打开/关闭文本窗口
F3 对象捕捉
F4 打开或关闭“数字化仪”
F5 等轴测平面设置
F6 打开或关闭“坐标”模式
F7 打开或关闭“栅格”模式
F8 打开或关闭“正交”模式
F9 打开或关闭“捕捉”模式
F10 打开或关闭“极轴追踪”
F11 打开或关闭“对象捕捉追踪”
Ctrl+0 清除屏幕(C)
Ctrl+1 PROPERTIES(修改特性)
Ctrl+2 ADCENTER(设计中心)
Ctrl+3 工具选项板
Ctrl+6 数据库连接管理器(D)
Ctrl+A 全选
Ctrl+B 切换捕捉
Ctrl+C 复制
Ctrl+D 切换坐标显示
Ctrl+E 在等轴测平面之间循环
Ctrl+F 切换执行对象捕捉
Ctrl+G 切换栅格
Ctrl+H 打开/关闭 PICKSTYLE
Ctrl+J 执行上一个命令
Ctrl+K 超链接

Ctrl+L 切换正交模式
Ctrl+M 重复上一个命令
Ctrl+N 创建新图形
Ctrl+O 打开现有图形
Ctrl+P 打印当前图形
Ctrl+Q 退出
Ctrl+S 保存当前图形
Ctrl+T 切换“数字化仪模式”
Ctrl+U 打开/关闭“极轴”
Ctrl+V 粘贴剪贴板中的数据
Ctrl+W 打开/关闭“对象捕捉追踪”
Ctrl+X 将对象剪切到剪贴板
Ctrl+Y 重复上一个操作
Ctrl+Z 撤消上一个操作
Ctrl+Shift+C 带基点复制(B)
Ctrl+Shift+S 另存为(A)
Ctrl+Shift+V 粘贴为块(K)
Ctrl+［ 取消当前命令
Ctrl+＼ 取消当前命令

3. AutoCAD 标注命令

Dim 标注
Qdim 快速标注
Dli Dimlinear 线性标注
Dimaligned 对齐标注
DAN Dimangular 角度标注
DBA Dimbaseline 基线标注(从上一个标注或选定标注的基线处创建线性标注、角度标注或坐标标注)
DCO Dimcontinue 连续标注(从上一个标注或选定标注的第二条尺寸界线处创建线性标注、角度标注或坐标标注)
DDI Dimdiameter 直径标注
DRA Dimradius 半径标注
DOR Dimordinate 坐标点标注
LE Qleader 快速引线
TOL Tolerance 形位公差
DCE Dimcenter 圆心标记
DED Dimedit 编辑标注
Dimtedit 编辑标注文字
D Dimstyle 标注更新，标注样式
DOV DIMOVERRIDE 替换标注系统变量

4. AutoCAD 3D 编辑命令

3D 三维曲面
3A 3DARRAY 三维阵列
3DCLIP 显示“调整剪裁平面”窗口
3DCORBIT 连续观察
3DDISTANCE 调整距离
3F 3DFACE 三维面
3DMESH 三维网格
3DO 3DORBIT 三维动态观察器
3DORBITCTR 设置三维动态观察器的旋转中心
3DPAN 平移
3P 3DPOLY 三维多段线
3DSIN 显示【3D Studio 文件输入】对话框
3DSOUT 显示【3D Studio 输出文件】对话框
3DSWIVEL 旋转相机
3DZOOM 三维缩放视图

5. AutoCAD 命令字母分类

A

A ARC 圆弧
AA AREA 面积
ABOUT 关于
ACISIN 输入 ACIS 文件
ACISOUT 将 AutoCAD 实体对象输出到 ACIS 文件中
ADCCLOSE 关闭 AutoCAD 设计中心
ADC ADCENTER 设计中心
ADCNAVIGATE 将 AutoCAD 设计中心的桌面引至用户指定的文件名、目录名或网络路径
AL ALIGN 对齐

AMECONVERT 将 AME 实体模型转换为 AutoCAD 实体对象

APERTURE 控制对象捕捉靶框大小

AP APPLOAD 加载或卸载应用程序

AR ARRAY 阵列

－AR ARX 加载、卸载和提供关于 ObjectARX 应用程序的信息

ATT ATTDEF 定义属性

ATTDISP 属性显示

ATE ATTEDIT 单个

ATTEXT 显示“属性提取”对话框

ATTREDEF 重定义块并更新关联属性

AUDIT 核查

ASSIST 实时助手

B

BACKGROUND 背景

BASE 基点

BH BHATCH 使用图案填充封闭区域或选定对象

BLIPMODE 控制点标记的显示

B BLOCK 创建块

BLOCKICON 更新块图标

BMPOUT 按与设备无关的位图格式将选定对象保存到文件中

BO BOUNDARY 边界

BOX 长方体

BREAK 打断

BROWSER 启动系统注册表中设置的默认 Web 浏览器

BATTMAN 块属性管理器

BHATCH 图案填充

C

CAL 计算算术和几何表达式

CAMERA 设置相机和目标的不同位置

CHA CHAMFER 倒角

CH CHANGE 修改现有对象的特性

CHECKSTANDARDS 检查

CHPROP 修改对象的颜色、图层、线型、线型比例因子、线宽、厚度和打印样式

C CIRCLE 绘制圆

CLOSE 关闭

CLOSEALL 全部关闭

COL COLOR 颜色

COMPILE 编译形文件和 PostScript 字体文件

CONE 圆锥体

CONVERT 优化 AutoCAD 2013 或更早版本创建的二维多段线和关联填充

CONVERTCTB 将颜色相关的打印样式表 (CTB) 转换为命名打印样式表 (STB)

CONVERTPSTYLES 将当前图形转换为命名或颜色相关打印样式

CO COPY 复制

Coords 控制状态栏上的坐标更新时间

COPYBASE 带基点复制

COPYCLIP 将对象复制到剪贴板

COPYHIST 将文字复制到剪贴板

COPYLINK 复制链接

CUTCLIP 将对象复制到剪贴板并从图形中删除对象

CYLINDER 圆柱体

CUSTOMIZE 自定义工具栏、按钮和快捷键

CUTCLIP 剪切

D

D/DDIM/DST DIMSTYLE 样式标注管理器

Dc ADCENTER 设计中心

DBCCLOSE 关闭【数据库连接】管理器

DBC DBCONNECT 数据库连接

DBLCLKEDIT 控制双击操作

DBLIST 在图形数据库列表中列出每个对象的数据库信息

ED DDEDIT 编辑文字、标注文字、属性定义和特征控制框

DDPTYPE 点样式

VP DDVPOINT 视点预置

DETACHURL 删除图形中的超文本连接

DELAY 在脚本文件中提供指定时间的暂停

DIM/DIML 访问标注模式

DAL DIMALIGNED 对齐标注

DAN DIMANGULAR 角度标注

DBA DIMBASELINE 基线标注

DCE DIMCENTER 中心标记

DCO DIMCONTINUE 连续标注

DDI DIMDIAMETER 直径标注

DIMDISASSOCIATE 删除选定择标注的关联性

DED DIMEDIT 编辑标注

DLI DIMLINEAR 线性标注

DOR DIMORDINATE 坐标点标注

DOV DIMOVERRIDE 替换标注系统变量

DRA DIMRADIUS 半径标注

DIMREASSOCIATE 重新关联标注

DIMREGEN 更新所有关联标注的位置

DIMTED DIMTEDIT 对齐文字

DI DIST 距离

DIV DIVIDE 定数等分

DO DONUT 圆环

DRAGMODE 控制 AutoCAD 显示拖动对象的方式

DR DRAWORDER 显示次序

DS/RM/SE DSETTINGS 草图设置

AV DSVIEWER 鸟瞰视图

DV DVIEW 定义平行投影或透视视图

DWGPROPS 图形属性

DXBIN 二进制图形交换

E

EDGE 边

EATTEDIT 单个

EATTEXT 属性提取

EDGESURF 边界曲面

ELEV 设置新对象的拉伸厚度和标高特性

EL ELLIPSE 椭圆

E ERASE 删除

ETRANSMIT 电子传递

X EXPLODE 分解

EXP EXPORT 输出

EX EXTEND 延伸

EXT EXTRUDE 拉伸

F

F Fillet 圆角

FILL 控制多线、宽线、二维填充、所有图案填充和宽多段线的填充

FI FILTER 显示“对象选择过滤器”对话框。

FIND 查找

FOG 雾化

G

GOTOURL 打开与附着在对象上的超级链接相关联的文件或 Web 页

F2 GRAPHSCR 关闭文本窗口

Ctrl+G GRID 在当前视口中显示点栅格

G GROUP 显示“对象编组”对话框。

H

H BHATCH 边界图案填充

-H HATCH 用无关联填充图案填充区域

HE HATCHEDIT 修改现有的图案填充对象

F1/? HELP 帮助

HI HIDE 消隐

Hlsettings 改变隐藏线的显示特性

HYPERLINK 超链接

HYPERLINKOPTIONS 控制超级链接光

标的可见性及超级链接工具栏提示的显示

I

ID 点坐标
IM IMAGE 管理图像
IAD IMAGEADJUST 调整
IAT IMAGEATTACH 光栅图像
ICL IMAGECLIP 剪裁图像
IMAGEFRAME 边框(控制图像边框是显示在屏幕上还是在视图中隐藏)
IMAGEQUALITY 质量(控制图像显示质量)
IMP IMPORT 将各种格式的文件输入到 AutoCAD 中
I INSERT 块插入
IO INSERTOBJ OLE 对象(插入链接或嵌入对象)
INF INTERFERE 干涉(用两个或多个三维实体的公用部分创建三维组合实体)
IN INTERSECT 交集(用两个或多个实体或面域的交集创建组合实体或面域并删除交集以外的部分)
ISOPLANE 指定当前等轴测平面

J

JPGOUT 显示【创建光栅文件】对话框
JUSTIFYTEXT 对正

L

LA LAYER 图层
LAYERP 放弃对图层设置所做的上一个或一组更改
LAYERPMODE 打开或关闭对图层设置所做的修改追踪
L LINE 直线
LO LAYOUT 布局
LAYOUTWIZARD 创建布局/布局向导
LAYTRANS 图层转换器
LEAD LEADER 创建一条引线将注释与一个几何特征相连
LEN LENGTHEN 拉长(修改对象的长度和圆弧的包含角)
LIGHT 光源
LIMITS 图形界限
L LINE 直线
LT LINETYPE 线型
LI/LS LIST 列表显示
LOAD 加载形文件，为 SHAPE 命令加载可调用的形
LOGFILEOFF 关闭 LOGFILEON 命令打开的日志文件
LOGFILEON 将文本窗口中的内容写入文件
LSEDIT 编辑配景
LSLIB 配景库
LSNEW 新建配景
LTS LTSCALE 设置线型比例因子
LW LWEIGHT 线宽

M

MA MATCHPROP 特性匹配
MI MIRROR 镜像
M MOVE 移动
Mt MTEXT 多行文字
MASSPROP 面域/质量特性
MA MATCHPROP 把某一对象的特性复制给其他若干对象
MATLIB 材质库
ME MEASURE 定距等分
MENU 加载菜单文件
MENULOAD 菜单(加载部分菜单文件)
MENUUNLOAD 卸载部分菜单文件
MINSERT 在矩形阵列中插入一个块的多个引用 (使用 MINSERT 命令插入的块不能被分解)

MI MIRROR 镜像

MIRROR3D 三维镜像

MLEDIT 多线编辑

ML MLINE 多线

MLSTYLE 多线样式

MODEL 从布局选项卡切换到“模型”选项卡

M MOVE 移动

MREDO 恢复前面几个用 UNDO 或 U 命令放弃的效果

MSLIDE 创建当前模型视口或当前布局的幻灯文件

MS MSPACE 从图纸空间切换到模型空间视口

T/MT MTEXT 创建多行文字

MULTIPLE 重复下一条命令直到被取消(不能将 MULTIPLE 用作 AutoLISP 命令函数的参数)

MV MVIEW 创建并控制布局视口

MVSETUP 显示提示：选取“模型”选项卡(模型空间)还是布局选项卡(图纸空间)

N

Ctrl+N NEW 新建

O

OFFSET 偏移

OLELINKS OLE 链接

OLESCALE 显示“OLE 特性”对话框(在输入 OLESCALE 命令之前，必须选择 OLE 对象)

OOPS 恢复已被删除的对象(OOPS 命令可恢复由上一个 ERASE 命令删除的对象)

Ctrl+O OPEN 打开

OP/GR/PR OPTIONS 显示【选项】对话框(自定义 AutoCAD 设置)

ORTHO 正交

OS OSNAP 草图设置(显示【草图设置】对话框的【对象捕捉】选项卡)

P

P PAN 实时平移

PAGESETUP 页面设置

PARTIALOAD 局部加载

PARTIALOPEN 将选定视图或图层中的几何图形加载到图形中

PASTEBLOCK 粘贴为块

PASTECLIP 粘贴

PASTEORIG 粘贴到原坐标

PA PASTESPEC 选择性粘贴

PCINWIZARD 输入打印设置

PE PEDIT 多段线

PFACE 逐点创建三维多面网格

PLAN 平面视图

PL PLINE 多段线

Ctrl+P PLOT 打印

PLOTSTAMP 显示【打印戳记】对话框

PLOTSTYLE 设置新对象的当前打印样式或者选定对象中已指定的打印样式(要使用该命令，必须将图形配置为使用命名打印样式)

PLOTTERMANAGER 打印机管理器

PNGOUT 显示【创建光栅文件】对话框

PO POINT 点

POL POLYGON 正多边形

PRE PREVIEW 打印预览

PROPS PROPERTIES 特性

PSETUPIN 显示【从文件选择页面设置】对话框

PUBLISH 发布

PTW PUBLISHTOWEB 网上发布(显示【网上发布】向导)

PU PURGE 清理

PRCLOSE PROPERTIESCLOSE 关闭【特性】窗口

PR PROPERTIES 特性
PSFILL 选择多段线
PSOUT 创建 PostScript 文件
PS PSPACE 从模型空间视口切换到图纸空间

Q

QDIM 创建标注
LE QLEADER 引线(快速创建引线和引线注释)
QNEW 显示【选择样板】对话框(使用模板创建新图形)
QSAVE 保存
QSELECT 快速选择
QTEXT 控制文字和属性对象的显示和打印
Alt+F4 QUIT 退出 AutoCAD

R

RAY 射线
REC RRCTANG 矩形
R REDRAW 重新显示当前视窗窗的图形
RE REGEN 重新生成当前视窗中的图形
R RAY 创建单向无限长的直线
RECOVER 修复
REC RECTANG 绘制矩形多段线
REDEFINE 恢复被 UNDEFINE 替代的 AutoCAD 内部命令
REDO 重做(恢复前一个 UNDO 或 U 命令放弃执行的效果，REDO 必须立即跟随在 U 或 UNDO 命令之后)
R REDRAW 刷新显示当前视口
RA REDRAWALL 重画
REFCLOSE 放弃参照编辑
REFEDIT 显示【参照编辑】对话框
REFSET 从工作集删除
RE REGEN 重生成
REA REGENALL 全部重生成
REGION 面域
REGENAUTO 控制自动重新生成图形
REG REGION 从现有对象的选择集中创建面域对象
REINIT 显示【重新初始化】对话框
REN RENAME 重命名
RENDER 渲染
RENDSCR 重新显示由 RENDER 命令执行的最后一次渲染
REPLAY 查看
Revcloud 修订云线
RESUME 继续执行一个被中断的脚本文件
REV REVOLVE 旋转
REVSURF 旋转曲面
RMAT 显示【材质】对话框
Rmlin 显示【插入标记】对话框
RO ROTATE 旋转(绕基点移动对象)
ROTATE3D 三维旋转
RPR RPREF 显示【渲染系统配置】对话框
RSCRIPT 创建不断重复的脚本
RULESURF 直纹曲面

S

SAVE 显示【图形另存为】对话框
SAVEAS 另存为
SAVEIMG 显示【保存图像】对话框
SC SCALE 缩放
SCALETEXT 缩放比例
SCENE 场景
SCR SCRIPT 显示【选择脚本文件】对话框
SEC SECTION 截面
SECURITYOPTIONS 显示【安全选项】对话框
SELECT 选择对象
SETIDROPHANDLER 显示【设置默认 i-drop 内容类型】对话框

SETUV 贴图
SET SETVAR 设置变量
SHADEMODE 着色
SHAPE 插入形
SHELL 访问操作系统命令
SHOWMAT 列出选定对象的材质类型和附着方法
SKETCH 徒手画线段
SIGVALIDATE 显示【验证数字签名】对话框
SL SLICE 剖切
SN SNAP 指定捕捉间距或［开(ON)/关(OFF)/纵横向间距(A)/旋转(R)/样式(S)/类型(T)］
SOLDRAW 图形(在用 SOLVIEW 命令创建的视口中生成轮廓图和剖视图)
SO SOLID 二维填充
SOLIDEDIT 实体编辑
SOLPROF 轮廓
SOLVIEW 视图
Spacetrans 在模型空间和图纸空间之间转换长度值
SP SPELL 拼写检查
SPHERE 球体
SPL SPLINE 样条曲线
SPE SPLINEDIT 编辑样条曲线
STANDARDS 显示【配置标准】对话框
STATS 显示【统计信息】对话框
STATUS 状态
STLOUT 创建 STL 文件
STYLESMANAGER 打印样式管理器
SU SUBTRACT 差集
SYSWINDOWS 排列窗口和图标
SKETCH 徒手绘图
S STRETCH 拉伸
ST STYLE 文本样式

T

TA TABLET 数字化仪
TABSURF 平移曲面
TEXT 单行文字
TEXTSCR 文本窗口
Tifout 显示【创建光栅文件】对话框
TIME 时间(显示图形的日期和时间统计信息)
TOL TOLERANCE 显示【形位公差】对话框
TOOLPALETTES 工具选项板
TM/TI TILEMODE 将【模型】选项卡或最后一个布局选项卡置为当前
TH THICKNESS 设置当前的三维厚度
TO TOOLBAR 显示【自定义】对话框
TOR TORUS 圆环体
TRACE 创建实线
TRANSPARENCY 透明(控制图像的背景像素是否透明)
TRAYSETTINGS 显示【状态托盘设置】对话框
TREESTAT AutoCAD 文本窗口(AutoCAD 显示关于每个分支的信息)
TR TRIM 修剪

U

UCS 新建 UCS
UCSICON UCS 图标
UCSMAN 命名 UCS
UNDEFINE 允许应用程序定义的命令替代 AutoCAD 内部命令
U UNDO 放弃命令
UNI UNION 并集
UN UNITS 单位(设置坐标和角度的显示格式和精度)

V

VBAIDE Visual Basic 编辑器
VBALOAD 加载工程
VBAMAN VBA 管理器

VBARUN 宏

VBASTMT VBA 语句在当前活动图形的上下文环境中执行

VBAUNLOAD 卸载全局 VBA 工程

V VIEW 命名视图

VIEWRES 设置当前视口中对象的分辨率

VLISP Visual LISP 编辑器

VPCLIP 剪裁视口对象

VPLAYER 设置视口中图层的可见性

－VP VPOINT 视点

VPORTS 视口

VSLIDE 在当前视口中显示图像幻灯片文件

W

W WBLOCK 显示【写块】对话框。

WE WEDGE 楔体(创建三维实体使其倾斜面尖端沿 X 轴正向)

Wipeout 擦除

WHOHAS 显示打开的图形文件的内部信息

WMFIN Windows 图元文件

WMFOPTS 显示“WMF 输入选项”对话框。

WMFOUT 选定对象将以 Windows 图元文件格式保存到文件

X

XA XATTACH 外部参照

XB XBIND 绑定(将外部参照依赖符号绑定到图形中)

XC XCLIP 定义外部参照或块剪裁边界，并且设置前剪裁面和后剪裁面

XL XLINE 构造线

XP XPLODE 分解(将合成对象分解为其部件对象)

XR XREF 外部参照管理器

Z

Z ZOOM 放大或缩小当前视口对象的外观尺寸

Z＋空格＋空格 实时缩放

附录2　AutoCAD练习题

1. 用【直线】等命令绘制下列图形。

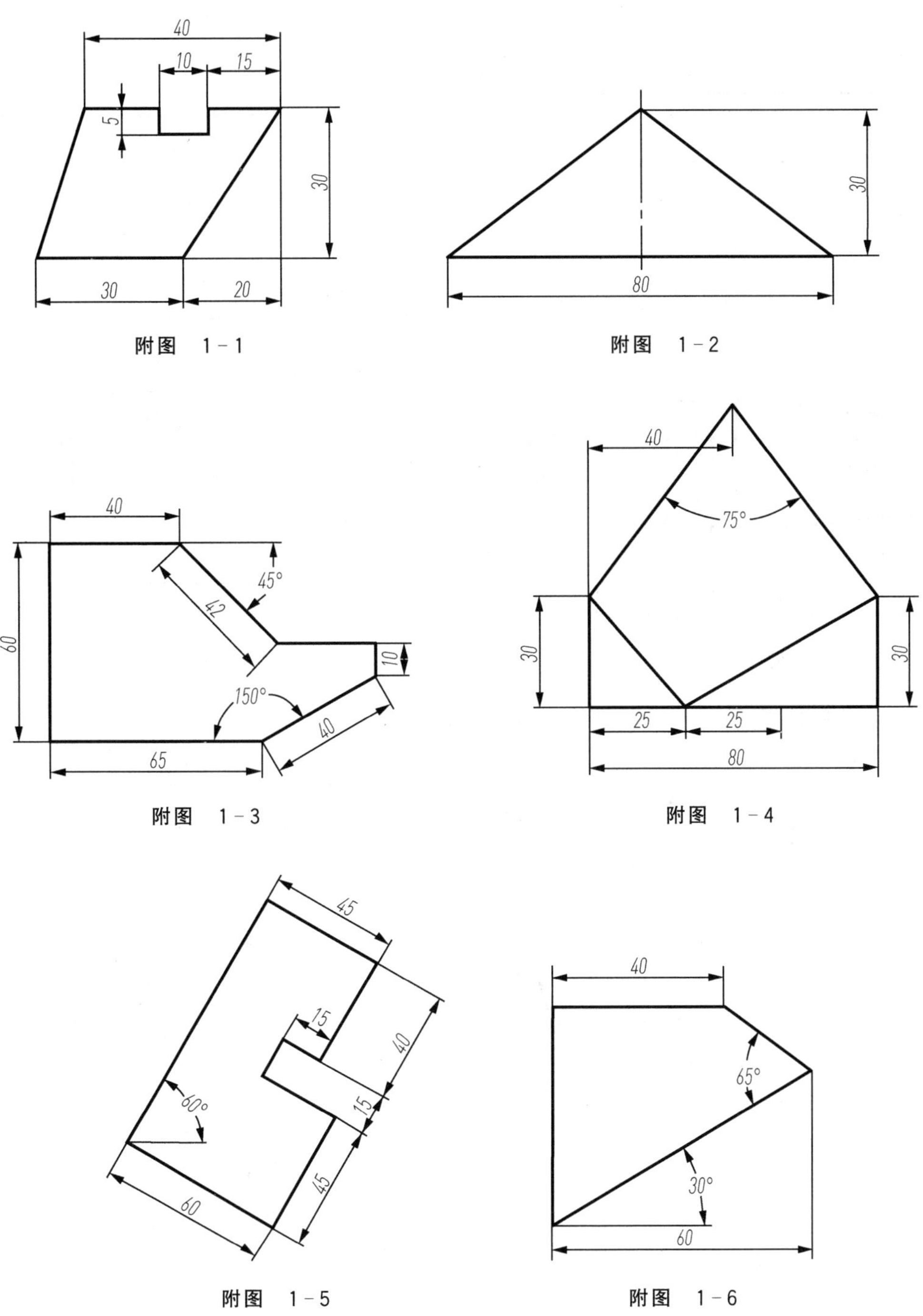

附图　1－1

附图　1－2

附图　1－3

附图　1－4

附图　1－5

附图　1－6

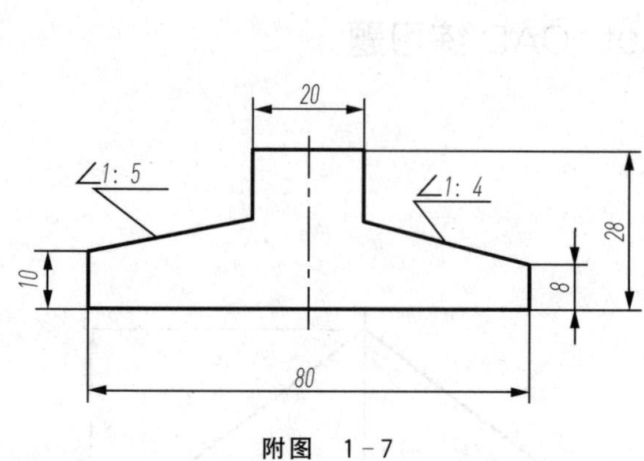

附图 1-7

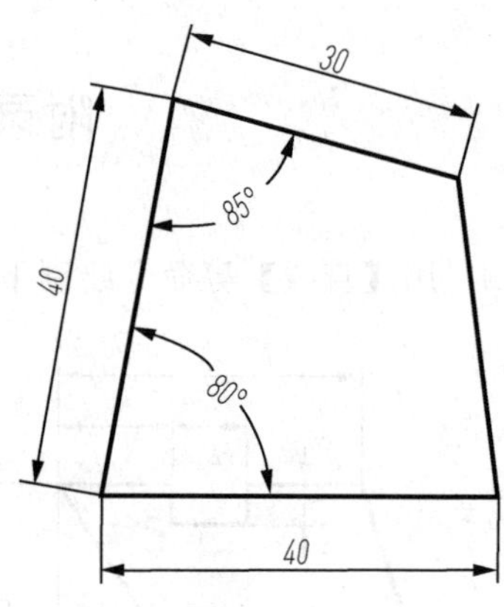

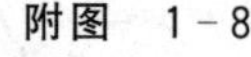
附图 1-8

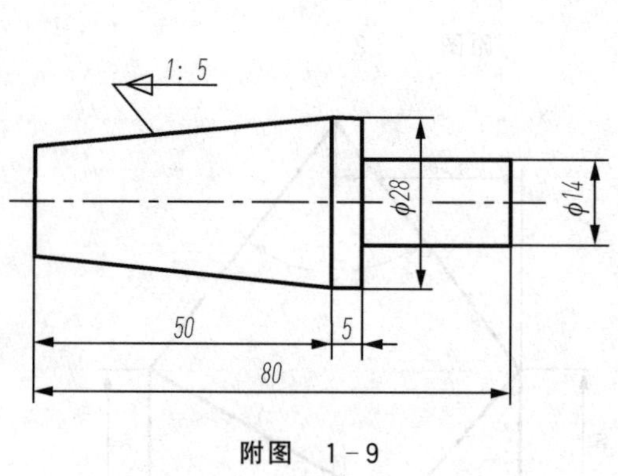

附图 1-9

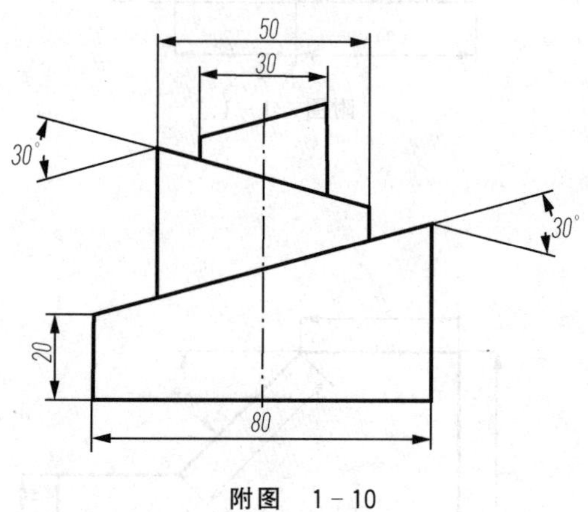

附图 1-10

2. 用【圆】、【圆弧】和【椭圆】命令绘制图形。

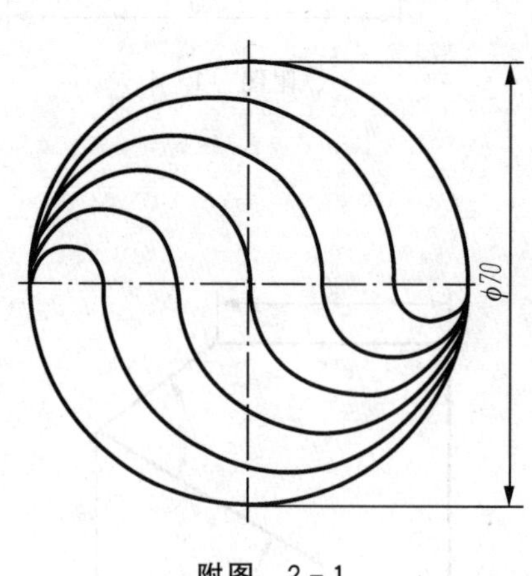

附图 2-1

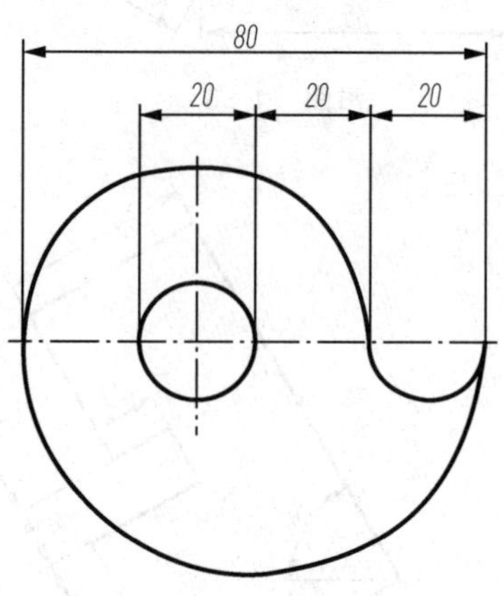

附图 2-2

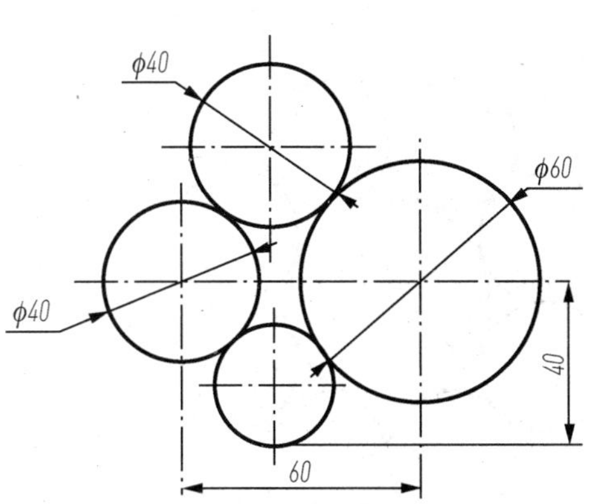

附图　2－3

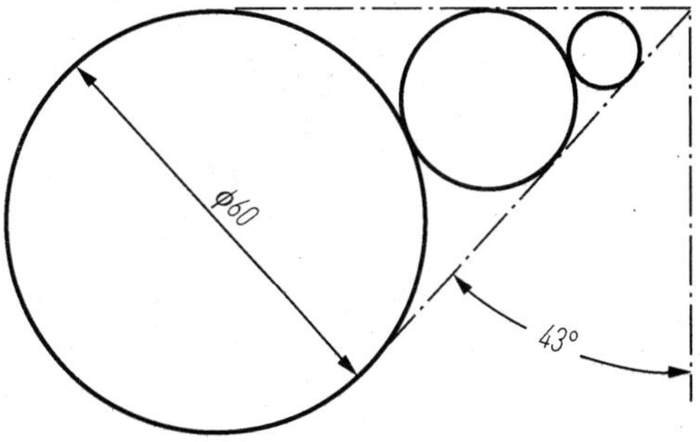

附图　2－4

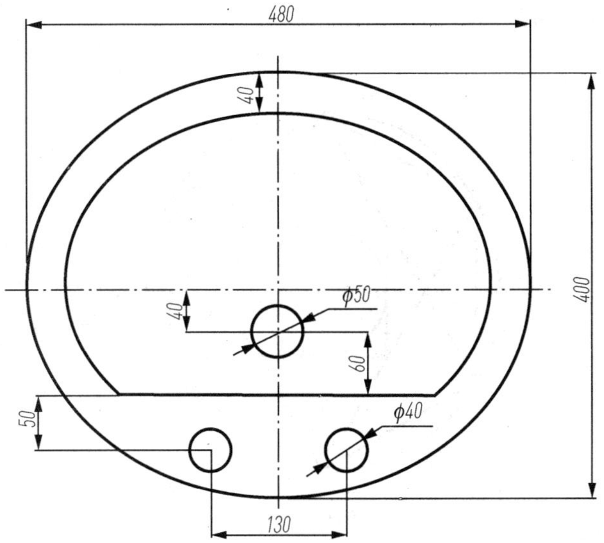

附图　2－5

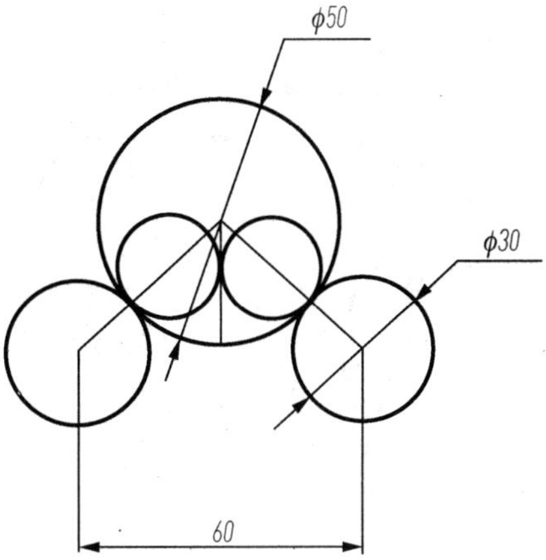

附图　2－6

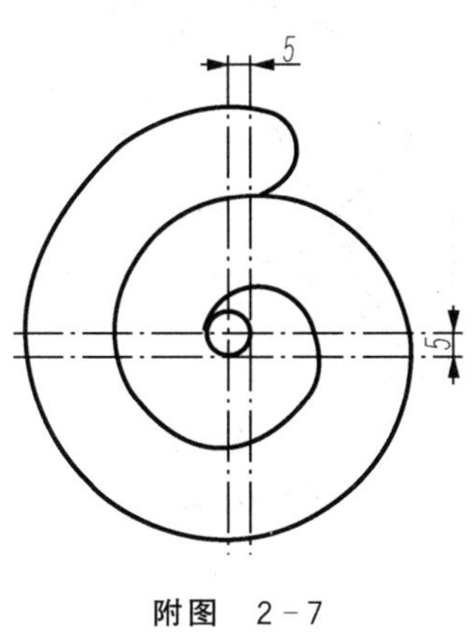

附图　2－7

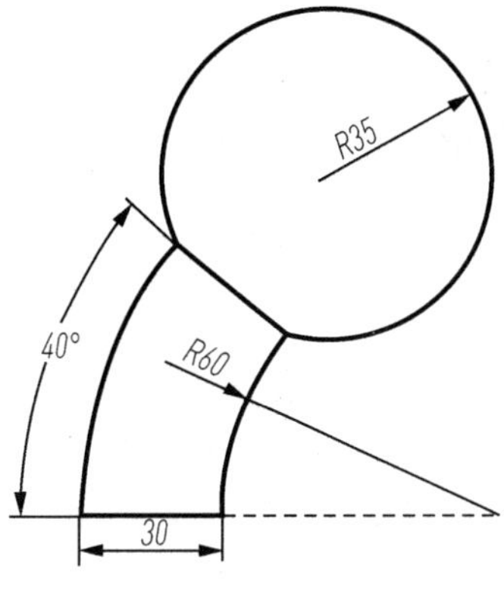

附图　2－8

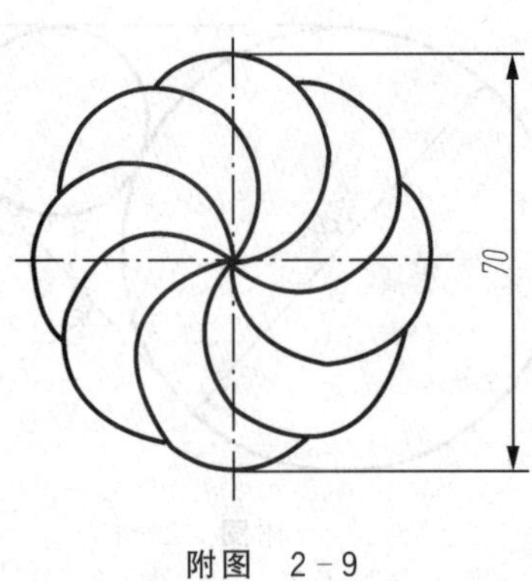

附图 2-9

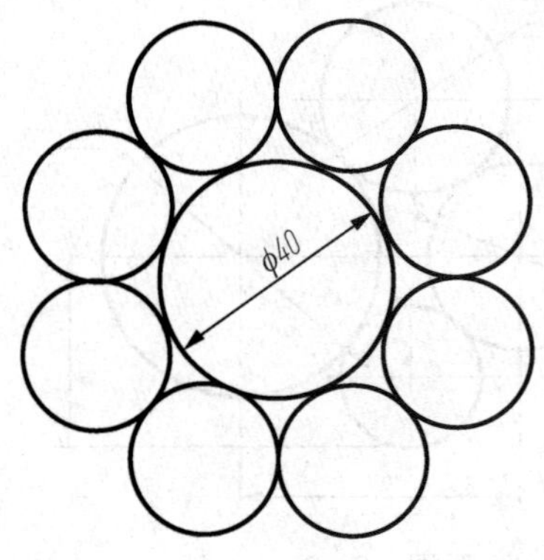

附图 2-10

3. 用【矩形】和【多边形】命令绘制图形。

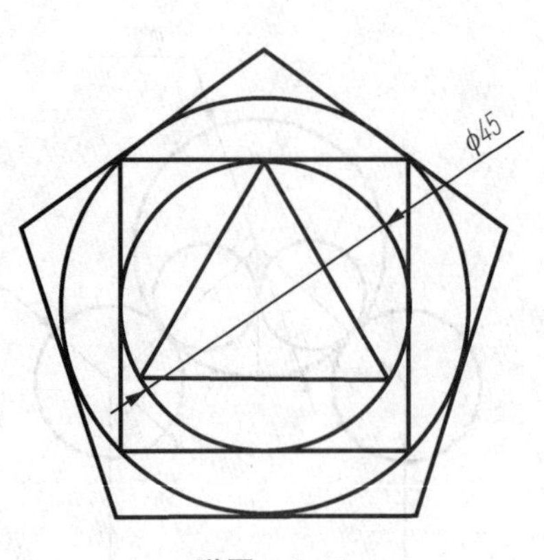

附图 3-1

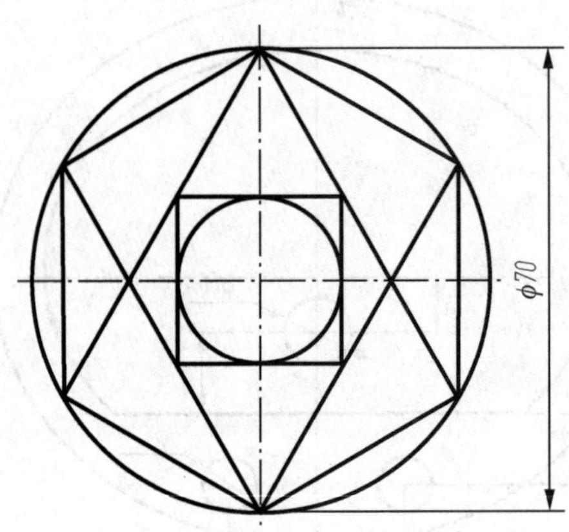

附图 3-2

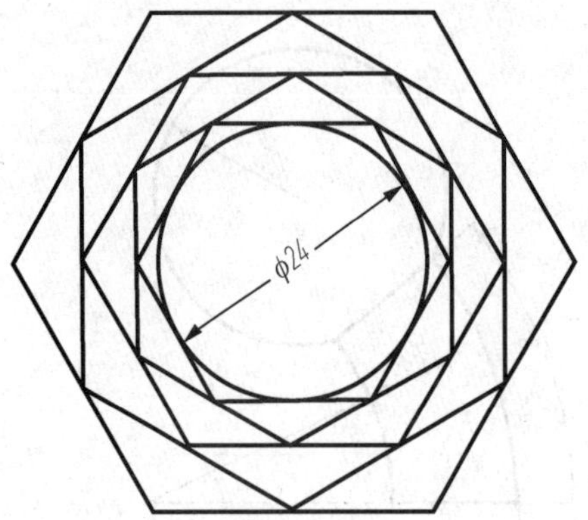

附图 3-3

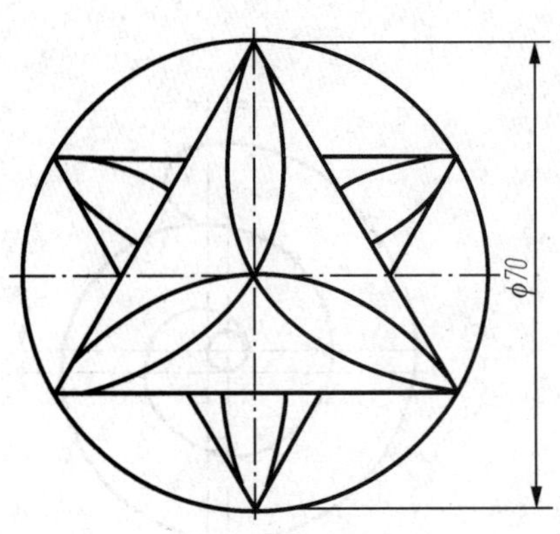

附图 3-4

4. 使用绘图命令和修改命令绘制图形。

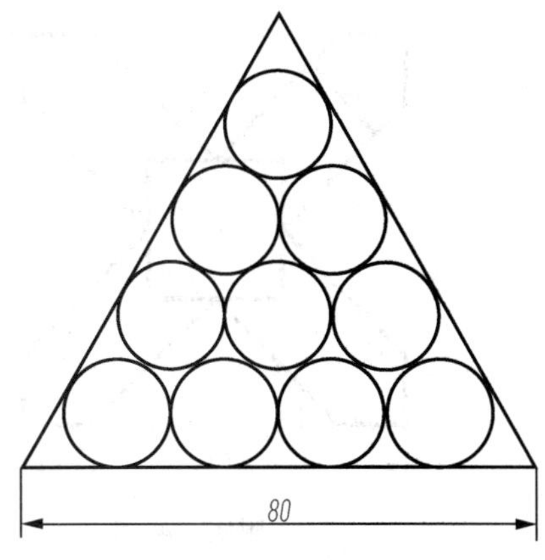

附图 4-1

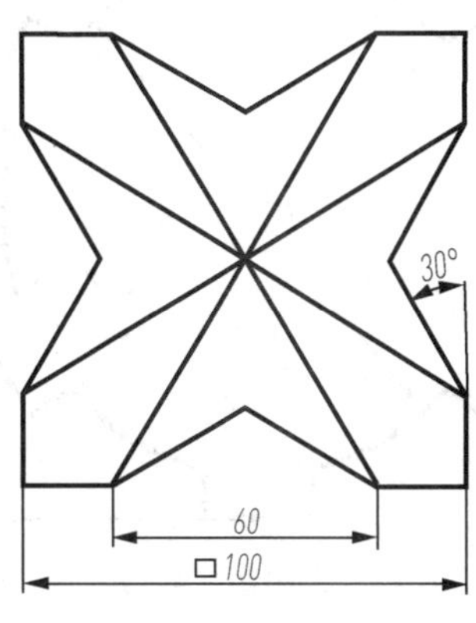

附图 4-2

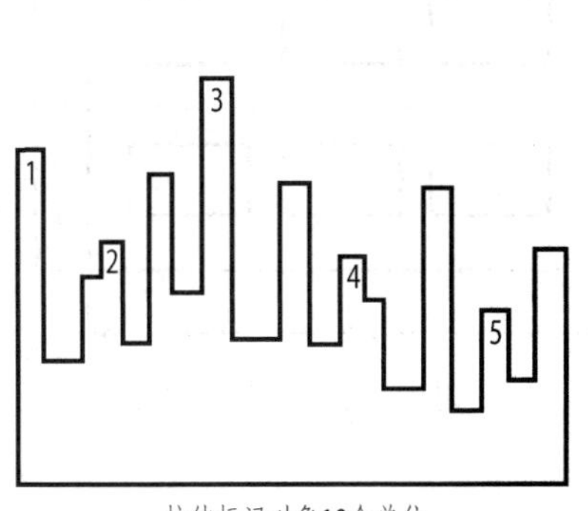

附图 4-3

附图 4-4

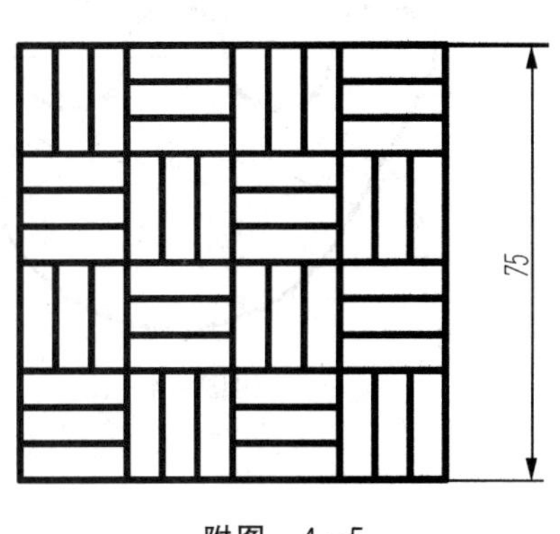

附图 4-5

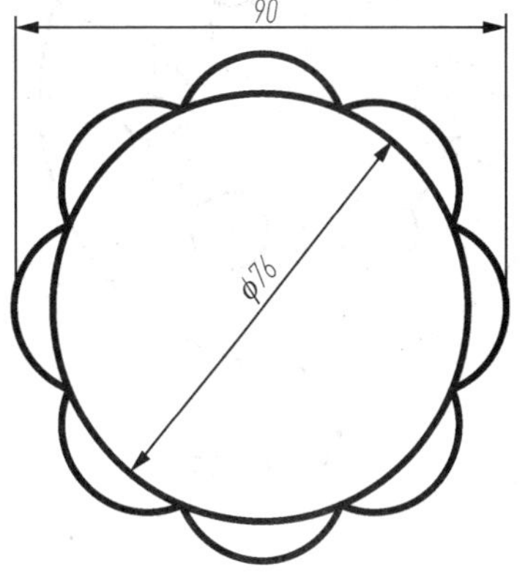

附图 4-6

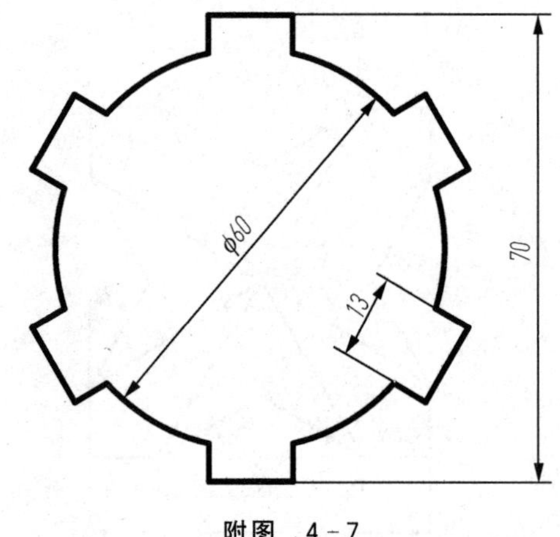

附图 4-7

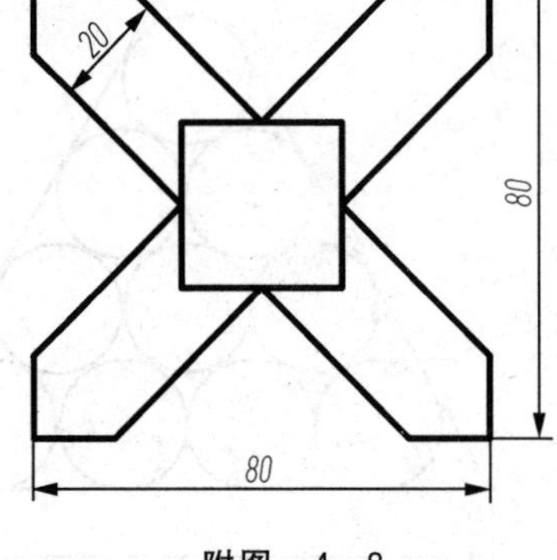

附图 4-8

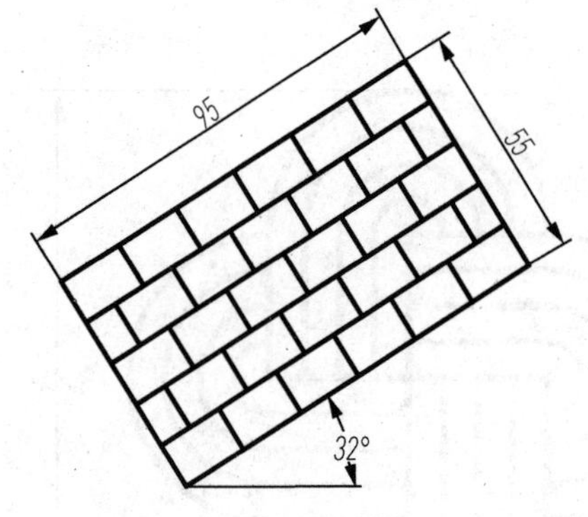

附图 4-9

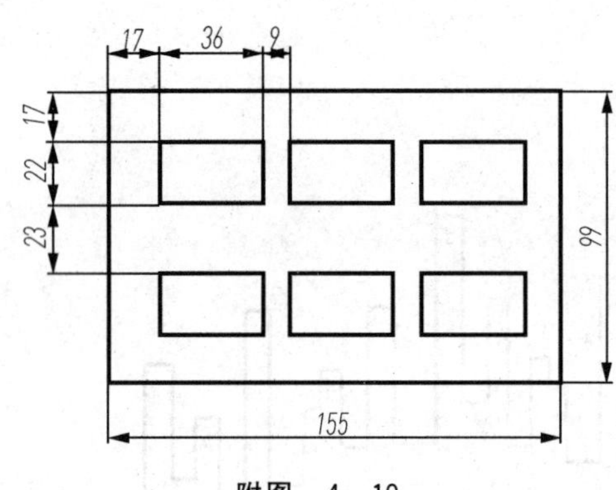

附图 4-10

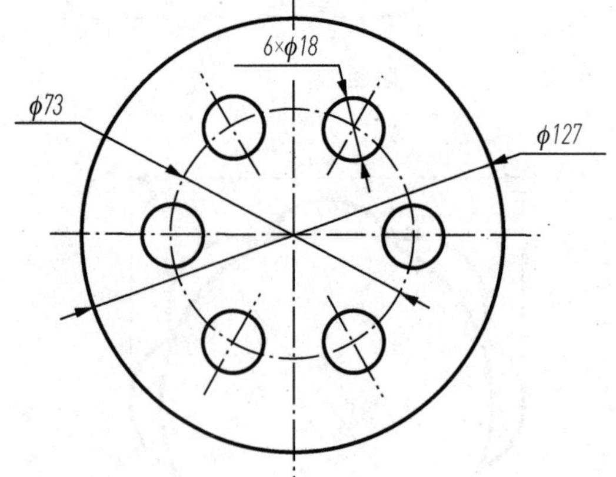

附图 4-11

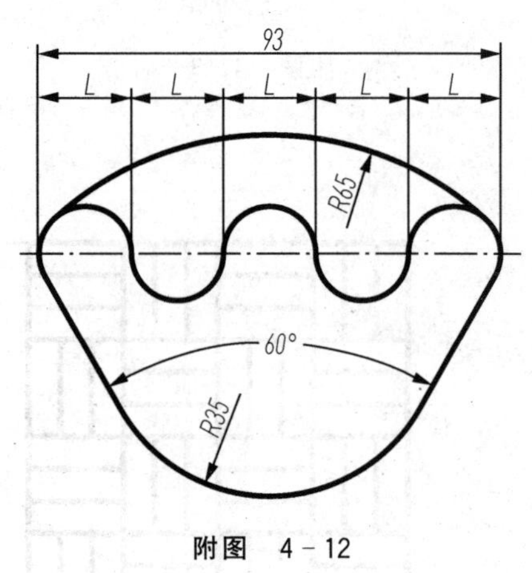

附图 4-12

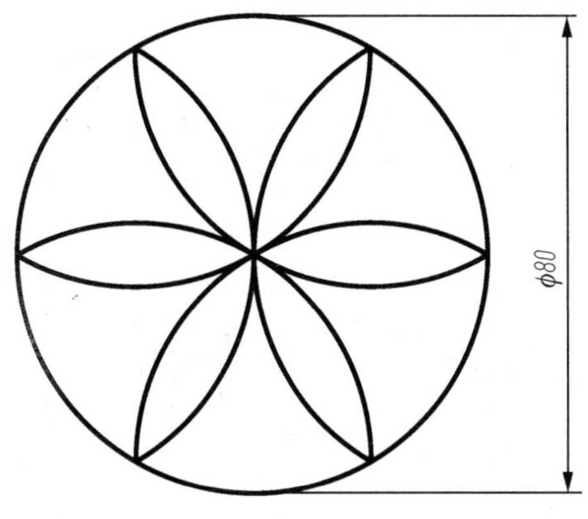

附图　4－13

附图　4－14

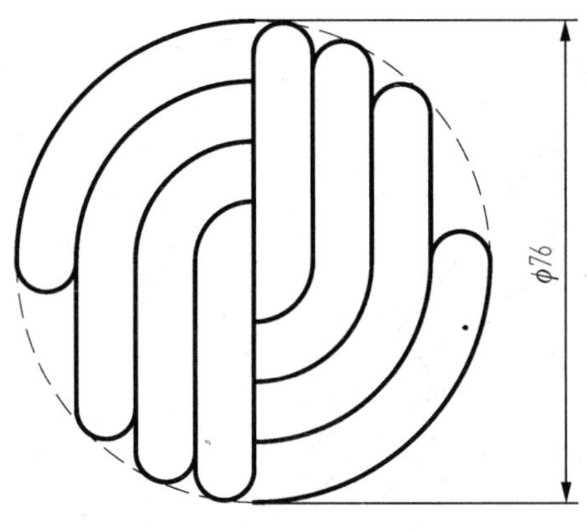

附图　4－15

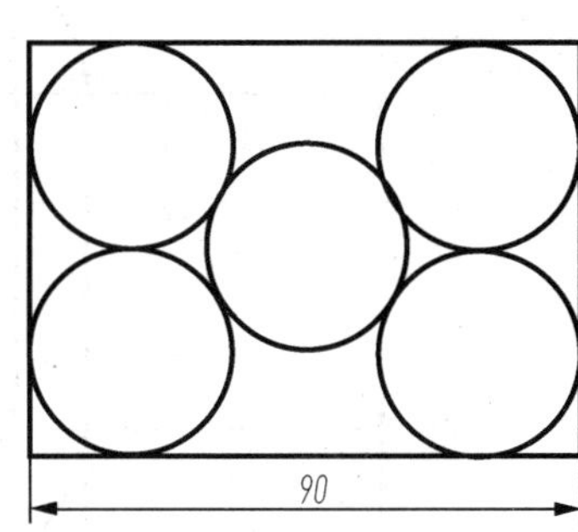

附图　4－16

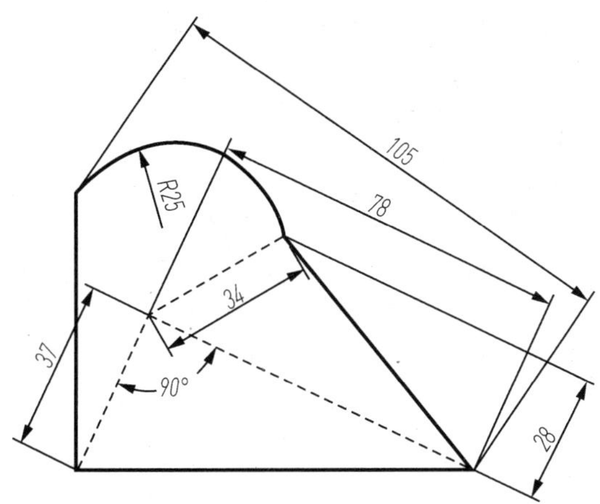

附图　4－17

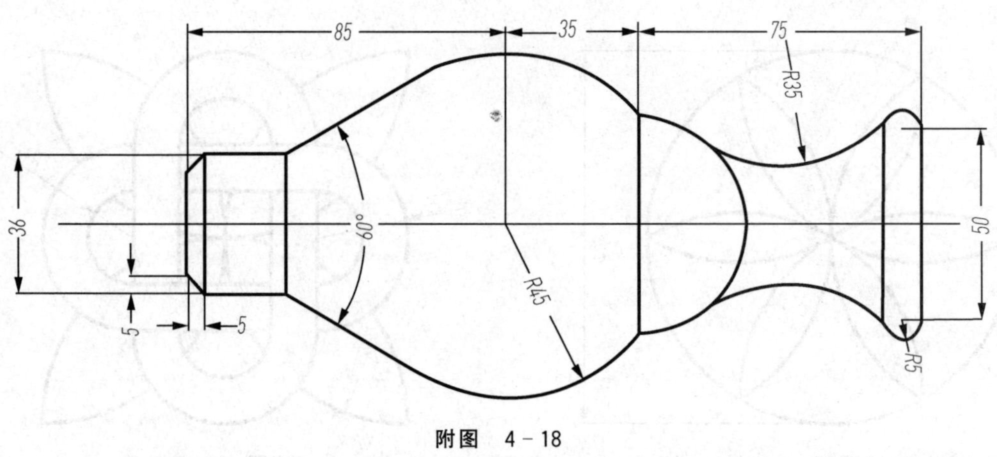

附图 4－18

5. 圆弧连接图形练习。

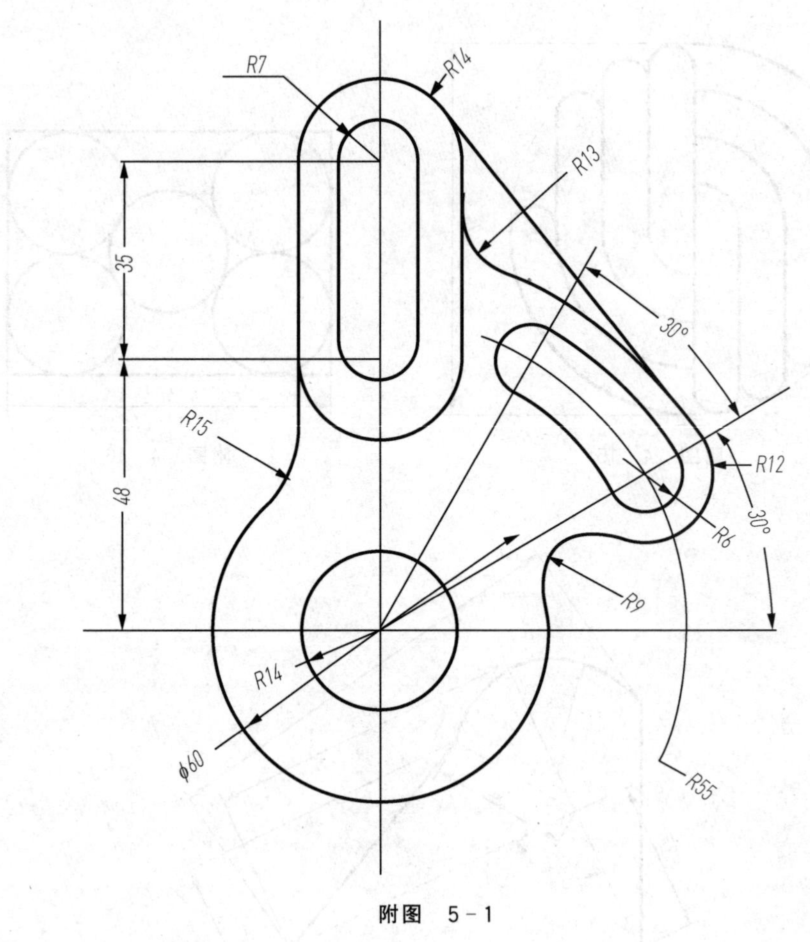

附图 5－1

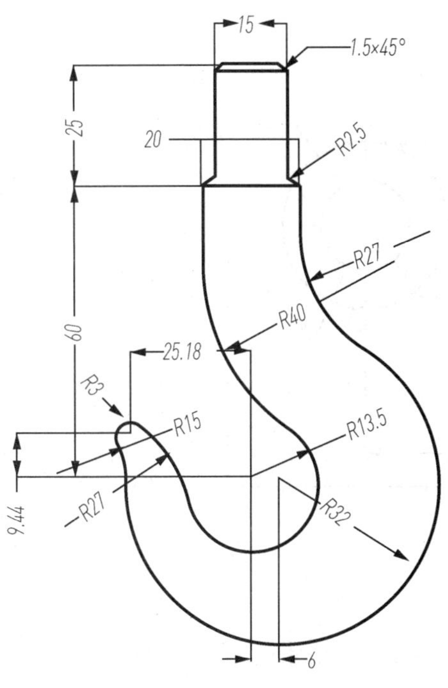

附图　5－2

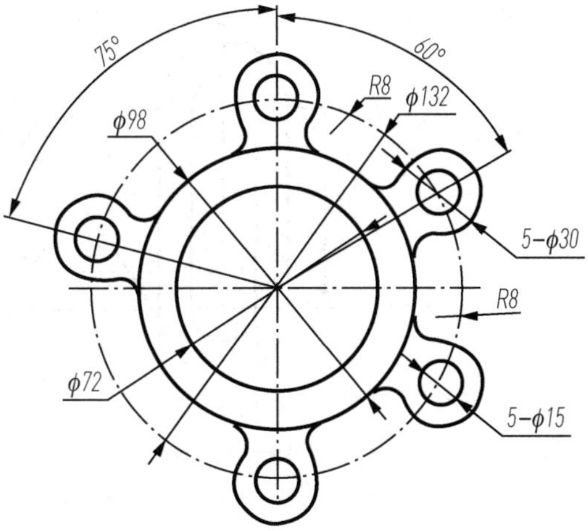

附图　5－3

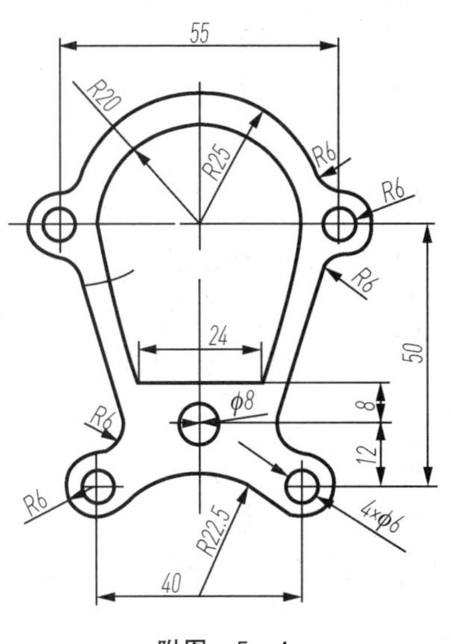

附图　5－4

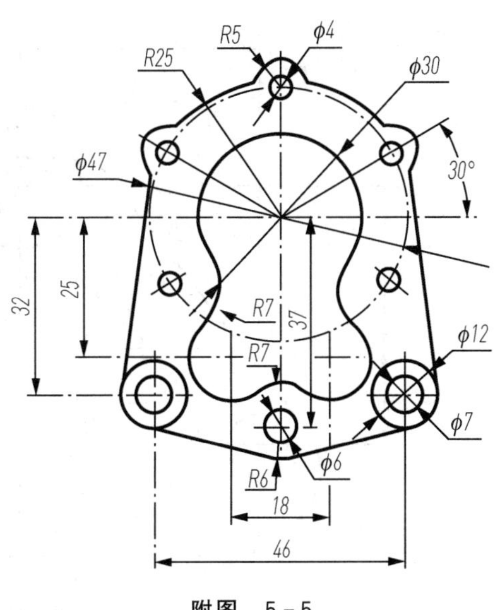

附图　5－5

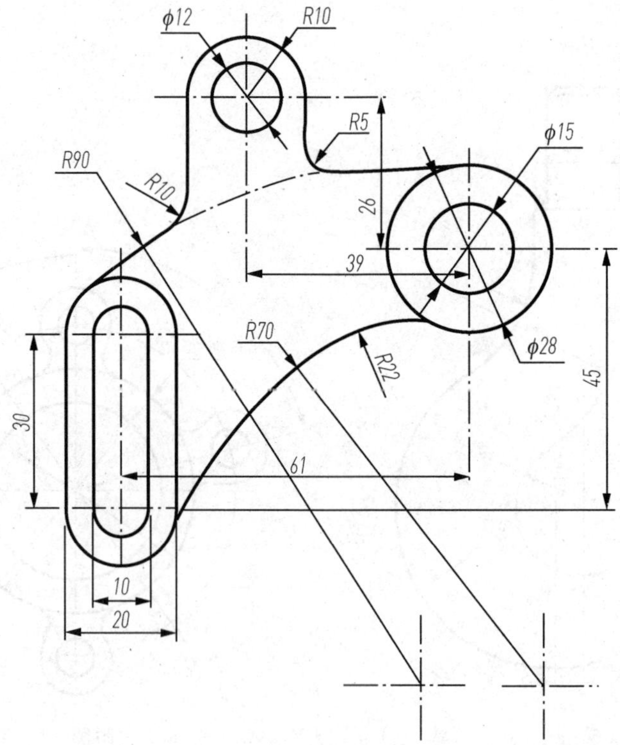
φ12
R10
R5
φ15
R90
R10
26
39
R70
φ28
R22
45
30
61
10
20

附图　5－6

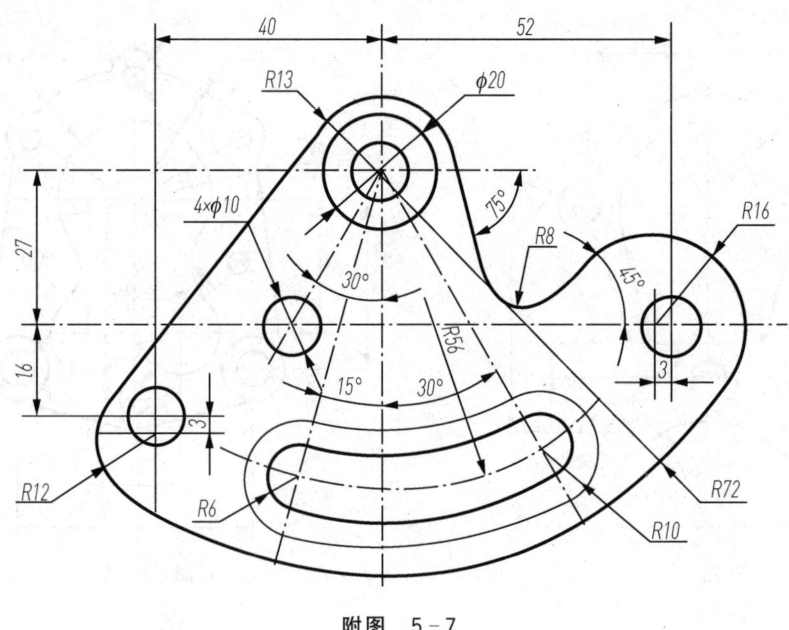
40
52
R13
φ20
27
4×φ10
75°
R16
R8
30°
45°
R56
16
15°
30°
3
3
R12
R6
R72
R10

附图　5－7

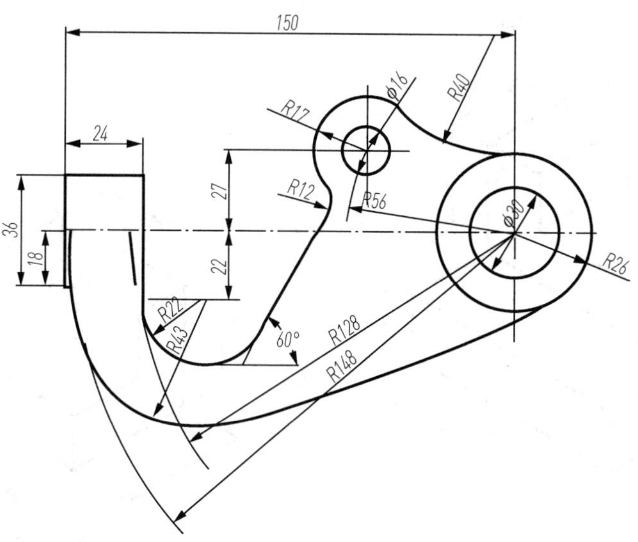

附图　5－8

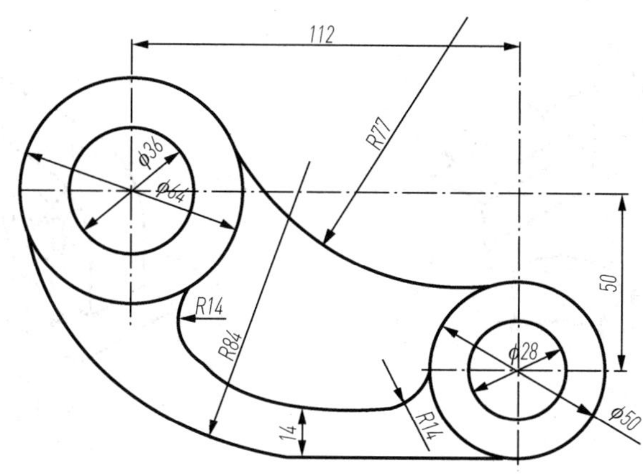

附图　5－9

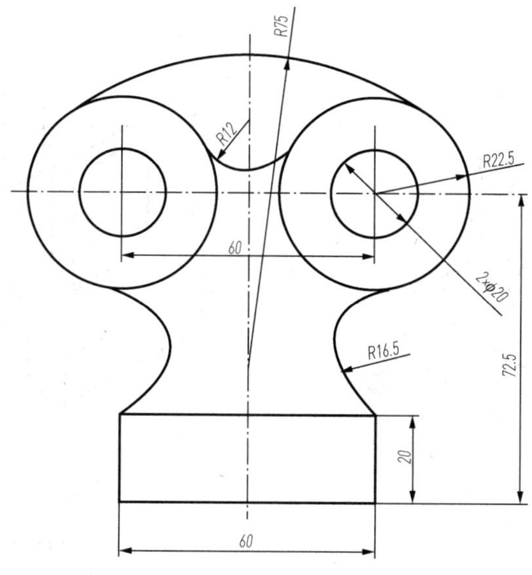

附图　5－10

6．根据轴测图绘制三视图。

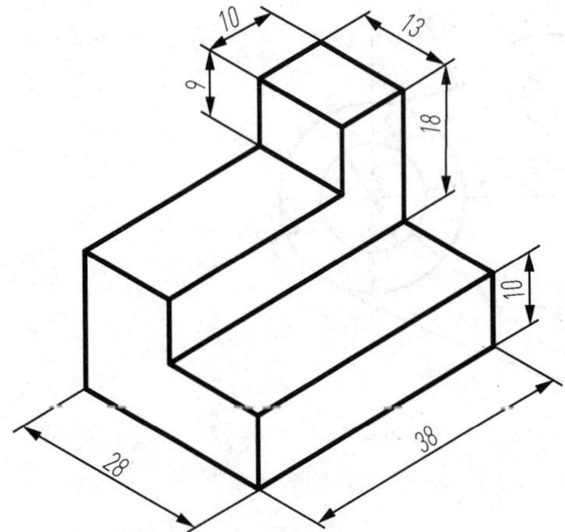

附图　6－1

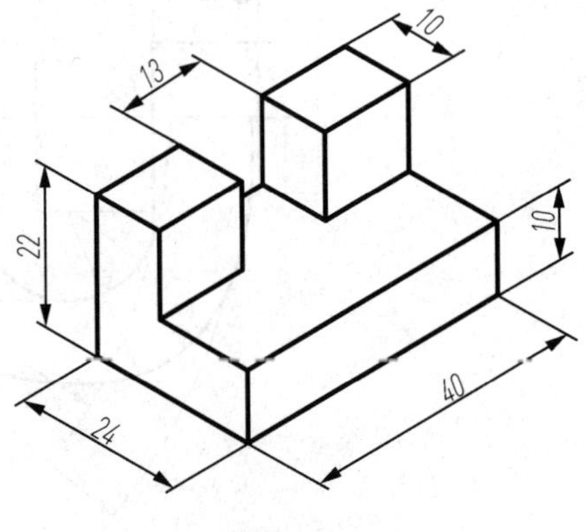

附图　6－2

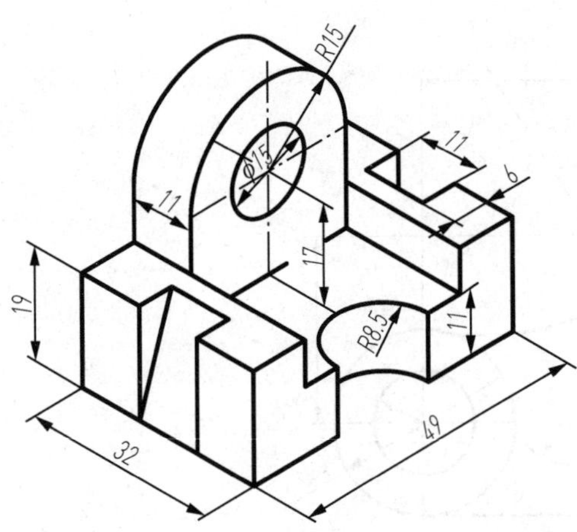

附图　6－3

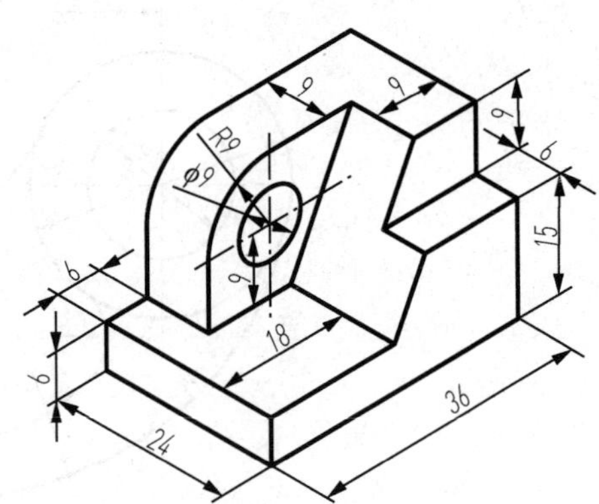

附图　6－4

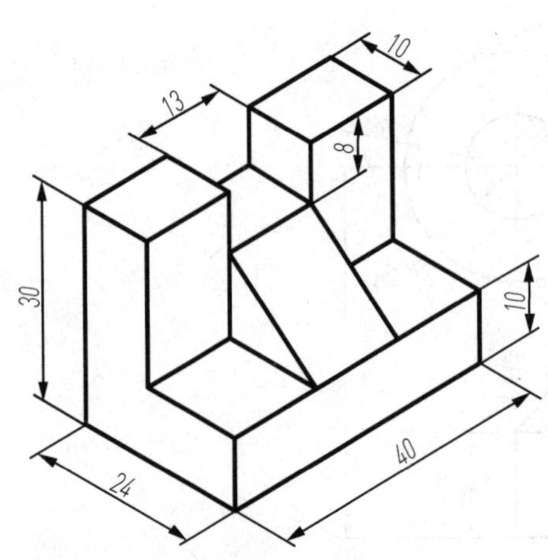

附图　6－5

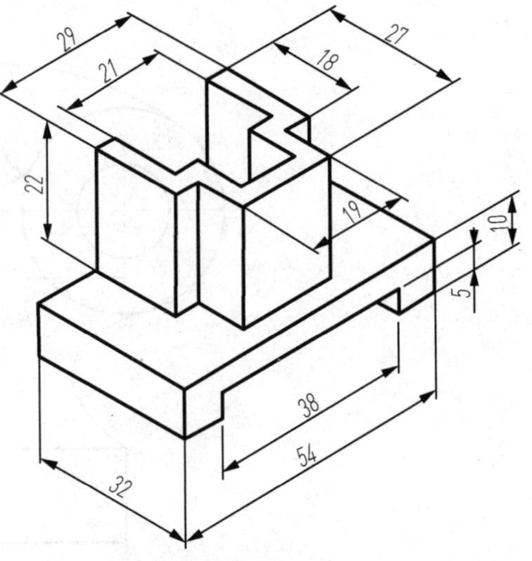

附图　6－6

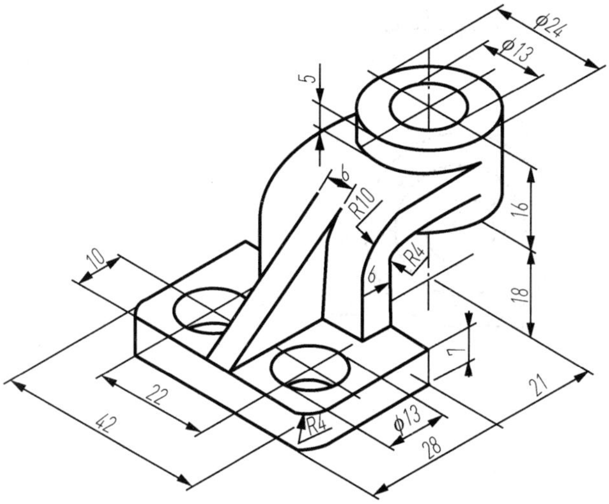

附图　6－7

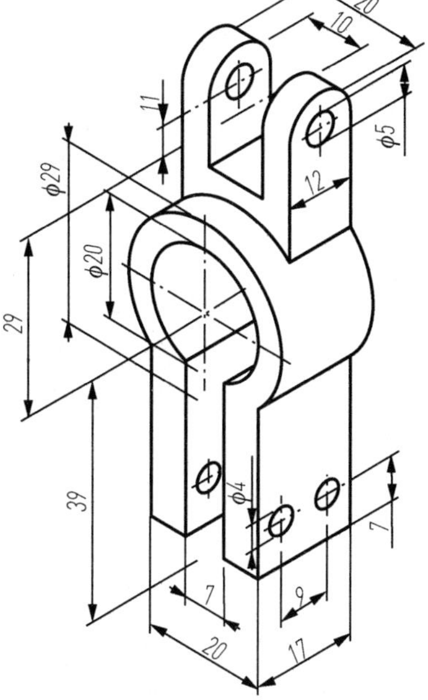

附图　6－8

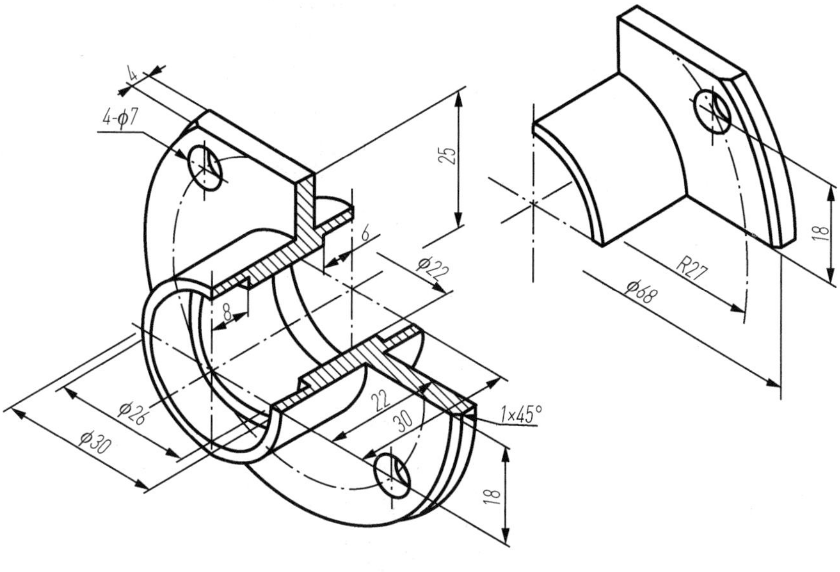

附图　6－9

7. 零件图的绘制。

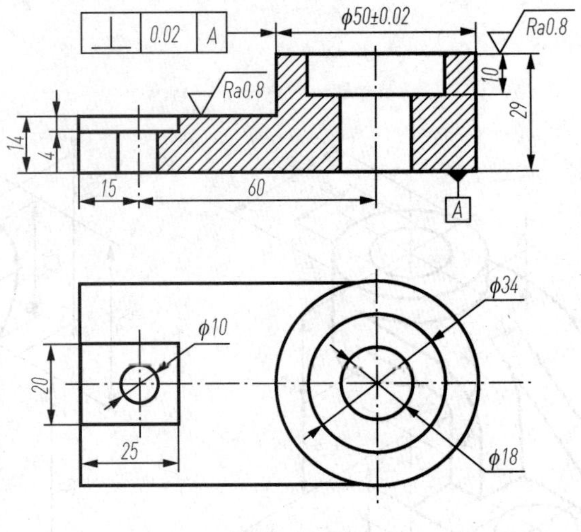

附图 7－1

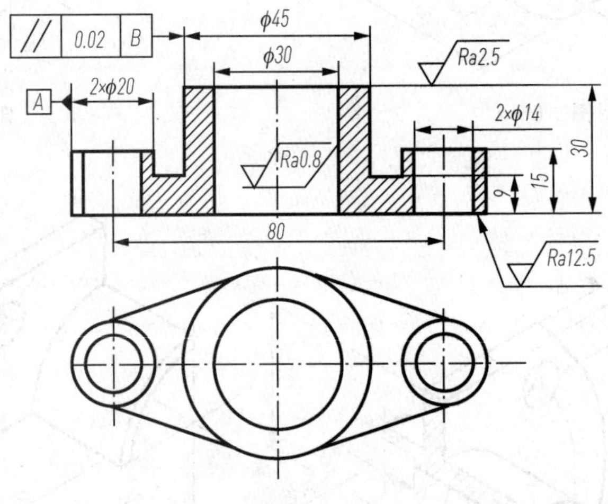

附图 7－2

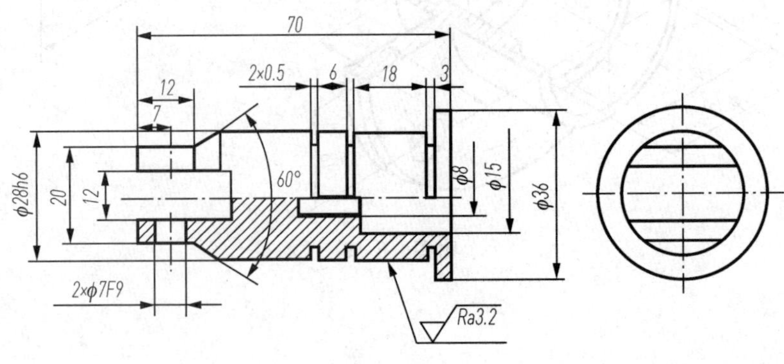

附图 7－3

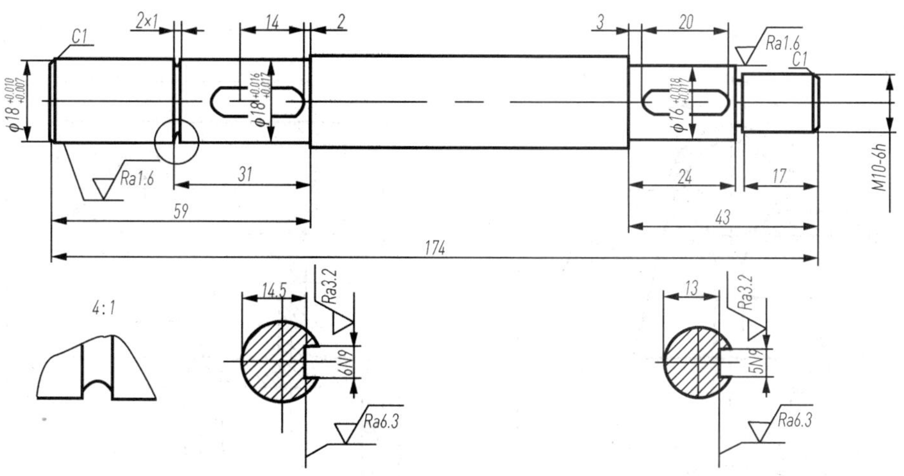

附图 7－4

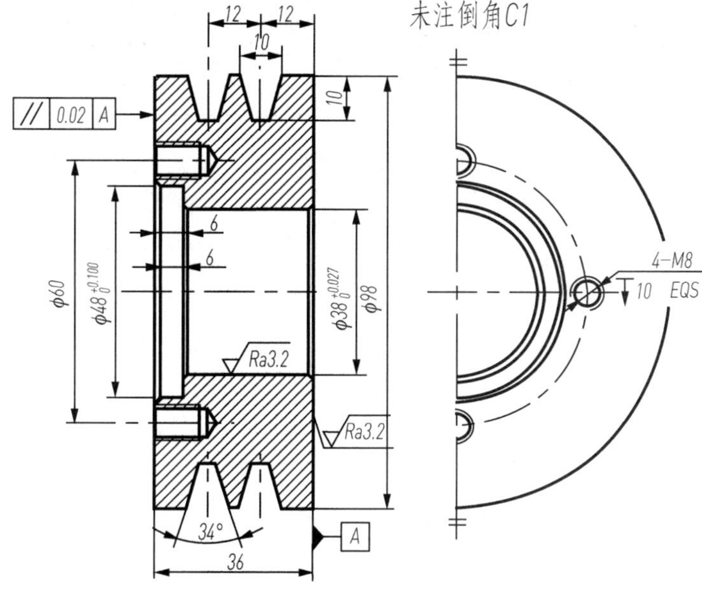

附图 7－5

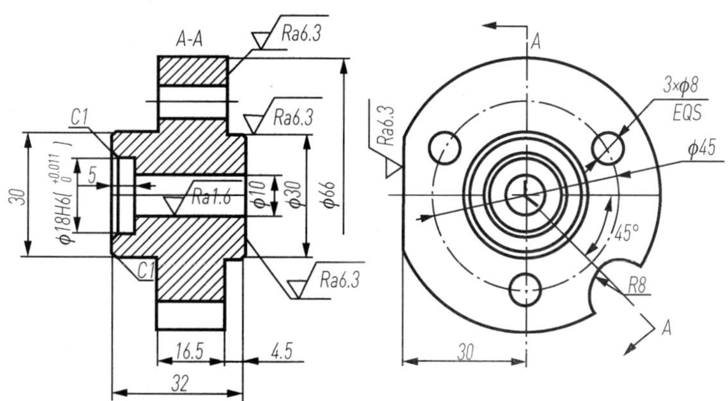

附图 7－6

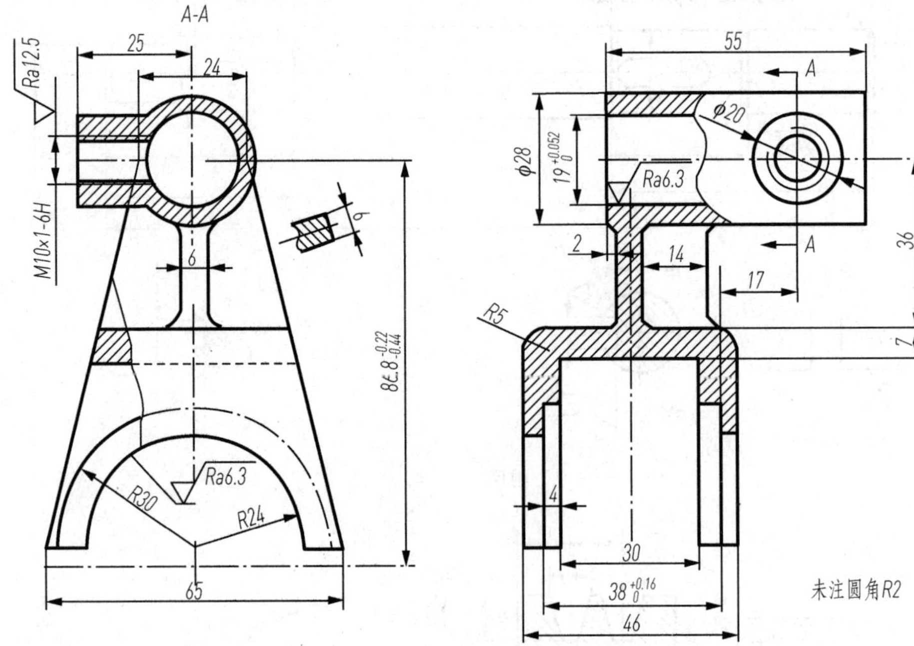
A-A
25
24
Ra12.5
M10×1-6H
6
6
Ra6.3
R30
R24
65
55
A
ϕ20
ϕ28
Ra6.3
2
14
A
17
36
7
R5
4
30
46
未注圆角R2

附图 7-7

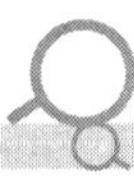

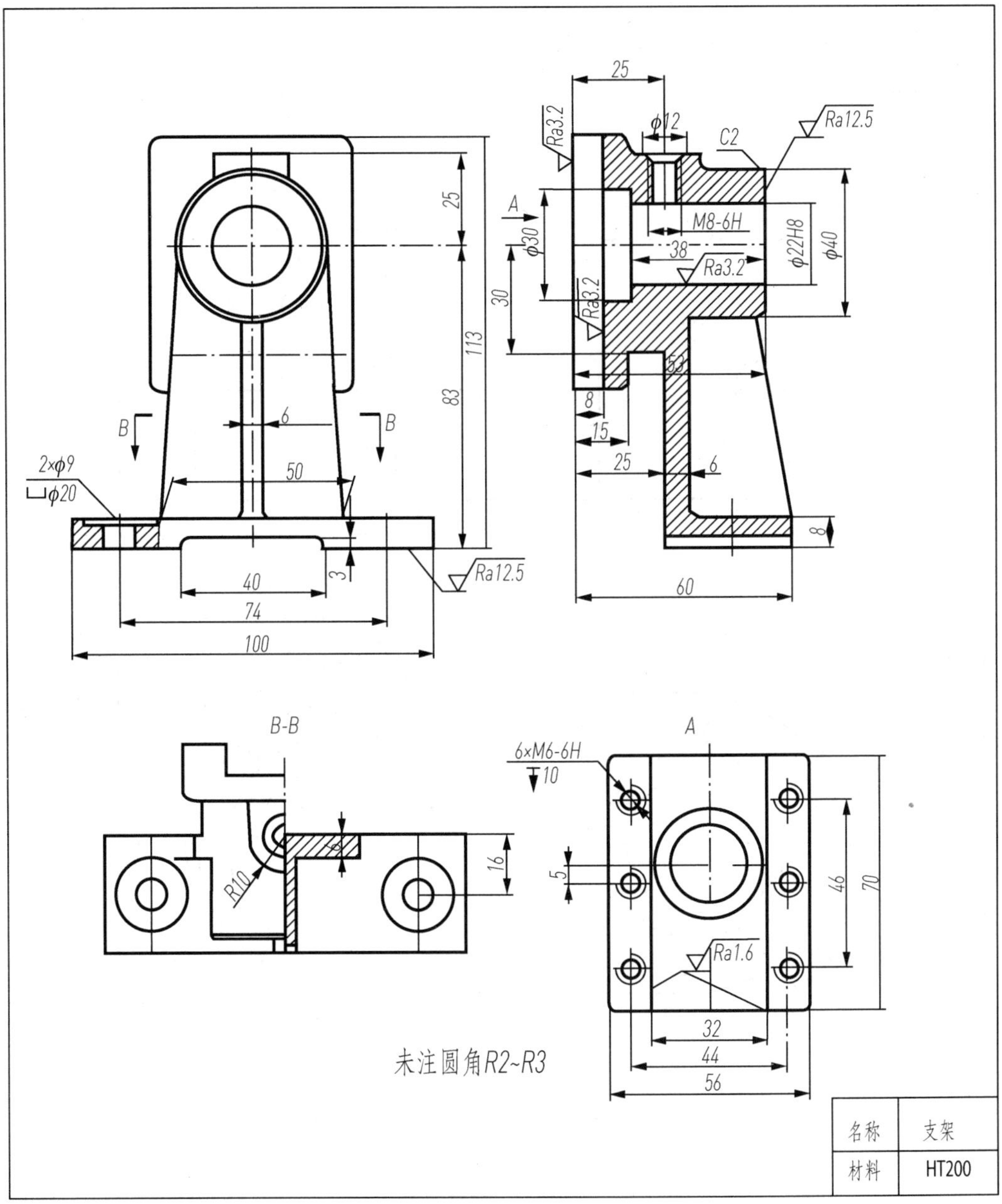

25
φ12
Ra12.5
C2
Ra3.2
A
M8-6H
φ30
38
φ22H8
φ40
Ra3.2
30
Ra3.2
53
8
15
25
6
8
60
25
113
83
30
B
B
6
2×φ9
⊔φ20
50
3
Ra12.5
40
74
100
B-B
R10
6
16
A
6×M6-6H
↧10
5
46
70
Ra1.6
32
44
56
未注圆角R2~R3
名称
支架
材料
HT200

附图　7－8

8. 物体的表达方法练习。

根据视图，选择合适的表达方法绘制并标注尺寸。

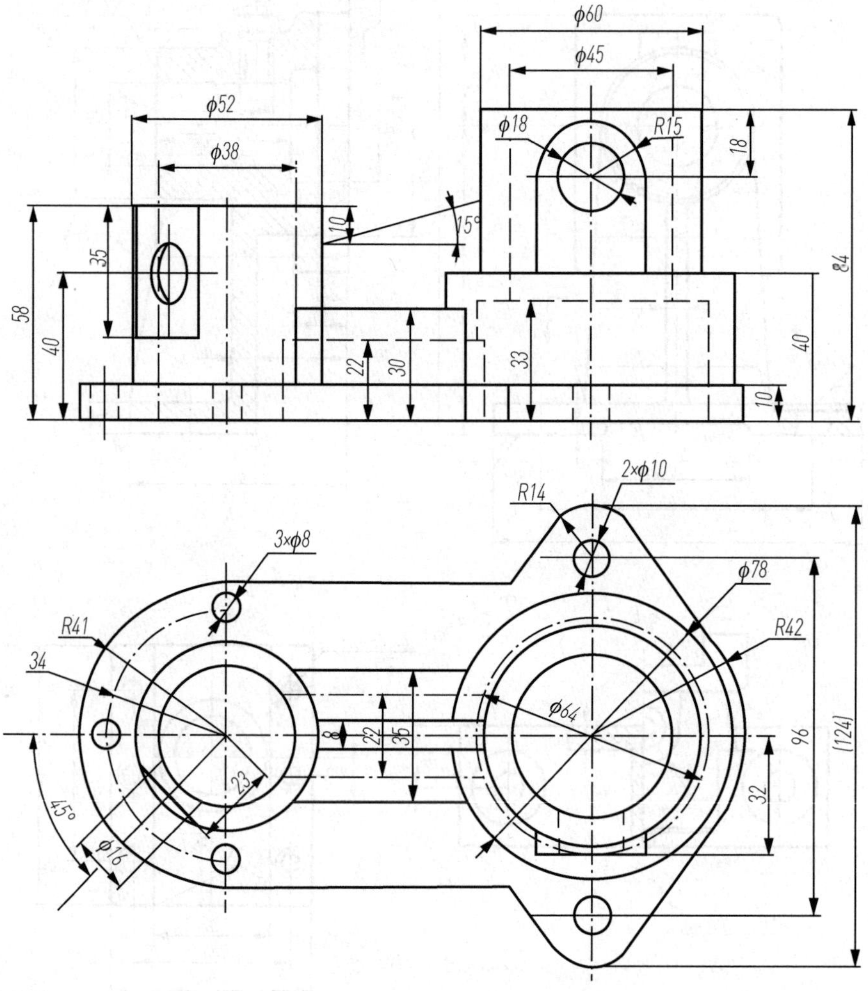

表达方法练习1			比例			
			件数			
制图			重量		材料	
校对			苏州市职业大学			
审核						

附图 8-1

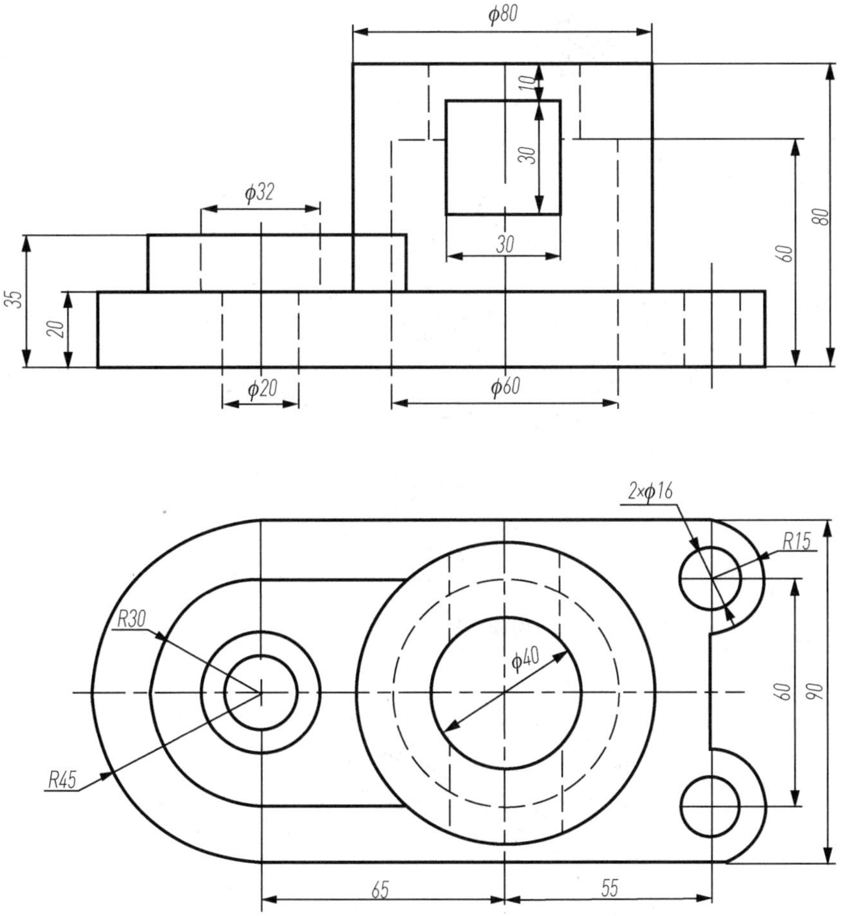

表达方法练习2			比例		
			件数		
制图			重量		材料
校对			苏州市职业大学		
审核					

附图　8－2

9. 三维实体的绘制。

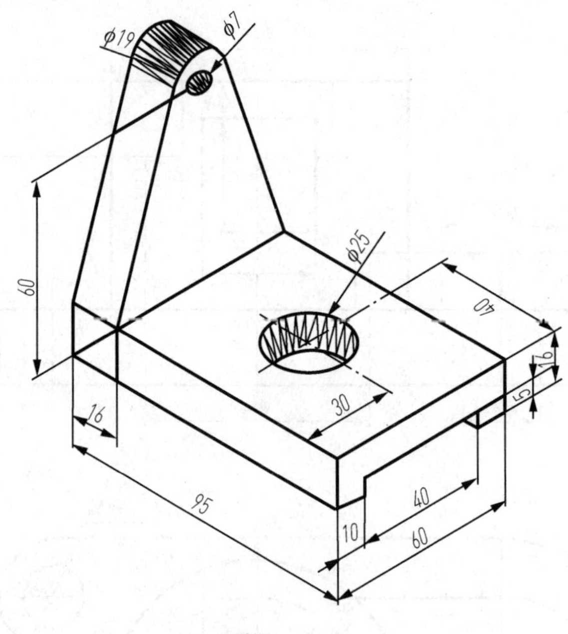

附图 9-1

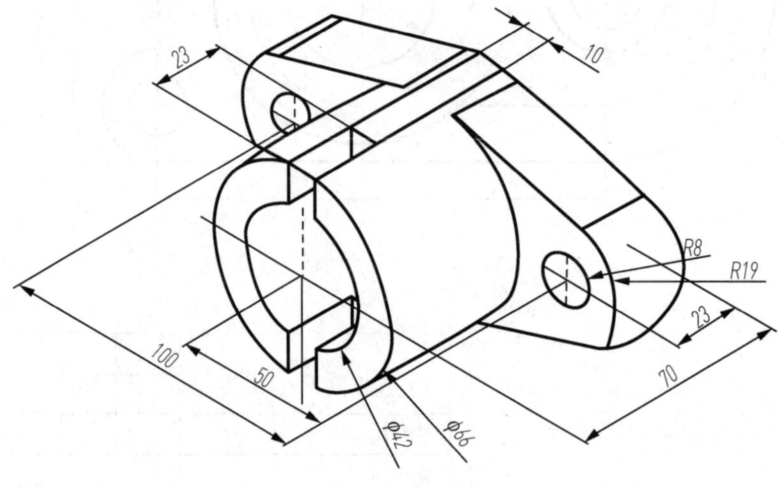

附图 9-2

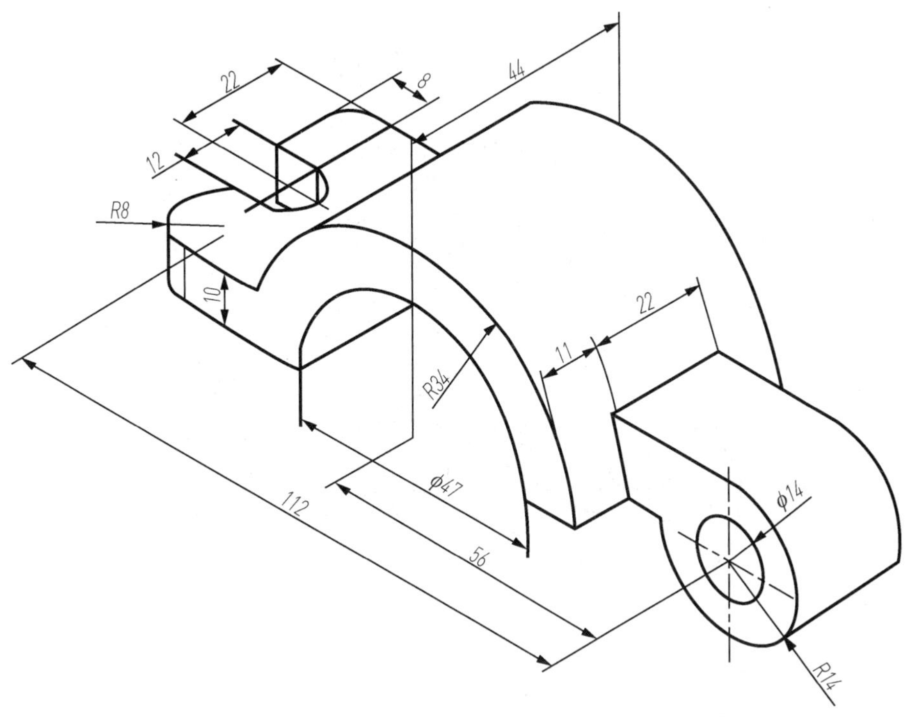
22
8
44
12
R8
10
R34
11
22
ϕ47
ϕ14
112
56
R14

附图 9-3

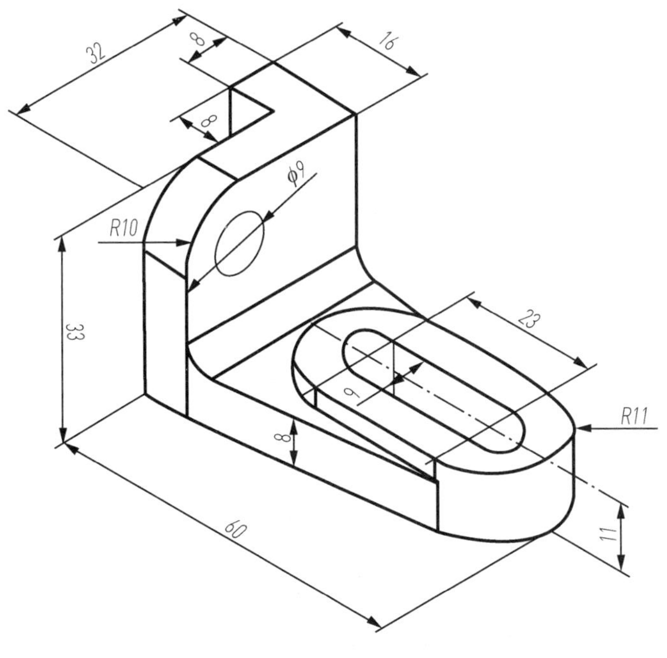
32
8
16
8
ϕ9
R10
33
23
9
R11
8
11
60

附图 9-4

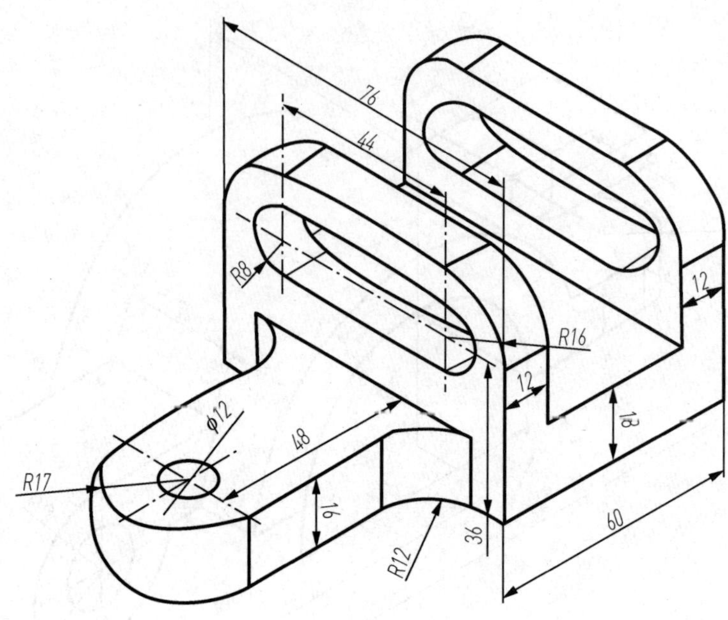

附图 9－5

参 考 文 献

[1] 张轩．AutoCAD 2006 机械制图设计应用范例[M]. 北京：清华大学出版社，2006.

[2] 兰俊平．机械图样识读与测绘[M]. 北京：化学工业出版社，2009.

[3] 路纯红，刘昌丽，胡仁喜．AutoCAD 2010 中文版机械设计完全实例教程[M]. 北京：化学工业出版社，2010.

[4] 李杰臣．AutoCAD 机械制图典型案例详解[M]. 北京：中国铁道出版社，2011.

[5] 孟冠军，王静．机械绘图与识图技巧和范例[M]. 北京：机械工业出版社，2011.

[6] 李芳丽，石彩华．机械图样的识读与绘制[M]. 北京：清华大学出版社，2012.

[7] 谢侃，陈艳霞．AutoCAD 2012 机械设计绘图基础入门与范例精通[M]. 北京：科学出版社，2011.

[8] 詹友刚．AutoCAD 机械设计实例精解(2012 中文版)[M]. 北京：机械工业出版社，2012.

[9] 李波，等．AutoCAD 2012 中文版机械设计完全自学手册[M]. 北京：化学工业出版社，2012.

[10] 刘小年．机械制图[M]. 北京：机械工业出版社，2012.

北京大学出版社高职高专机电系列规划教材

序号	书号	书名	编著者	定价	出版日期
机械类基础课					
1	978-7-301-10464-2	工程力学	余学进	18.00	2008.1 第 3 次印刷
2	978-7-301-13653-9	工程力学	武昭晖	25.00	2011.2 第 3 次印刷
3	978-7-301-13655-3	工程制图	马立克	32.00	2008.8
4	978-7-301-13654-6	工程制图习题集	马立克	25.00	2008.8
5	978-7-301-13574-7	机械制造基础	徐从清	32.00	2012.7 第 3 次印刷
6	978-7-301-13573-0	机械设计基础	朱凤芹	32.00	2008.8
7	978-7-301-13656-0	机械设计基础	时忠明	25.00	2012.7 第 3 次印刷
8	978-7-301-13662-1	机械制造技术	宁广庆	42.00	2010.11 第 2 次印刷
9	978-7-301-19848-3	机械制造综合设计及实训	裘俊彦	37.00	2013.4
10	978-7-301-19297-9	机械制造工艺及夹具设计	徐 勇	28.00	2011.8
11	978-7-301-13260-9	机械制图	徐 萍	32.00	2009.8 第 2 次印刷
12	978-7-301-13263-0	机械制图习题集	吴景淑	40.00	2009.10 第 2 次印刷
13	978-7-301-18357-1	机械制图	徐连孝	27.00	2012.9 第 2 次印刷
14	978-7-301-18143-0	机械制图习题集	徐连孝	20.00	2013.4 第 2 次印刷
15	978-7-301-15692-6	机械制图	吴百中	26.00	2012.7 第 2 次印刷
16	978-7-301-22916-3	机械图样的识读与绘制	刘永强	36.00	2013.8
17	978-7-301-23354-2	AutoCAD 应用项目化实训教程	王利华	42.00	2014.1
18	978-7-301-17122-6	AutoCAD 机械绘图项目教程	张海鹏	36.00	2013.8 第 3 次印刷
19	978-7-301-17573-6	AutoCAD 机械绘图基础教程	王长忠	32.00	2013.8 第 2 次印刷
20	978-7-301-19010-4	AutoCAD 机械绘图基础教程与实训(第 2 版)	欧阳全会	36.00	2014.1 第 3 次印刷
21	978-7-301-24536-1	三维机械设计项目教程(UG 版)	龚肖新	45.00	2014.9
22	978-7-301-17609-2	液压传动	龚肖新	22.00	2010.8
23	978-7-301-20752-9	液压传动与气动技术(第 2 版)	曹建东	40.00	2014.1 第 2 次印刷
24	978-7-301-13582-2	液压与气压传动技术	袁 广	24.00	2013.8 第 5 次印刷
25	978-7-301-24381-7	液压与气动技术项目教程	武 威	30.00	2014.8
26	978-7-301-19436-2	公差与测量技术	余 键	25.00	2011.9
27	978-7-5038-4861-2	公差配合与测量技术	南秀蓉	23.00	2011.12 第 4 次印刷
28	978-7-301-19374-7	公差配合与技术测量	庄佃霞	26.00	2013.8 第 2 次印刷
29	978-7-301-13652-2	金工实训	柴增田	22.00	2013.1 第 4 次印刷
30	978-7-301-13651-5	金属工艺学	柴增田	27.00	2011.6 第 2 次印刷
31	978-7-301-17608-5	机械加工工艺编制	于爱武	45.00	2012.2 第 2 次印刷
32	978-7-301-23868-4	机械加工工艺编制与实施(上册)	于爱武	42.00	2014.3
33	978-7-301-24546-0	机械加工工艺编制与实施(下册)	于爱武	42.00	2014.7
34	978-7-301-21988-1	普通机床的检修与维护	宋亚林	33.00	2013.1
35	978-7-5038-4869-8	设备状态监测与故障诊断技术	林英志	22.00	2011.8 第 3 次印刷
36	978-7-301-22116-7	机械工程专业英语图解教程(第 2 版)	朱派龙	48.00	2013.9
37	978-7-301-23198-2	生产现场管理	金建华	38.00	2013.9
38	978-7-301-24788-4	机械 CAD 绘图基础及实训	杜 洁	30.00	2014.9
数控技术类					
1	978-7-301-17707-5	零件加工信息分析	谢 蕾	46.00	2010.8
2	978-7-301-17148-6	普通机床零件加工	杨雪青	26.00	2013.8 第 2 次印刷
3	978-7-301-17679-5	机械零件数控加工	李 文	38.00	2010.8
4	978-7-301-13659-1	CAD/CAM 实体造型教程与实训(Pro/ENGINEER 版)	诸小丽	38.00	2014.7 第 4 次印刷

序号	书号	书名	编著者	定价	出版日期
5	978-7-301-17557-6	CAD/CAM 数控编程项目教程(UG 版)(第 2 版)	慕　灿	48.00	2014.8 第 1 次印刷
6	978-7-5038-4865-0	CAD/CAM 数控编程与实训(CAXA 版)	刘玉春	27.00	2011.2 第 3 次印刷
7	978-7-301-21873-0	CAD/CAM 数控编程项目教程(CAXA 版)	刘玉春	42.00	2013.3
8	978-7-301-13261-6	微机原理及接口技术(数控专业)	程　艳	32.00	2008.1
9	978-7-5038-4866-7	数控技术应用基础	宋建武	22.00	2010.7 第 2 次印刷
10	978-7-301-13262-3	实用数控编程与操作	钱东东	32.00	2013.8 第 4 次印刷
11	978-7-301-14470-1	数控编程与操作	刘瑞已	29.00	2011.2 第 2 次印刷
12	978-7-301-20312-5	数控编程与加工项目教程	周晓宏	42.00	2012.3
13	978-7-301-23898-1	数控加工编程与操作实训教程(数控车分册)	王忠斌	36.00	2014.6
14	978-7-301-20945-5	数控铣削技术	陈晓罗	42.00	2012.7
15	978-7-301-21053-6	数控车削技术	王军红	28.00	2012.8
16	978-7-301-17398-5	数控加工技术项目教程	李东君	48.00	2010.8
17	978-7-301-21119-9	数控机床及其维护	黄应勇	38.00	2012.8
18	978-7-301-20002-5	数控机床故障诊断与维修	陈学军	38.00	2012.1
19	978-7-301-24475-3	零件加工信息分析(第 2 版)	谢　蕾	52.00	2014.9
模具设计与制造类					
1	978-7-301-13258-6	塑模设计与制造	晏志华	38.00	2007.8
2	978-7-301-23892-9	注射模设计方法与技巧实例精讲	邹继强	54.00	2014.2
3	978-7-301-24432-6	注射模典型结构设计实例图集	邹继强	54.00	2014.6
4	978-7-301-18471-4	冲压工艺与模具设计	张　芳	39.00	2011.3
5	978-7-301-19933-6	冷冲压工艺与模具设计	刘洪贤	32.00	2012.1
6	978-7-301-20414-6	Pro/ENGINEER Wildfire 产品设计项目教程	罗　武	31.00	2012.5
7	978-7-301-16448-8	Pro/ENGINEER Wildfire 设计实训教程	吴志清	38.00	2012.8
8	978-7-301-22678-0	模具专业英语图解教程	李东君	22.00	2013.7
电气自动化类					
1	978-7-301-18519-3	电工技术应用	孙建领	26.00	2011.3
2	978-7-301-17569-9	电工电子技术项目教程	杨德明	32.00	2012.4 第 2 次印刷
3	978-7-301-22546-2	电工技能实训教程	韩亚军	22.00	2013.6
4	978-7-301-22923-1	电工技术项目教程	徐超明	38.00	2013.8
5	978-7-301-12390-4	电力电子技术	梁南丁	29.00	2010.7 第 2 次印刷
6	978-7-301-17730-3	电力电子技术	崔　红	23.00	2010.9
7	978-7-301-12182-5	电工电子技术	李艳新	29.00	2007.8
8	978-7-301-19525-3	电工电子技术	倪　涛	38.00	2011.9
9	978-7-301-12392-8	电工与电子技术基础	卢菊洪	28.00	2007.9
10	978-7-301-16830-1	维修电工技能与实训	陈学平	37.00	2010.7
11	978-7-301-12180-1	单片机开发应用技术	李国兴	21.00	2010.9 第 2 次印刷
12	978-7-301-20000-1	单片机应用技术教程	罗国荣	40.00	2012.2
13	978-7-301-21055-0	单片机应用项目化教程	顾亚文	32.00	2012.8
14	978-7-301-17489-0	单片机原理及应用	陈高锋	32.00	2012.9
15	978-7-301-24281-0	单片机技术及应用	黄贻培	30.00	2014.7
16	978-7-301-22390-1	单片机开发与实践教程	宋玲玲	24.00	2013.6
17	978-7-301-17958-1	单片机开发入门及应用实例	熊华波	30.00	2011.1

序号	书号	书名	编著者	定价	出版日期
18	978-7-301-16898-1	单片机设计应用与仿真	陆旭明	26.00	2012.4 第 2 次印刷
19	978-7-301-19302-0	基于汇编语言的单片机仿真教程与实训	张秀国	32.00	2011.8
20	978-7-301-12181-8	自动控制原理与应用	梁南丁	23.00	2012.1 第 3 次印刷
21	978-7-301-19638-0	电气控制与 PLC 应用技术	郭 燕	24.00	2012.1
22	978-7-301-18622-0	PLC 与变频器控制系统设计与调试	姜永华	34.00	2011.6
23	978-7-301-19272-6	电气控制与 PLC 程序设计(松下系列)	姜秀玲	36.00	2011.8
24	978-7-301-12383-6	电气控制与 PLC(西门子系列)	李 伟	26.00	2012.3 第 2 次印刷
25	978-7-301-18188-1	可编程控制器应用技术项目教程(西门子)	崔维群	38.00	2013.6 第 2 次印刷
26	978-7-301-23432-7	机电传动控制项目教程	杨德明	40.00	2014.1
27	978-7-301-12382-9	电气控制及 PLC 应用(三菱系列)	华满香	24.00	2012.5 第 2 次印刷
28	978-7-301-14469-5	可编程控制器原理及应用（三菱机型）	张玉华	24.00	2009.3
29	978-7-301-22315-4	低压电气控制安装与调试实训教程	张 郭	24.00	2013.4
30	978-7-301-24433-3	低压电器控制技术	肖朋生	34.00	2014.7
31	978-7-301-22672-8	机电设备控制基础	王本轶	32.00	2013.7
32	978-7-301-18770-8	电机应用技术	郭宝宁	33.00	2011.5
33	978-7-301-23822-6	电机与电气控制	郭夕琴	34.00	2014.8
34	978-7-301-17324-4	电机控制与应用	魏润仙	34.00	2010.8
35	978-7-301-21269-1	电机控制与实践	徐 锋	34.00	2012.9
36	978-7-301-12389-8	电机与拖动	梁南丁	32.00	2011.12 第 2 次印刷
37	978-7-301-18630-5	电机与电力拖动	孙英伟	33.00	2011.3
38	978-7-301-16770-0	电机拖动与应用实训教程	任娟平	36.00	2012.11
39	978-7-301-22632-2	机床电气控制与维修	崔兴艳	28.00	2013.7
40	978-7-301-22917-0	机床电气控制与 PLC 技术	林盛昌	36.00	2013.8
41	978-7-301-18470-7	传感器检测技术及应用	王晓敏	35.00	2012.7 第 2 次印刷
42	978-7-301-20654-6	自动生产线调试与维护	吴有明	28.00	2013.1
43	978-7-301-21239-4	自动生产线安装与调试实训教程	周 洋	30.00	2012.9
44	978-7-301-24455-5	电力系统自动装置（第 2 版）	王 伟	26.00	2014.8
45	978-7-301-18852-1	机电专业英语	戴正阳	28.00	2013.8 第 2 次印刷
46	978-7-301-24507-1	电工技术与技能	王 平	42.00	2014.8 第 1 次印刷
47	978-7-301-24589-7	光伏发电系统的运行与维护	付新春	30.00	2014.8.1